实用岩土工程施工新技术（六）

雷　斌　王荣发　付志恒　沙桢晖　戴锦鸿　高子建　著

中国建筑工业出版社

图书在版编目（CIP）数据

实用岩土工程施工新技术. 六/雷斌等著. —北京：
中国建筑工业出版社，2023.5
ISBN 978-7-112-28596-9

Ⅰ. ①实… Ⅱ. ①雷… Ⅲ. ①岩土工程-工程施工
Ⅳ. ①TU4

中国国家版本馆 CIP 数据核字（2023）第 057263 号

本书主要介绍岩土工程实践中应用的创新技术，对每一项新技术从背景现状、工艺特点、工艺原理、适用范围、工艺流程、操作要点、设备配套、质量控制、安全措施等方面予以全面综合阐述。全书共分为 9 章，包括基坑支护咬合桩施工新技术、基坑支护与开挖新技术、灌注桩综合施工新技术、软基处理施工新技术、全套管全回转灌注桩施工新技术、潜孔锤施工新技术、大直径沉管灌注桩施工新技术、灌注桩施工事故处理新技术、绿色施工新技术。

本书适合从事岩土工程设计、施工、科研、管理人员学习参考。

责任编辑：杨　允　李静伟
责任校对：赵　菲

实用岩土工程施工新技术（六）

雷　斌　王荣发　付志恒　沙桢晖　戴锦鸿　高子建　著

*

中国建筑工业出版社出版、发行（北京海淀三里河路 9 号）
各地新华书店、建筑书店经销
霸州市顺浩图文科技发展有限公司制版
建工社（河北）印刷有限公司印刷

*

开本：787 毫米×1092 毫米　1/16　印张：17¾　字数：437 千字
2023 年 6 月第一版　　2023 年 6 月第一次印刷
定价：**70.00** 元
ISBN 978-7-112-28596-9
（40899）

前　言

"雷斌创新工作室"从事岩土工程施工创新技术研究十三年来，始终坚持从工程施工项目实际出发，边做项目、边搞科研，边创新探索、边应用实践，紧紧围绕关键技术难题、质量通病进行攻关，针对涉及安全生产、绿色环保、智能建造等领域进行深入研发，瞄准前沿施工工艺和技术，持续开展科研创新，突破了众多关键技术，取得了大量国内领先科研成果，拥有一大批自有知识产权的核心技术。在创新研发的同时，除鼓励工作室成员撰写并发表专业论文外，同时将技术成果编著"实用岩土工程施工新技术"系列，作为专业技术人员的工具书，供从事岩土施工的同行们借鉴和参考。多年来，经常收到有关各种专利技术、施工工艺方面的咨询，以及使用书中新技术的良好反馈，尤其是采用关键技术顺利解决项目中的施工难题时，给我们增添了持续做好创新研发和成果总结的动力。

本书共包括 9 章，每章的每一节均涉及一项岩土施工技术，每节从背景现状、工艺特点、适用范围、工艺原理、施工工艺流程、工序操作要点、机械设备配置、质量控制、安全措施等方面予以综合阐述。第 1 章介绍基坑支护咬合桩施工新技术，包括基坑支护接头箱旋挖"软咬合"成桩、深厚填石区基坑支护桩强夯预处理成桩等技术；第 2 章介绍基坑支护与开挖新技术，包括基坑支护预应力锚索预埋管防漏、基于深基坑内支撑体系的土方坡道开挖施工等技术；第 3 章介绍灌注桩综合施工新技术，包括大直径嵌岩桩旋挖全断面滚刀钻头孔底岩面修整、硬岩旋挖分级扩孔钻进偏孔多牙轮组筒钻纠偏修复、大直径易塌深孔三层钢护筒减阻沉入与精准定位、海上平台桩钢套管钢筋笼千斤顶组合定位、钻机气举反循环钻进高位平台低位出渣口捞渣取样等技术；第 4 章介绍软基处理施工新技术，包括基于智能控制技术的全套管跟管树根桩施工、污泥层置换砂桩套打水泥搅拌桩软基处理等技术；第 5 章介绍全套管全回转灌注桩施工新技术，包括岩溶区大直径超长桩全套管全回转双套管变截面成桩、基坑底支撑梁下低净空全回转灌注桩综合成桩等施工技术；第 6 章介绍潜孔锤施工新技术，包括深厚填石层灌注桩钢导槽潜孔锤跟管咬合引孔施工技术、填石层微型钢管桩潜孔锤跟管钻进及一体砂浆机注浆成桩等技术；第 7 章介绍大直径沉管灌注桩施工新技术，包括沉管灌注桩冲击沉管成孔与振动拔管一体化成桩、沉管灌注桩桩靴与笼底钩网固定防浮笼、沉管灌注桩套管顶吊杆式阀门斗桩身混凝土灌注、沉管灌注桩高位沉管钢筋笼平台对接等施工技术；第 8 章介绍灌注桩施工事故处理新技术，包括桩底沉渣多介质高压洗孔与高强浆液封闭注浆修复、灌注桩全液压钻进孔内掉钻圆形钻杆内胀式打捞、旋挖筒钻双向反钩孔内掉钻打捞、孔内旋挖掉钻机械手打捞等施工技术；第9章介绍绿色施工新技术，包括深厚淤泥质填石基坑开挖块石再生利用绿色施工、基础工程施工污泥废水净化处理循环利用等技术。

"实用岩土工程施工新技术"系列丛书出版以来，得到广大岩土工程技术人员的厚爱，感谢关心、支持本书的所有新老朋友！本次出版的《实用岩土工程施工新技术（六）》，按序列延续2022年12月出版发行的《实用岩土工程施工新技术（2023）》，原定名应为《实用岩土工程施工新技术（2024）》。考虑到出版社要求按年份发行，而鉴于创新工作室每年完成的科研技术成果数量较多，为使专著出版不受到年份的限制，今后"实用岩土工程施工新技术"系列丛书将改用序号依次出版。

本专著由雷斌统一筹划、编撰指导和审定，深圳市工勘集团有限公司王荣发、沙桢晖、戴锦鸿、高子建参加了撰写，其中王荣发完成5.2万字，沙桢晖完成3.2万字，戴锦鸿完成3.1万字，高子建完成3.1万字；江西省地质工程集团有限公司付志恒参加了撰写，完成5.1万字。限于作者的水平和能力，书中不足之处在所难免，将以感激的心情诚恳接受读者批评和建议。

雷　斌

2022年12月于广东深圳工勘大厦

目　　录

Ⅴ

第1章 基坑支护咬合桩施工新技术

1.1 基坑支护接头箱旋挖"软咬合"成桩施工技术

1.1.1 引言

基坑支护咬合桩是由素桩（混凝土桩）、荤桩（钢筋混凝土桩）相互咬合搭接所形成的具有挡土、止水作用的连续桩墙围护结构，具有良好的支护和止水效果。在实际支护设计与施工中，通常旋挖硬咬合施工工艺被广泛采用。

旋挖硬咬合施工是在先完成两根间隔的素桩后，在素桩之间切割咬合处混凝土成孔，再在孔内吊放钢筋笼、灌注混凝土形成荤桩。采用此种施工方法，荤桩咬合钻进时需采用钻筒先切割素桩混凝土，再改换旋挖钻斗捞渣，硬切割混凝土钻进费时长，频繁更换钻具一定程度上影响钻进工效。同时，咬合钻进时受两侧素桩混凝土强度差异影响，容易导致咬合钻进时产生一定程度的偏斜，而当咬合桩支护的基坑开挖深度大于 15m 时，在基坑底部位置易导致咬合开叉、桩间渗漏。另外，被切割的咬合处混凝土成为钻渣排放，造成了混凝土材料浪费，增加了废渣的外运量。

针对硬咬合灌注桩施工过程中存在的切割咬合钻孔时易偏斜、工效降低、材料浪费等问题，项目组对"基坑支护接头箱旋挖'软咬合'成桩施工技术"进行立项研究，经过现场试验、优化改进，形成了一种新的咬合桩施工新工艺。本技术在灌注素桩前，在素桩两侧的咬合段利用孔口专用平台安插钢制接头箱并固定，待灌注桩身混凝土达到一定强度后，采用起重机将接头箱拔出，咬合段被泥浆充填；采用同样的方法完成相邻的素桩施工后，再进行两根素桩间的荤桩旋挖咬合钻孔，荤桩咬合成孔钻进无需切割混凝土，此时原设计的桩间混凝土硬切割咬合变为"软咬合"钻进，且相邻两侧的素桩咬合段对咬合钻孔起到良好的导向与护壁作用，既提高了成孔工效，又保证了咬合效果，同时节省了咬合段混凝土材料。经过多个项目实践，形成了完整的施工工艺流程、工序操作规程，达到了质量可靠、提高工效、节省材料的效果，取得了显著的社会和经济效益。

1.1.2 工艺特点

1. 成桩质量好

本技术灌注素桩时采用预制接头箱结构填满咬合空间，并利用孔口平台固定，接头箱底部采用楔形设计且插入底部地层，确保接头箱的稳固；同时，荤桩钻进可利用素桩咬合段起到钻孔的导向与护壁作用，防止因两侧混凝土强度差引起切割时受力不均导致的成孔偏斜，保证了桩身垂直度和咬合效果，支护体系成桩质量好。

2. 施工效率高

本技术在荤桩咬合成孔时，由硬咬合变为"软咬合"钻进，钻进时直接采用旋挖钻斗在地层中取土钻进，无需采用硬咬合钻进时的钻筒切割、钻斗捞渣的频繁工序转换操作，钻进成孔速度快；所采用的接头箱为预制装配式结构，现场安装快捷，大大提升整体施工工效。

3. 节省成本

本技术在灌注素桩时，咬合段被接头箱结构填充，此咬合部分无需灌注混凝土，材料成本降低，且减少了该部分混凝土切割所产生的工效降低和废渣外运；同时，接头箱和孔口平台为钢板预制，其结构牢靠，可重复使用，整体施工成本大大降低。

1.1.3　适用范围

适用于旋挖硬咬合、基坑支护开挖深度超过 15m 的咬合桩施工。

1.1.4　工艺原理

本工艺关键技术主要包括三部分，一是接头箱咬合系统构建，二是旋挖素桩接头箱成桩工艺，三是接头箱旋挖"软咬合"工序流程控制。其工艺原理分析以深铁璟城项目东南白地桩基、土石方及基坑支护工程为例，项目基坑开挖深度 18m，支护咬合桩直径 1.2m、桩长 25m、咬合厚度 0.3m。

1. 接头箱咬合系统构建原理

基坑支护接头箱"软咬合"施工是在灌注素桩前，利用孔口平台将接头箱安放至孔内，将咬合部分的空间体积完全占据来实现。接头箱咬合系统主要由接头箱、孔口平台构建而成，具体见图 1.1-1。

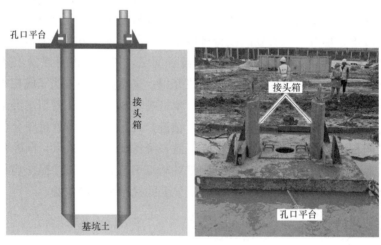

图 1.1-1　接头箱咬合系统

（1）接头箱设计与制作

接头箱采用预制装配式结构设计，接头箱横截面与灌注桩咬合段相一致，接头箱主体采用两块 20mm 厚的弧形钢板焊接制作，中间设有 20mm 厚的腹板支撑，具体见图 1.1-2。接头箱底节加工成楔形，便于插入孔底地层内起到固定作用。

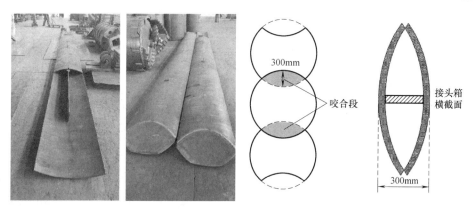

图 1.1-2 接头箱设计

（2）接头箱连接

接头箱底节长 10m（不计楔形底面长度），标准节长 6m，根据桩孔深度配备长 1～5m 不等的顶节进行位置调节。接头箱间设计采用孔口连接，两端分别设有公接头和母接头，通过焊接套、焊接牙套和对拉螺栓组成的连接件连接，焊接套与焊接牙套相对穿过公母接头上的圆孔，螺栓穿过中间螺孔将其对接固定。接头箱顶部段设有凹槽，用于接头箱下放孔口连接时临时用槽钢固定。接头箱标准节结构和底节结构具体见图 1.1-3，连接件接头和接头箱连接原理具体见图 1.1-4。

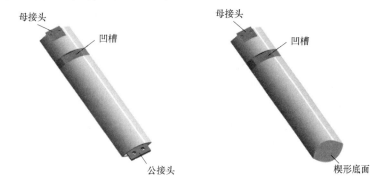

图 1.1-3 接头箱标准节结构（左）和底节结构（右）

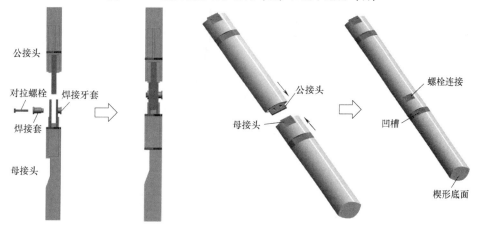

图 1.1-4 连接件接头和接头箱连接原理

（3）孔口平台设计与制作

孔口平台既可以对接头箱安插起到定位和固定作用，又可以作为桩身混凝土的灌注平台。平台根据咬合桩的尺寸设计，其中心线与桩孔中心线重合；平台上开设两个接头箱入槽孔，对应接头箱自入槽孔插入安放至孔底，入槽孔尺寸比接头箱外轮廓截面尺寸略大以便于接头箱插入；两个入槽孔外边缘尺寸，对应 1200mm 直径的咬合桩；平台中心开设灌注孔，并设置开合的灌注活门，打开活门即可将灌注导管插入孔内，合拢活门则将灌注导管固定；接头箱入孔后用槽钢在其凹槽处卡住固定，固定支架对槽钢起到限位作用。

本工程接头箱孔口平台为正方形，长、宽为 2m，高 160mm，具体结构见图 1.1-5。

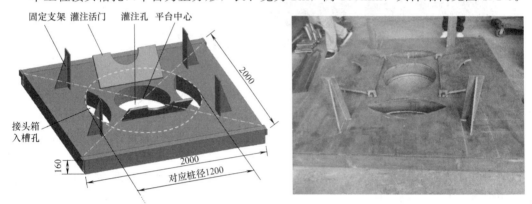

图 1.1-5　孔口平台结构

（4）孔口平台固定接头箱

素桩旋挖成孔后，将若干节接头箱在孔口逐一从入槽孔插入，并在孔口连接下至孔底，底节接头箱楔形底面伸入孔底地层，对接头箱底部进行固定；再将槽钢卡在接头箱凹槽处，待接头箱下放到位，用硬物将槽钢与接头箱、固定支架的空隙塞紧，对接头箱上方进行固定。由此，通过孔口平台对接头箱底端和上部进行了有效固定，保证了接头箱在灌注施工时保持稳固。接头箱固定原理见图 1.1-6，平台固定接头箱原理见图 1.1-7。

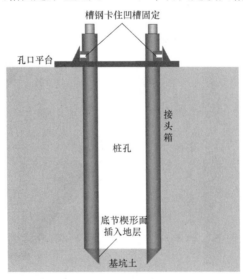

图 1.1-6　接头箱固定原理

(a) 槽钢插入凹槽

(b) 下放接头箱

(c) 槽钢卡住凹槽和固定支架

图 1.1-7　平台固定接头箱原理

2. 旋挖素桩接头箱成桩工艺原理

采用接头箱咬合成桩时，首先旋挖素桩成孔，然后在孔口平台定位作用下插入接头箱，接头箱安插到位并固定后灌注素桩混凝土；待素桩灌注完成一段时间（初凝前）后，将接头箱拔出，形成由泥浆充填的咬合空间。旋挖素桩接头箱成桩工艺原理见图 1.1-8。

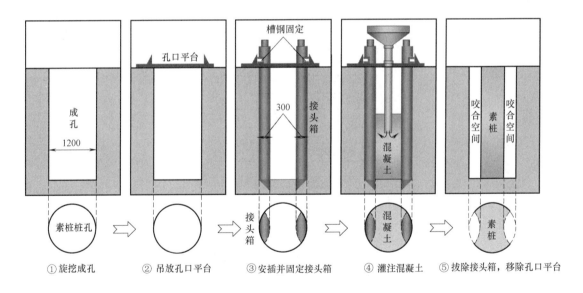

图 1.1-8　旋挖素桩接头箱成桩工艺原理

3. 接头箱旋挖软咬合工序流程控制原理

根据咬合成桩工艺原理，本工艺采用素桩、荤桩交替施工顺序，接头箱旋挖"软咬合"施工流程控制原理见图 1.1-9，其中 A 代表素桩，B 代表荤桩。采用本工艺施工时，先对素桩 A_1、A_2 依次进行旋挖钻进、接头箱灌注成桩，再进行 B_2 荤桩成桩；然后，再进行素桩 A_3、荤桩 B_2 的顺序依次作业，直至该段支护桩完成。

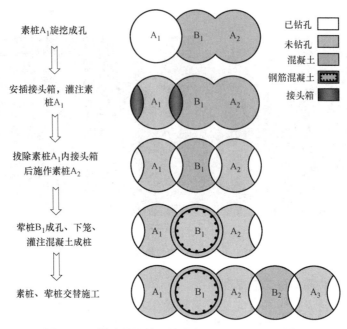

素桩A₁旋挖成孔

安插接头箱，灌注素桩A₁

拔除素桩A₁内接头箱后施作素桩A₂

荤桩B₁成孔、下笼、灌注混凝土成桩

素桩、荤桩交替施工

已钻孔

未钻孔

混凝土

钢筋混凝土

接头箱

图 1.1-9　接头箱旋挖"软咬合"施工流程控制原理

1.1.5　施工工艺流程

基坑支护接头箱旋挖"软咬合"成桩施工工艺流程见图 1.1-10。

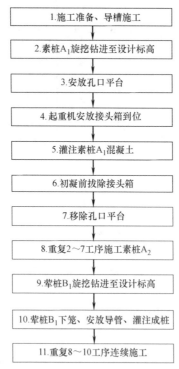

1.施工准备、导槽施工

2.素桩A₁旋挖钻进至设计标高

3.安放孔口平台

4.起重机安放接头箱到位

5.灌注素桩A₁混凝土

6.初凝前拔除接头箱

7.移除孔口平台

8.重复2~7工序施工素桩A₂

9.荤桩B₁旋挖钻进至设计标高

10.荤桩B₁下笼、安放导管、灌注成桩

11.重复8~10工序连续施工

图 1.1-10　基坑支护接头箱旋挖"软咬合"成桩施工工艺流程图

1.1.6 工序操作要点

1. 施工准备、导槽施工

（1）平整场地，测量工程师现场对桩孔定位放线，组织施工设备及机具进场。

（2）开挖导墙沟槽，开挖结束后进行垫层浇筑，对导槽面找平，并在垫层上测放导槽轴线。导槽垫层浇筑及测放导槽中心线见图 1.1-11。

图 1.1-11　导槽垫层浇筑及测放导槽中心线

（3）按导槽设计图纸加工、绑扎钢筋，监理验收合格后进行下道工序施工。

（4）模板采用自制整体钢模板，并采用钢管支撑并固定牢靠；浇筑混凝土时，两边对称交替进行，浇筑完成后及时进行养护。咬合桩导槽见图 1.1-12。

2. 素桩 A_1 旋挖钻进至设计标高

（1）旋挖钻机就位，对素桩 A_1 进行钻进成孔；现场采用 SR285 型旋挖钻机钻进，捞渣钻斗直径 1.2m；钻进时，钻机准确调平就位，保

图 1.1-12　咬合桩导槽

证钻头对中桩位和钻孔垂直度。SR285 型旋挖钻机素桩钻进见图 1.1-13。

图 1.1-13　SR285 型旋挖钻机素桩钻进

（2）钻进过程采用泥浆护壁，渣土随捞渣钻斗排出，钻渣堆放在钻孔边的集渣箱内，并定时清理外运。

（3）旋挖钻进至设计标高后，对孔深、持力层、钻孔垂直度等进行检验，并采用旋挖捞渣斗进行一次清孔。

3. 安放孔口平台

（1）采用 GPS 复核桩孔中心点位置，复核桩孔十字叉线，引出桩孔中心点，以此确定接头箱平台的中心位置，见图 1.1-14。

（2）起吊平台起重机采用 QUY-100 型履带起重机，司索工指挥起重机吊放孔口平台至桩孔上方，人工配合平台就位，使平台中心与素桩孔位中心重合，平台中轴线与咬合桩中心连线重合。孔口平台就位见图 1.1-15，复测孔口平台中心见图 1.1-16。

图 1.1-14　GPS 复核桩孔中心

图 1.1-15　孔口平台就位

（3）利用水平尺检测孔口平台水平度，并采用垫衬调整，确保平台居中、水平安放，见图 1.1-17。

图 1.1-16　复测孔口平台中心

图 1.1-17　水平尺检测平台水平度

4. 起重机安放接头箱到位

（1）针对桩孔深度（25m）预连接好若干节接头箱，使用的接头箱由下而上分别为 10m 长的底节、2 根 6m 长的标准节以及 3m 长的顶节；保证安放到位后，接头箱伸出孔口平台部分高度不超过 0.9m，以免影响灌注斗的安放。

（2）起重机起吊接头箱至孔口平台上方，人工配合起重机移动接头箱，使其竖直穿入平台槽孔进入桩孔。起重机起吊及下放接头箱见图1.1-18。

图 1.1-18　起重机起吊、下放接头箱

（3）接头箱下放过程中，在接头箱侧边凹槽插入槽钢卡住，起重机辅助固定，然后拧紧上、下节接头箱公母接头处螺栓，将两节接头箱紧固连接，具体见图1.1-19。

(a)接头箱下放　　　　　　　　　(b)接头箱卡紧　　　　　　　　　(c)接头螺栓紧固

图 1.1-19　人工配合紧固接头箱

（4）继续下放接头箱至楔形底面就位，到位后用槽钢卡住钢板侧边凹槽将其固定，具体见图1.1-20。

（5）采用同样方法安放孔内另外一根接头箱到位，见图1.1-21。

5. 灌注素桩 A_1 混凝土

（1）打开平台灌注活门，安放并连接灌注导管；安放时，预先根据孔深计算好导管的总长度，并合理配置各节导管的长度，控制导管离孔底0.5m，导管伸出地面的高度不小于0.8m，保证灌注过程中灌注斗不与接头箱顶端发生触碰。安放、连接灌注导管见图1.1-22。

图 1. 1-20　接头箱下放到位

图 1. 1-21　两根接头箱安放到位

图 1. 1-22　安放、连接灌注导管

（2）灌注前测量孔底沉渣厚度，如果超标则采用气举反循环清孔。

（3）素桩灌注采用 C20 混凝土，初灌采用 $2.5m^3$ 灌注斗，确保混凝土埋管不少于 0.8m；灌注过程中，保持连续灌注，始终控制混凝土导管深度在 2～4m；桩顶超灌高度不小于 50cm，设计桩顶接近地面时保证桩顶混凝土泛浆充分。素桩灌注混凝土见图 1.1-23。

6. 初凝后拔除接头箱

（1）灌注桩身混凝土后 4～5h，采用履带起重机小幅提拉接头箱，松动接头箱与混凝土间的接触，以防与混凝土粘连过牢。

（2）混凝土灌注完成 6h 后，依次拔除两根接头箱，实时监测起重机起拔力，起重机最大起拔力约 130kN。

图 1.1-23 素桩灌注混凝土

（3）起拔过程中，派专人冲洗接头箱上的混凝土，防止混凝土凝结在接头箱表面而影响下一次顺利安插。起拔接头箱见图 1.1-24。

(a) 开始起拔   (b) 起拔第一根   (c) 起拔第二根

图 1.1-24 起拔接头箱

7. 移除孔口平台

（1）用起重机将孔口平台从桩孔处移除。

（2）派专人将平台冲洗干净，准备下一根素桩施工时使用。

8. 重复 2～7 工序施工素桩 A_2

（1）待素桩 A_1 施工完毕后，将孔口平台移至 A_2 桩位处。

（2）采用与 A_1 桩相同的工艺方法施作素桩 A_2。

9. 荤桩 B₁ 旋挖钻进至设计标高

（1）素桩 A₂ 灌注完成 12h 后，采用旋挖钻机配备直径 1.2m 的钻斗进行荤桩孔取土钻进，保持钻头中心对准桩孔中心；钻进过程中，两侧已浇筑好的素桩为钻进提供导向和护壁作用。

（2）旋挖钻进至设计标高后，由质检员检查孔深及孔底地层性质，以 25m 的孔深为例，单个桩孔旋挖时间约 2.5h；终孔后，由质检员报监理验收。

10. 荤桩 B₁ 下笼、安放导管、灌注成桩

（1）钢筋笼按照设计要求完成加工制作，并进行隐蔽工程验收，合格后吊入孔内；起吊作业派专人指挥，吊运时保持平稳，入孔时保持垂直，严禁触碰两侧素桩。

图 1.1-25 吊放钢筋笼

（2）钢筋笼全部安装入孔后检查安装位置，确认符合要求后，采用钢筋笼吊筋进行固定。钢筋笼吊放见图 1.1-25。

（3）笼顶标高核对无误后，安放灌注导管，然后检查孔底沉渣厚度，如超过设计要求则进行二次清孔，然后灌注荤桩混凝土。

（4）荤桩采用 C30 水下混凝土，灌注方法与灌注素桩相同。

11. 重复 8～10 工序连续施工

（1）待荤桩施工完毕后，将施工机械移至下一素桩桩位处。

（2）采用相同方法交替施作素桩、荤桩，直至该段咬合桩完成。

1.1.7 机械设备配置

本工艺现场施工所涉及的主要机械设备见表 1.1-1。

主要机械设备配置表　　　　　　　　　表 1.1-1

名称	型号及参数	备注
旋挖钻机	SR285，最大成孔直径 2.5m	钻进成孔
接头箱	与桩孔尺寸、咬合厚度相匹配	咬合处填充桩孔
孔口平台	与接头箱尺寸相匹配	定位并固定接头箱、灌注混凝土
履带吊	QUY-100	吊运设备
灌注导管	ϕ250mm	灌注混凝土
灌注料斗	2.5m³	灌注混凝土
全站仪	WILD-TC16W	测量桩孔定位
水平尺	750mm×750mm	测量孔口平台水平度

1.1.8 质量控制

1. 咬合桩导墙制作

（1）导墙制作前，将场地平整、压实，并浇筑垫层找平。

（2）导墙采用定制的钢模施工，模板定位牢固，严防跑模，并保证轴线和孔径的准确。

（3）导墙浇筑前，对模板的垂直度和中线以及净空距离进行验收，检查模板的垂直度和中心以及孔径是否符合要求。

2. 接头箱制作、安放与拔除

（1）接头箱严格按照设计尺寸制作，确保焊接牢固；接头箱接头处确保螺栓孔位置和孔径偏差尺寸准确，接头箱入槽孔比接头箱外轮廓尺寸略大，以便接头箱顺利下放，保证接头箱连接后垂直度偏差不超过 1/100。

（2）接头箱孔口平台定位时，中轴线与桩孔中心线重合，用水平尺确保定位平台水平安放；下放接头箱时监测其竖直度，保证接头箱在桩孔内竖直安放。

（3）素桩混凝土灌注完成后 6h 拔除接头箱，拔除过程中保持接头箱竖直，以防扰动周边混凝土；拔除时，用水将钢板上的混凝土及时冲洗干净。

3. 荤桩"软咬合"钻进

（1）待两侧素桩均灌注完成 12h 后，进行荤桩钻进。

（2）荤桩钻进时，避免钻头与相邻素桩发生摩擦、碰撞。

1.1.9 安全措施

1. 旋挖钻进成孔

（1）施工场地坚实平整，旋挖钻机下铺设钢板，以防止钻机下沉。

（2）荤桩钻进时，确保两侧素桩混凝土达到一定强度，防止两侧混凝土破损或坍塌。

2. 接头箱安放与拔除

（1）预连接的接头箱起吊前确保连接牢固，起吊时下方严禁人员工作或通过。

（2）下放过程中人工配合紧固螺栓时，确保用槽钢将接头箱固定牢靠，防止滑落。

1.2 深厚填石区基坑支护桩强夯预处理成桩技术

1.2.1 引言

随着城市建设快速发展，用于建设的用地日渐紧张，填海造地已成为缓解用地不足的趋势。由于填海造地通常采用大量片石、块石、黏土挤压填筑，形成的场地分布深厚的填石、填土互层。在深厚松散填石地层中进行基坑支护桩施工时，存在孔口护筒埋设难，钻进时易发生严重漏浆、垮孔，需要反复回填黏土堵漏处理，造成钻进进尺慢、工效低，给基坑支护桩施工带来极大的困难。

深圳市太子湾 DY03-08 地块综合开发项目土石方、基坑支护及桩基础工程于 2021 年

12 月开工，基坑开挖深度最大 7.5m，沿海岸线段支护咬合桩素桩桩径 1200mm、荤桩桩径 1400mm，桩长最大 21.5m，进入基坑底以下 14m。场地上部地层为人工填石层（平均层厚 10.66m），主要由块石、碎石、填土回填而成，碎石及块石粒径 3～25cm，属新近回填，均匀性差。

针对该场地基坑支护桩在深厚松散填石层中旋挖成孔难的问题，对深厚填石区基坑支护桩强夯预处理成桩施工技术进行了研究，经过现场试验、优化，总结出一种高效安全的填石层强夯预处理方法。该工艺采用大能量点夯，沿支护桩轴线对支护桩上部填石层进行强夯预处理，并对夯坑回填黏土后再次点夯，使原深厚松散填石层夯实挤压，填石层厚度大大压缩，填石层密实度得到显著提升，减小了旋挖填石层钻进深度，并有效避免填石层旋挖钻进漏浆、垮孔，达到了安全、高效、经济的效果，为深厚松散填石层旋挖桩施工提供了一种新的工艺方法，并形成了施工新技术。

1.2.2 工艺特点

1. 有效提高成孔效率

采用本技术强夯预处理后，原超厚松散填石层被夯击密实，支护桩填石层成孔厚度被压缩减小，且旋挖钻进过程中不再发现垮孔、漏浆现象，成孔时间大大缩短，显著提升钻进效率。

2. 施工操作快捷

本技术使用强夯机对支护桩施工范围进行强夯预处理，采用机械设备为履带起重机和夯锤，自带动力，在进场后即可安排施工，现场操作便捷。

3. 施工振动安全可控

本技术强夯点布置在距支护桩周边 30m 范围外无受影响的建（构）筑物的基坑支护段进行，强夯处理时的振动对周边环境影响较小，总体安全可控。

4. 降低施工成本

采用本技术对上部填石层进行强夯预处理，旋挖钻进成孔不发生垮孔，避免深厚填石层灌注混凝土充盈系数偏大而造成的材料浪费；同时，钻进成桩效率为处理前的 2 倍以上；另外，强夯采用基坑内土方回填，减少了基坑开挖外运土方量，总体降低施工成本。

1.2.3 适用范围

1. 地层

适用于超厚松散填石、强透水地层的支护灌注桩预处理。

2. 边界条件

适用于灌注桩周边 30m 内无受强夯振动影响的建（构）筑物范围使用，适用于离地下建（构）筑物地面位置 50m 外支护桩填石预处理。

1.2.4 工艺原理

1. 强夯处理原理

高能级强夯是用于地基处理的常用方法，其处理原理是采用带龙门架的专业强夯机反复将几十吨至上百吨的夯锤，从几米至数十米的高处自由落下，给地基以强烈的冲击能量和振动，使土体结构发生破坏，孔隙被压缩，土体局部产生液化，并通过裂隙排出孔隙水和挤压气体，从而提高地基承载力和均匀性，降低压缩性，消除不均匀沉降。高能级强夯地基处理见图1.2-1。

图1.2-1　高能级强夯地基处理

2. 深厚填石区基坑支护桩强夯预处理原理

（1）支护桩竖向强夯处理

本技术采用大能量强夯对支护桩施工范围内填石层进行强夯预处理，是利用强夯地基处理的原理，通过高能级强夯锤，按一定间距、沿基坑支护轴线，对上部填石层全面进行夯击，夯锤将原超厚松散填石层夯实挤压，使填石层厚度大大压缩；同时，通过往夯坑内回填黏土后再夯击，使填石层间的空隙完全被充填和封闭，填石层密实度得到显著提升，在减小了旋挖填石层钻进厚度的同时，有效避免填石层旋挖钻进漏浆、垮孔，大大提升施工效率。

本技术支护桩强夯预处理采用600kN夯锤，夯击时提升高度20m，夯击能量达12000kN·m。夯击时，先夯击三锤，夯坑直径约2.8m，夯坑深约4m；然后，向夯坑内回填黏土至坑口，再夯击三锤；再回填夯坑、夯击，反复循环操作，直至回填后强夯夯坑深约0.5m时收锤，待回填黏土平整场地后施工支护桩。

本工艺强夯12000kN·m能级的加固深度11~13m，本场地经过点夯处理后，原平均厚度10.66m的松散填石层被强夯压缩、挤密。经后期咬合桩钻进时验证，场地填石层经处理后的厚度仅约4m，处理后的填石段密实，旋挖成孔施工时未发现漏浆、垮孔现象。

填石层强夯竖向处理过程示意见图1.2-2，强夯处理前、后夯点填石层处理效果见图1.2-3、图1.2-4。

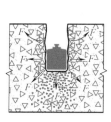
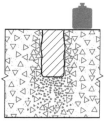
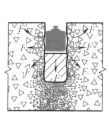
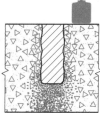
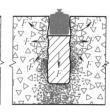

（a）连续三锤点夯　　（b）夯坑回填黏土　　（c）重复点夯　　（d）重复回填黏土　　（e）点夯至收锤

图1.2-2　填石层强夯竖向处理过程示意图

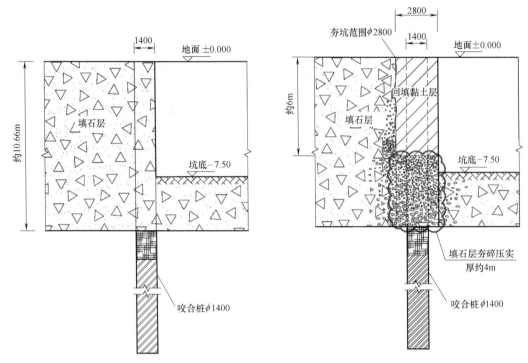

图 1.2-3　强夯处理前填石层分布　　　　图 1.2-4　强夯处理后填石层分布

（2）支护桩填石层平面及轴线处理

本基坑支护采用咬合桩支护，素桩桩径 1.2m、荤桩桩径 1.4m；本工艺强夯的夯锤选用直径 2.5m，现场夯坑直径约 2.8m，其处理范围几乎可以完全覆盖支护桩钻孔范围，未直接处理范围仅 200mm。

另外，考虑到大能量强夯时的振动影响，按相关规范，选择基坑支护桩轴线外 30m 周边无建（构）筑物，且离地铁隧道等地下建（构）筑物地面位置 50m 外的支护段进行强夯。深圳市太子湾 DY03-08 地块综合开发项目土石方、基坑支护及桩基础工程强夯处理范围见图 1.2-5，支护桩、夯点平面位置见图 1.2-6。

图 1.2-5　强夯处理范围

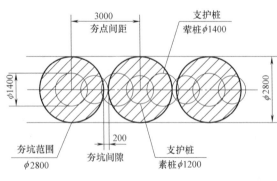

图 1.2-6　支护桩、夯点平面位置图

1.2.5 施工工艺流程

深厚填石区基坑支护桩强夯预处理成桩施工工艺流程见图 1.2-7。

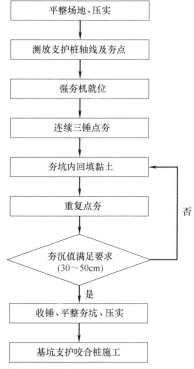

图 1.2-7 深厚填石区基坑支护桩强夯预处理成桩施工工艺流程图

1.2.6 工序操作要点

1. 平整场地、压实

（1）由于强夯机自重大，为确保机械正常行走不发生倾覆，施工前对支护桩轴线周边进行平整、压实。

（2）沿支护桩轴线两侧各平整 4m，保证强夯机行进路线通畅、坚实。挖掘机平整场地见图 1.2-8。

图 1.2-8 挖掘机平整场地

2. 测放支护桩轴线及夯点

（1）依据设计图纸，使用全站仪对支护桩位进行测量定位，并放出支护桩位轴线。

（2）根据支护桩轴线位置再放出强夯夯点位置，夯点位置中心点处用短钢筋加红布做好标志，每 3m 定位一夯点，测量结果复核无误后开始强夯施工。强夯轴线测量定位及夯点测放见图 1.2-9、图 1.2-10。

图 1.2-9　强夯轴线测量定位　　　　　　　　图 1.2-10　夯点测放

3. 强夯机就位

（1）本工艺采用杭州杭重工程机械有限公司的 HZQH7000B 型一体式强夯机，该机械配置龙门架时夯锤可达 700kN，夯击能可达 15000kN・m，满足本工艺 12000kN・m 夯击能要求。高能强夯机见图 1.2-11。

图 1.2-11　高能强夯机

（2）本工艺采用 600kN 夯锤，直径 2.5m，锤高 2m。夯锤见图 1.2-12。

（3）强夯机组装完成后，检查各部件及全机运作状况，确认无误后开始施工。

（4）强夯机与夯锤采用自动脱钩器连接，并预先设定好夯锤提升高度。自动脱钩器为

图 1.2-12 夯锤

一个自锁机构,内部由一个四爪、偏心结构组成。脱钩器从空中下放至夯锤顶,当与夯锤顶的蘑菇头接触时,可挂上夯锤顶完成自锁,强夯机便可通过钢丝绳提升夯锤。自动脱钩器及其内部构造见图 1.2-13、图 1.2-14。

图 1.2-13 自动脱钩器　　　　　　　　　图 1.2-14 自动脱钩器内部构造

4. 连续三锤点夯

(1)强夯机预先安装好门架,并检查机械工况。

(2)强夯机吊放自动脱钩器置于夯锤顶,使得脱钩器与夯锤连接牢固后,开始匀速提升夯锤。事先设置好连接在强夯机机身的钢丝绳长度,通过强夯机将夯锤提升,到达预先设定高度 20m 时,钢丝绳拉拽脱钩器侧面拉杆,打开锁定装置,实现夯锤与脱钩器脱离,夯锤自由下落夯击地面;缓慢下放自动脱钩器重新连接夯锤,再次点夯。

如此连续循环完成三锤点夯，形成深约 4.3m 的夯坑。强夯施工及夯坑深度测量见图 1.2-15、图 1.2-16。

图 1.2-15　夯锤自由下落

图 1.2-16　夯坑深度测量

5. 夯坑内回填黏土

（1）三击点夯完成后，使用自卸车回填黏土，辅以挖掘机配合整平、压实。

（2）由于夯坑深度大，自卸车回填时保持卸土安全距离，现场专人指挥，避免车辆压塌夯坑而陷入坑内。

（3）回填黏土要求不含有机杂质和块度大于 5cm 的块石，装车前用挖机过筛，含水率不大于 30%。夯坑回填黏土见图 1.2-17，挖掘机辅助整平见图 1.2-18。

图 1.2-17　夯坑回填黏土

图 1.2-18　挖掘机辅助整平

6. 重复点夯

（1）夯坑回填整平压实后，测放夯位，重复进行点夯。

（2）夯锤、夯距、夯击能与第一次点夯参数保持不变。

（3）每个夯点夯击三锤后进行测量，若夯沉值大于 30cm，则继续重复回填黏土、继续点夯。点夯夯坑见图 1.2-19，连续点夯顺序见图 1.2-20。

图 1.2-19　点夯夯坑

图 1.2-20　连续点夯顺序

7. 收锤、平整夯坑、压实

（1）点夯过程中，对夯坑进行测量，当夯沉量为 30～50cm 时，即可收锤，夯沉值测量见图 1.2-21。

（2）再次使用挖掘机对夯坑进行平整、压实。

（3）根据咬合桩导墙范围及要求进行平整、压实，为导墙施工质量提供保障。

8. 基坑支护咬合桩施工

（1）使用全站仪测定桩位，并放出桩位轴线。

（2）导槽采用机械和人工开挖，绑扎导槽钢筋、立钢模，验收合格后浇筑导槽混凝土。

（3）支护桩采用三一 SR425 型旋挖钻机成孔，移动旋挖钻机至桩孔；施工时，先完成相邻两根支桩，再施工素桩间的荤桩。位置，使钻机钻筒中心对应定位在导墙孔位中心。

（4）上部回填土经强夯后较为密实，先使用捞渣钻斗钻进；遇约 4m 厚的夯碎压实填石层，则使用钻筒钻进；穿过填石层后，再改用捞渣钻头钻进；钻进过程中，使用优质泥浆护壁。支护桩旋挖钻进见图 1.2-22。

图 1.2-21　夯沉值测量

（5）钻孔达到设计深度后，使用捞渣钻头进行清孔；清孔后，再次进行孔深、孔位及垂直度检测。

（6）荤桩钢筋笼集中在钢筋加工场制作，主筋采用直螺纹套筒连接，螺旋箍筋与主筋采用焊接连接，加强箍筋与主筋焊接连接。

（7）起重机吊笼入孔时，派专人指挥，起重机平稳旋转；安放时，若遇到卡笼情况，则将钢筋笼吊出，检查桩孔情况后再吊放，不得强行入孔。

（8）钢筋笼吊装合格后，安装灌注导管，导管直径不小于 250mm，接头连接牢固并设密封圈，保证不漏水、不透水。

（9）导管安装完成后，开始进行二次清孔。二次清孔合格后，30min 内进行水下混凝土灌注，否则必须重新测定，如不合格则需重新进行清孔。

（10）灌注混凝土过程中，商品混凝土坍落度 18～22cm；首批灌注混凝土的数量满足导管埋置深度 1.0m 以上；混凝土保持连续灌注，导管的埋置深度控制在 2～6m，并随时测量孔内混凝土面的位置，及时调整导管埋深。灌注桩身混凝土见图 1.2-23。

图 1.2-22　支护桩旋挖钻进

图 1.2-23　灌注桩身混凝土

1.2.7　机械设备配置

本工艺现场施工所涉及的主要机械设备见表 1.2-1。

主要机械设备配置表

表 1.2-1

名称	型号及参数	备注
强夯机	HZQH7000B 型	强夯处理
夯锤	重 600kN、直径 2.5m、锤高 2m	强夯处理
旋挖钻机	三一 SR425	钻进
挖掘机	PC200	填土、整平
自卸车	12m³	运土、卸土
全站仪	NIROPTS	桩位测量、沉降观测

1.2.8 质量控制

1. 强夯

（1）点夯施工前，对班组人员进行强夯专项技术交底，明确施工参数及技术要求。

（2）夯点测放准确，放线误差不超过 5cm，用短钢筋加红布做好标志。

（3）施工班组严格执行夯击击数及落锤高度要求，不允许出现少击漏夯及落锤高度不符合要求现象；施工时，详细记录施工各项参数。

（4）夯击过程中如出现歪锤，分析原因并及时调整。

（5）每遍点夯施工结束后，使用黏土回填、推平。

2. 咬合桩

（1）桩位测量放线后，会同质检人员、监理人员验线、复核。

（2）成孔采用跳钻方式，先施工两根素桩，再施工素桩间的荤桩。

（3）施工过程中，根据护壁效果进行泥浆指标动态调整。

（4）为保证成孔的垂直度，钻进成孔时随时进行监测，做到随偏随纠。

（5）钢筋笼加焊吊装点，确保吊装稳固。

（6）灌注混凝土过程中，初灌混凝土量满足导管首次埋置深度 1.0m，在灌注过程中，导管的埋置深度控制在 2～6m。

1.2.9 安全措施

1. 强夯

（1）夯机在工作状态时，起重臂仰角置于 70°。

（2）梯形门架支腿不得前后错位，门架支腿在未支稳垫实前，不得提锤。

（3）强夯过程中，同步对周边地面及地下建（构）筑物进行监测，发现变形异常及时停工。

（4）非强夯施工操作人员不得进入夯点 50m 范围内。

（5）夯坑及时回填，避免机械、人员掉落坑内发生意外；当天未能回填的夯坑，在周边安装警示灯，挂警示带设置安全标志。

（6）当夯锤留有相应的通气孔在作业中出现堵塞现象时，随时清理，但严禁在锤下进行操作。

（7）六级以上大风、雨天或视线不清时，严禁进行强夯施工。

（8）现场使用自动脱钩器，夯锤提升到预定高度后，夯锤自动脱钩，改变以往人工挂钩、拉钩的方式，充分保证施工人员安全。

2. 咬合桩

（1）桩机人员熟知安全技术操作规程，作业前进行安全交底教育，严禁未进行安全交底而进场作业。

（2）咬合桩现场周边设置防护警示围栏，杜绝闲杂人员进入场内。

（3）桩机移位时统一指挥，行走线路加固牢靠；机械工作半径内避免交叉施工，非操作人员严禁进入机械工作半径内。

（4）吊装钢筋笼前，清理孔口障碍物；吊放钢筋笼时，指派司索工指挥。

（5）完成桩身混凝土灌注的桩孔，及时回填或采用防护罩对孔口进行保护。

第2章 基坑支护与开挖新技术

2.1 基坑支护预应力锚索预埋管防漏施工技术

2.1.1 引言

桩锚支护是目前深基坑支护方法中常用的一种形式，它主要由一系列排桩和预应力锚索组成。随着基坑不断向下开挖，时常发生预应力锚索在张拉锁定后，在锚索锚头或冠（腰）梁处出现不同程度的渗漏水现象。长时间的锚索渗漏水，会引起基坑周边地下水位不同程度的下降，导致周边管线、建（构）筑物不同程度的沉降。

为消除锚索漏水对基坑造成的安全隐患，现场往往根据锚索渗漏水的大小情况，通常采取针对性措施进行处理。当出现锚头处滴漏水时，采用在锚头钢垫板处钻凿注浆孔，并采用高压注浆机注入化学浆液，对锚头处的渗流通道进行封堵，可实现快速封堵渗漏点。而当锚头渗漏水较大时，采用上述化学注浆处理锚头处漏水点后，有的或会转而在锚索的冠梁或腰梁部位出现绕渗，此时采用在腰梁与支护桩交界处沿锚索的角度钻斜孔，并实施水泥浆加水玻璃的双液快速固结注浆，对锚索非锚固段通道进行完全封堵。采取上述两种处理方法，均能有效处理锚索漏水，但这些堵漏处理均属于事后补救，需要重新实施钻孔、埋管、注浆，有的需要搭设脚手架施工，给现场施工带来较大的影响。

为更好地解决预应力锚索渗漏水问题，将事后处理转变为事先预防性控制，创新工作室项目组开展了"基坑支护预应力锚索预埋管防漏施工技术"研究，在施工锚索处的冠（腰）梁钢筋绑扎、支模板、浇筑混凝土前，事先预埋一根 PE 注浆管一端进入预应力锚索通道内，另一端伸出冠（腰）梁混凝土顶面。若在锚索张拉锁定后，随着基坑向下开挖，锚索未出现渗漏，则无需处理；若锚索出现渗漏，则向预埋的 PE 注浆管灌入环氧树脂，环氧树脂与水相遇发生化学反应，进而迅速膨胀形成固结体充满锚索渗水通道，将渗水通道阻塞，达到良好的堵漏效果。

2.1.2 工艺特点

1. 堵漏效果显著

本工艺将预埋注浆管伸入预应力锚索通道内，选用 LC 疏水性环氧树脂作为注浆材料，该材料遇水立即反应产生二氧化碳并推动浆液向渗漏通道与缝隙扩散，形成坚韧的固结体，将锚索的渗水通道阻塞，堵漏效果显著。

2. 堵漏操作便捷

本工艺无需使用机具，仅在施工冠（腰）梁钢筋、模板时事先预埋一根 PE 注浆管，当锚索张拉锁定出现渗漏后，通过人工向 PE 注浆管内灌入注浆材料，注浆材料与锚固体中的渗漏水发生反应,迅速阻塞渗水通道实现完成堵漏,现场操作便捷。

3. 施工绿色环保

本工艺使用的注浆材料为绿色环保材料,对环境无害、无污染且耐酸、碱,耐化学腐蚀性好;将注浆材料灌入预埋的注浆管中,在与渗漏的地下水反应过程中仅释放出二氧化碳,孔口溢出的反应物成块状,清理方便,对土壤和大气均无污染。

4. 综合成本低

本工艺所用材料均为成品材料,采购方便、使用量少;操作过程便捷,仅使用常规小器具,无需钻孔、压浆设备,1～2人便可完成堵漏施工;堵漏过程对现场其他工序无任何影响,可同步进行,总体综合成本低。

2.1.3 适用范围

适用于地下水丰富的基坑支护预应力锚索预防性堵漏;适用于基坑支护冠梁、腰梁处渗漏的预应力锚索堵漏。

2.1.4 工艺原理

预应力锚索出现渗漏,主要是由于基坑支护锚索孔口区域地下水较丰富,或锚索成孔时钻穿承压水层,造成锚索孔内外水压差大,孔口范围内的锚固浆体难以凝固,丰富的地下水沿着非锚固段锚索孔通道从锚头渗出。此外,锚索施工非锚固段锚索波纹管受损,造成地下水进入锚索波纹管形成渗水通道,沿锚索从锚头渗出。根据上述原因分析,锚索渗漏水主要原因是锚固体内存在与地下水贯通的渗水通道,在锚头和冠(腰)梁下渗出。因此,只要对该渗水通道进行完全封堵,便可解决预应力锚索渗漏水问题。

1. 预埋管堵漏原理

本工艺针对锚索产生渗漏的原因,在锚索渗水通道内进行事先埋设注浆管,一旦出现锚索漏水,从预埋的注浆管口实施注浆即可进行有效封堵。

(1)冠梁处预应力锚索预埋管

冠梁开挖时,梁背后通常会超挖一定空间进行支模,工人可在冠梁钢筋骨架背后将PE注浆管预埋进PVC保护套管中。在冠梁钢筋绑扎完成后,模板未封闭前,将一根长约2m、$\phi25$的PE注浆管,从冠梁钢筋后方插入$\phi75$锚索PVC保护套管内,插入长度30～50cm,然后使用水泥砂浆将锚索PVC保护套管与锚孔间的空隙封堵密实。PE注浆管另一端竖直露出在冠梁顶外,作为注浆口。

冠梁预应力锚索预埋PE注浆管过程示意见图2.1-1。

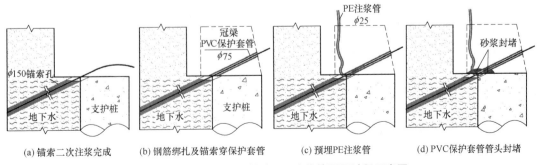

(a)锚索二次注浆完成　　(b)钢筋绑扎及锚索穿保护套管　　(c)预埋PE注浆管　　(d)PVC保护套管管头封堵

图2.1-1 冠梁预应力锚索PE注浆管预埋过程示意图

（2）腰梁处预应力锚索预埋管

腰梁施工通常将腰梁处支护桩凿毛后直接浇筑混凝土，考虑到腰梁背后无操作空间，难以将 PE 注浆管插入锚索 PVC 保护套管中，此时采取将 PE 注浆管从锚孔口插入锚索孔内，插入长度 30～50cm。注浆管插入预应力锚索孔后，使用水泥砂浆将 PVC 保护套与锚索孔间的间隙全部封堵密实。腰梁预应力锚索 PE 注浆管预埋过程示意见图 2.1-2。

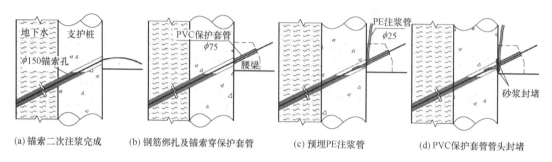

(a) 锚索二次注浆完成　　(b) 钢筋绑扎及锚索穿保护套管　　(c) 预埋 PE 注浆管　　(d) PVC 保护套管管头封堵

图 2.1-2　腰梁预应力锚索 PE 注浆管预埋过程示意图

2. 注浆堵漏原理

本工艺采用疏水性环氧树脂改性注浆材料，该材料具有良好的疏水性能、化学稳定性高等特点，遇水后立即发生化学反应产生二氧化碳和不溶于水的发泡体，持续产生的二氧化碳推动发泡体向空隙处扩散。发泡体充分反应膨胀后，最终形成具有一定强度的坚韧固结体，并将整个渗水通道完全填充，从而阻塞渗水通道，达到堵漏效果。

当出现预应力锚索渗漏后，通过往预留的 PE 注浆管口灌入环氧树脂，环氧树脂进入锚索渗水通道后，与地下水发生化学反应，膨胀形成发泡固结体，将渗水通道阻塞，便可完成堵漏。冠、腰梁锚索渗漏注浆封堵原理示意见图 2.1-3、图 2.1-4。

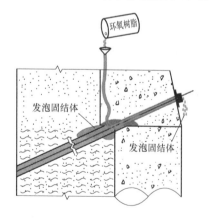

图 2.1-3　冠梁锚索渗漏注浆封堵示意图

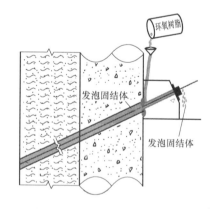

图 2.1-4　腰梁锚索渗漏注浆封堵示意图

2.1.5　施工工艺流程

基坑支护预应力锚索预埋管防堵漏施工工艺流程见图 2.1-5。

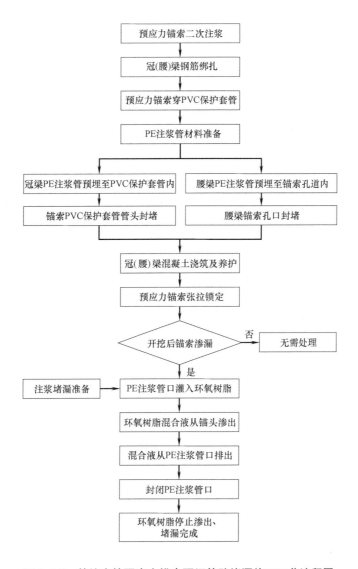

图 2.1-5 基坑支护预应力锚索预埋管防堵漏施工工艺流程图

2.1.6 工序操作要点

1. 预应力锚索二次注浆

（1）预应力锚索灌注纯水泥浆，水泥浆采用 P·O42.5R 普通硅酸盐水泥拌制，水灰比为 0.45～0.55，浆体强度不低于 C30。

（2）注浆为两次注浆，第一次注浆为常压置换注浆，待孔口溢浆即可停止；第二次注浆为高压注浆，注浆压力不小于 2.0MPa。

2. 冠（腰）梁钢筋绑扎

（1）根据设计图纸要求绑扎冠（腰）梁的主筋、箍筋，钢筋间距符合设计要求。

（2）主筋连接采用直螺纹套筒连接。

3. 预应力锚索穿 PVC 保护套管

（1）准备好一段 $\phi75$ PVC 保护套管，并将一端切割成坡口，角度与锚索倾斜角度相符，具体见图 2.1-6。

（2）将同孔所有锚索全部穿入 PVC 保护套管，然后将 PVC 保护套管插入冠（腰）梁底部，保证浇筑冠（腰）梁混凝土时不将锚索包裹。冠梁锚索穿 PVC 保护套管见图 2.1-7。

图 2.1-6　PVC 保护套管切坡口

图 2.1-7　冠梁锚索穿 PVC 保护套管

4. PE 注浆管材料准备

（1）将 $\phi25$ 的 PE 注浆管使用台锯切割成小段，每段长约 2m。PE 注浆管切割见图 2.1-8，备用 PE 注浆管见图 2.1-9。

（2）PE 注浆管不允许出现压扁、折痕、刺穿等损坏，否则废弃。

图 2.1-8　PE 注浆管切割

图 2.1-9　备用 PE 注浆管

5. 冠梁 PE 注浆管预埋至 PVC 保护套管内

（1）冠梁钢筋绑扎完成后，锚索穿 PVC 保护套管时，同时进行 PE 注浆管预埋。

（2）工人在冠梁钢筋骨架背后，将 PE 注浆管从锚索 PVC 保护套管根部插入，插入套管的长度控制在 30～50cm。PE 注浆管插入锚索套管过程见图 2.1-10～图 2.1-12。

（3）PE 注浆管一端插入 PVC 保护套管后，调整另一端的角度，使其竖直朝上，并用扎丝将其位置固定，使伸出混凝土顶面以上长度不少于 20cm。PE 注浆管固定见图 2.1-13。

（4）PE 注浆管完成预埋后，露出混凝土面的一端用透明胶带包封，避免浇筑混凝土时混凝土进入 PE 注浆管发生堵塞。冠梁 PE 注浆管完成预埋见图 2.1-14。

图 2.1-10　注浆管准备插入　　　图 2.1-11　注浆管插入套管　　　图 2.1-12　注浆管完成插入

　　　图 2.1-13　PE 注浆管固定　　　　　　图 2.1-14　冠梁 PE 注浆管完成预埋

6. 腰梁 PE 注浆管预埋至锚索孔道内

（1）腰梁预埋 PE 注浆管时，将 PE 注浆管从腰梁钢筋前方插入预应力锚索孔内，插入长度控制在 30～50cm 之间。腰梁 PE 注浆管插入预埋见图 2.1-15。

图 2.1-15　腰梁 PE 注浆管插入预埋

（2）PE 注浆管一端插入预应力锚索孔口后，调整另一端的角度，并固定其位置。伸出腰梁混凝土顶面的 PE 注浆管长度不少于 20cm，露出部分使用透明胶带包封，避免混凝土进入 PE 注浆管。腰梁 PE 注浆管完成预埋见图 2.1-16。

7. 冠梁锚索 PVC 保护套管头封堵

（1）配备干硬性水泥砂浆，按水泥∶砂＝1∶（2～3）进行配制。

（2）人工将砂浆封堵在锚索 PVC 保护套管管头与地面的空隙处，并手压密实形成土包状。冠梁锚索 PVC 保护套管头封堵见图 2.1-17。

8. 腰梁锚索孔口封堵

（1）使用与冠梁锚索 PVC 保护套管头封堵相同的干硬性水泥砂浆封堵锚索孔口。

（2）人工将砂浆封堵在腰梁锚索孔口的 PVC 保护套管、注浆管之间的空隙处，并密实。腰梁锚索孔口封堵见图 2.1-18。

图 2.1-16　腰梁 PE 注浆　　　　图 2.1-17　冠梁锚索 PVC　　　　图 2.1-18　腰梁锚
　管完成预埋　　　　　　　　保护套管头封堵　　　　　　索孔口封堵

9. 冠（腰）梁混凝土浇筑及养护

（1）冠梁 PVC 保护套管（腰梁锚索孔口）封堵完成后，安装冠（腰）梁模板，开始浇筑冠（腰）梁混凝土。

（2）浇筑混凝土时，注意振捣密实，特别是锚索 PVC 保护套管周边。混凝土采用泵送混凝土，强度等级为 C30；混凝土浇筑完成后，根据施工环境、气候条件和使用的水泥品牌及时进行养护，养护时间不少于 14d。腰梁混凝土浇筑见图 2.1-19，腰梁混凝土浇筑完成见图 2.1-20。

10. 预应力锚索张拉锁定

（1）锚索锚固体强度达到设计强度 80% 后进行张拉锁定。

（2）每根锚索按设计拉力的 1.0 倍进行预张拉，然后卸荷至锁定荷载进行锁定。

11. 注浆堵漏准备

（1）锚索完成张拉、锁定后，若出现锚头渗漏现象，便开始注浆准备，若无渗漏则无需处理。锚头渗漏水见图 2.1-21。

图 2.1-19 腰梁混凝土浇筑

图 2.1-20 腰梁混凝土浇筑完成

（2）提前采购的注浆环氧树脂，细阅读材料使用说明。环氧树脂为铁桶包装，每桶 10kg；准备一个塑料矿泉水瓶，将底部裁剪掉形成漏斗状。堵漏环氧树脂见图 2.1-22，漏斗状矿泉水瓶见图 2.1-23。

图 2.1-21 锚头渗漏水

图 2.1-22 堵漏环氧树脂

（3）将露出冠（腰）梁顶面 PE 注浆管过长的部分使用手持切割机切除，长度以插入矿泉水瓶注浆时不发生倾倒即可。切割 PE 注浆管见图 2.1-24。

12. PE 注浆管口灌入环氧树脂

（1）将漏斗状矿泉水瓶插入 PE 注浆管头，见图 2.1-25。

（2）一个工人扶稳 PE 注浆管，另一个工人缓慢向矿泉水瓶内灌入环氧树脂，具体见图 2.1-26。

图 2.1-23　漏斗状矿泉水瓶

图 2.1-24　切割 PE 注浆管

图 2.1-25　插入矿泉水瓶

图 2.1-26　灌入环氧树脂

13. 环氧树脂混合液从锚头渗出

（1）边灌入环氧树脂，边观察锚头渗水情况；灌入后 3～5min，锚头渗水量开始增大，显示环氧树脂在锚索通道内与水之间开始发生反应，产生 CO_2 气体；同时，环氧树脂浆液体积膨胀，沿锚索渗漏通道挤出。锚头渗水量增大见图 2.1-27。

（2）持续往 PE 注浆管内灌入环氧树脂，直至锚头渗出黄色环氧树脂与地下水的混合液即可停止灌入；根据锚头渗水量大小，灌入环氧树脂的量为 1/3～1/2 桶。环氧树脂混合液渗出见图 2.1-28。

14. 混合液从 PE 注浆管口排出

（1）环氧树脂混合液从锚头渗出后，随着反应时间延长，发泡体在锚头凝结，阻碍通道水渗出，通道水渗出开始减少，开始转从 PE 注浆管口冒出。

（2）通道水从 PE 注浆管排出 1～2min 后，黄色环氧树脂混合液及发泡体开始从注浆管口排出，并随后排出部分环氧树脂发泡体。通道水及环氧树脂发泡体从注浆管口排出见图 2.1-29。

图 2.1-27 锚头渗水量增大

图 2.1-28 渗出混合液

图 2.1-29 排出通道水及发泡体

15. 封闭 PE 注浆管口

(1) 当锚头与 PE 注浆管持续排出环氧树脂发泡体时，及时将 PE 注浆管口封闭。

(2) 封闭 PE 注浆管时将注浆管对折，并用钢丝绑牢，封闭 PE 注浆管口见图 2.1-30。

16. 环氧树脂停止渗出、堵漏完成

(1) 将 PE 注浆管口封闭，锚索通道内的水完全排出后，环氧树脂在渗水通道内充分反应、膨胀，锚头持续渗出环氧树脂反应膨胀后的发泡体。

(2) 静置 3~5min，环氧树脂发泡体渗出量开始减缓，并逐渐反应成具有一定强度的固结体。

(3) 发泡体充分反应成固结体后，停止从锚头渗出，锚索渗漏水完成封堵，锚头排出发泡固结体见图 2.1-31。

图 2.1-30　封闭 PE 注浆管口

图 2.1-31　锚头排出发泡固结体

2.1.7　机械设备配置

本工艺现场施工所涉及的主要机械设备配置见表 2.1-1。

主要机械设备配置表

表 2.1-1

名称	型号	备注
手持切割机	WSM710-100	切割 PE 注浆管
台锯	MJ-105	切割 PVC 套管、PE 注浆管

2.1.8　质量控制

1. PE 注浆管预埋

（1）PE 注浆管预埋伸入 PVC 保护套管的长度控制在 30～50cm。

（2）PE 注浆管预埋过程中注意保护注浆管，若发生 PE 注浆管弯折、压扁、刺穿等情况，则及时更换 PE 注浆管。

（3）预埋完成后，调整 PE 注浆管角度，使其竖直伸出混凝土面，并使用胶带将注浆口包封，避免浇筑混凝土时混凝土进入管内造成堵塞。

2. 环氧树脂灌注堵漏

（1）缓慢灌入环氧树脂，避免一次灌入较多，从注浆口溢出。

（2）灌入环氧树脂过程中，观察锚头渗水情况，锚头渗出黄色环氧树脂与地下水的混合液后停止灌入。

（3）渗漏水开始从上方 PE 注浆管口冒出时，让水充分排出，直至环氧树脂发泡体从 PE 注浆管头冒出后，再将 PE 注浆管口对折，封闭 PE 注浆管口，并用钢丝扎牢。

2.1.9　安全措施

1. PE 注浆管预埋

（1）切割 PVC 套管、PE 注浆管的切割机安装有防护罩，操作人员佩戴护目镜，防止碎屑飞入眼中造成伤害。

（2）预埋 PE 注浆管时，操作人员佩戴防护手套，避免被钢筋头、PVC 管口划伤。

2. 环氧树脂灌注堵漏

（1）环氧树脂密封储存在室内阴凉通风处，避免太阳直接照射，并远离明火。

（2）灌入环氧树脂时，避免皮肤直接接触液体，如有沾染立即使用大量清水冲洗；如眼睛误触环氧树脂液体，即用水冲洗或送医治疗。

2.2 基于深基坑内支撑体系的土方坡道开挖施工技术

2.2.1 引言

深基坑采用内支撑体系支护时，通常在基坑内设置支撑梁系统，以平衡基坑侧壁土压力。基坑土方开挖时，为提高出土效率，需设置临时坡道以通行泥头车，泥头车及大型土方开挖机械由临时坡道驶入基坑内作业面进行土方开挖。临时坡道有土坡道及专用栈桥两种形式，由于受支撑系统的内支撑梁及立柱的影响，临时坡道的设置会受到基坑内有限空间的限制；如果增设的坡道采用土坡，土坡侧面需根据土层的性质按一定的坡比放坡，致使基坑底部大面积不能及时开挖，有的受支撑梁施工影响土坡道需要转换位置。若单独设置栈桥，受支撑体系和基坑平面形状的影响，往往也不能直达基坑底；另外，栈桥设计需增设临时桩柱用于支撑桥面，一定程度上增大工程费用。

如何充分利用基坑内支撑支护体系，将基坑内出土坡道与基坑内支撑体系统一结合，充分利用支撑体系的构件和空间，在基坑内部有限空间合理布置出土坡道，尽可能减小坡道对基坑内部空间的占用，同时能够满足土方运输车辆安全行驶的要求，成为设有多道内支撑体系的基坑支护及土石方工程中需要协调解决的问题。深圳南山"高新公寓棚户区改造项目基坑支护工程"项目，基坑采用内支撑支护，开挖出土量大、工期紧。为便于采用内支撑体系的基坑土方运输，项目组将基坑临时出土坡道与支撑体系统一进行设计与施工，将基坑内原支撑梁改换为钢筋混凝土梁板组合，作为水平支撑及水平行车路面使用，并将处于不同标高的钢筋混凝土梁板组合由斜向钢筋混凝土板顺接，于基坑内部形成通畅的土方坡道，减小了出土坡道占用基坑内部的空间，既便于土方开挖及外运，又增加了基坑支撑体系的整体刚度，有利于基坑变形的控制；另外，梁板组合钢筋混凝土结构可以作为材料堆放及加工场地，可以同时解决施工临时场地不足的问题，达到了出土快捷、安全可靠、节省费用的效果。

2.2.2 工艺特点

1. 支护安全性高

本工艺将内支撑梁转换为梁板组合的钢筋混凝土结构，既增加了内支撑体系的刚度，又能更好地限制基坑向坑内的位移和变形，大大提高基坑支护体系的安全性。

2. 出土进度快

本工艺的土方坡道与支撑体系统一设计，充分利用支撑体系所占据的基坑内部空间，由支撑梁板组合形成的水平行车路面可以辐射整个基坑；同时，临时坡道系统形成的道路为现浇钢筋混凝土结构，路况好，通行顺畅，且不受天气影响，有效提高出土效率。

3. 便于施工平面布置

本工艺将钢筋混凝土板既作为基坑的支护体系，在土方开挖完成后，又成为施工时的材料堆场、加工场、成品堆场等，为项目周边无临时设施场地使用的工程提供了大量空间。

4. 节省费用

本工艺可充分利用原支撑梁的立柱，相对于单独设置的栈桥可节省大量的立柱及立柱桩；同时，最后一道支撑梁以下的坡道与坑底用土坡进行顺接设计，整体费用节省。

2.2.3　适用范围

适用于采用多道内支撑支护体系的深基坑内土方开挖外运；适用于基坑周边缺乏可利用场地的支撑支护工程。

2.2.4　工艺原理

1. 技术路线

本技术将深基坑内支撑体系与出土坡道统一设计与施工，把基坑内适当位置的处于同一标高的相邻支撑梁用钢筋混凝土板连接，形成多层局部梁板组合钢筋混凝土结构，该梁板组合钢筋混凝土结构既作为支撑体系中的各层水平支撑，又作为基坑内土方开挖时水平行车路面。

根据深基坑施工总体平面布置，在基坑内设计多级斜向钢筋混凝土板，用于顺接基坑内处于不同标高由钢筋混凝土梁板组合结构形成的水平行车路面，最后一道支撑梁以下的坡道，采用土坡与基坑底顺接，于基坑内形成通畅的出土坡道。当坡道坡率大于 1 ∶ 6 时，一级斜向坡道采用下沉式出入口调节坡率，二级、三级斜向坡道采用调节钢筋混凝土板调整斜向坡道的坡率。

基坑土方挖运机械由出土坡道驶入，分层开挖，将基坑土沿各级斜向坡道及梁板组合结构顺接形成的通道运出基坑，完成基坑底部土方挖运作业后，分段拆除土方坡道。

以某三层内支撑支护为例，基于深基坑内支撑体系的土方坡道平面见图 2.2-1，深基坑内支撑体系的土方坡道剖面见图 2.2-2。

2. 坡道设计原则

基坑围护体系可采取桩或地下连续墙与内支撑相结合的支护方式，可根据场地周边环境条件和工程地质条件优化设计，支护体系满足基坑安全要求；钢筋混凝土板厚度、配筋满足结构计算，板宽满足两辆泥头车满载时安全通过。

临时通道系统包括水平支撑梁板组合结构、坡率调节钢筋混凝土板（坡率大于 1 ∶ 6 的情况下设置）和斜向坡道，均采用钢筋混凝土结构。所设置的每一级斜向坡道和各级支撑梁板组合结构，均保持连续相接、贯通。

斜向钢筋混凝土板的坡率应小于车辆通行的最大坡率 1 ∶ 6，并采取相应的安全通行措施；根据出土需求，保持运输车辆高效通行。

3. 梁板组合水平行车路面设计

（1）将基坑中部首道支撑梁用钢筋混凝土板连接形成首层梁板组合结构，根据基坑的

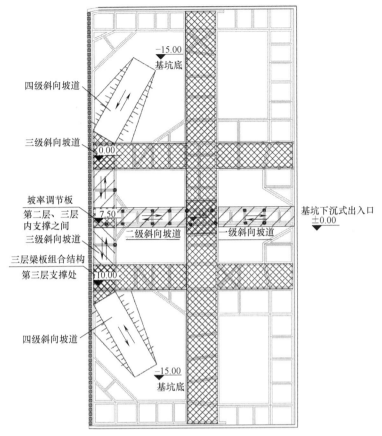

图 2.2-1 基于深基坑内支撑体系的土方坡道平面图

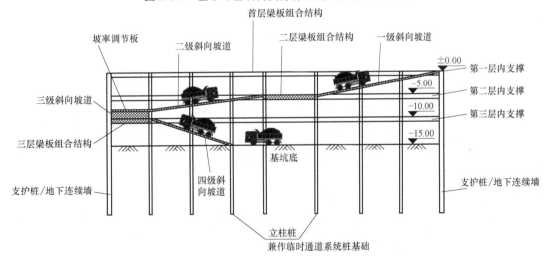

图 2.2-2 深基坑内支撑体系土方坡道剖面图

面积大小，首层梁板组合结构在基坑平面中呈 "一" "十" "卅" 或 "井" 字形。首层梁板组合结构用于水平向通行施工车辆及用作临时材料堆放场，该层梁板组合结构直接同基坑外地面相连，不与处于其他标高的坡道连接。首层梁板组合结构见图 2.2-3。

（2）二层支撑梁及三层梁板组合水平行车路面位于首层梁板组合结构的正下方，同首层水平梁板组合结构共用立柱，用于各自标高（高程）水平向通行施工车辆。二层支撑梁及三层梁板组合结构需与斜向坡道顺接，用于基坑内外施工运输车辆通行。二层梁板组合结构见图 2.2-4。

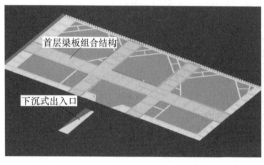

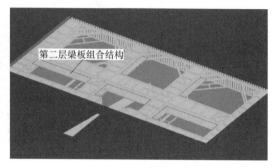

图 2.2-3　首层梁板组合结构　　　　　　图 2.2-4　二层梁板组合结构

（3）为减少对基坑内部空间占用，坡率调节钢筋混凝土板紧靠基坑内壁设置，用于增加斜向坡道的级数，调节斜向坡道坡率。坡率调节板见图 2.2-5。

4. 斜向坡道设计

（1）斜向坡道以梁板组合结构或坡率调节板分级，一级斜向坡道连接基坑外部及二层梁板组合结构，二级斜向坡道连接二层、三层梁板组合结构（或坡率调节板），三级斜向坡道沿基坑侧壁设置，为节约成本，最后一级斜向坡道采用土坡＋混凝土护面的形式，各级斜向坡道均按土方开挖的进度形成。

（2）当基坑面积较大，一级斜向道坡比满足小于 1：6 情况下，一级斜向坡道的上端直接设置在基坑壁支护桩上，另一端顺接基坑支撑体系二层梁板组合结构上。

（3）基坑面积较小时，一级斜向坡道坡比大于 1：6 时，延长一级斜向坡道至基坑外侧，减缓坡道的坡率，基坑侧壁处开孔处理，形成基坑下沉式出入口。各级斜向坡道见图 2.2-6。

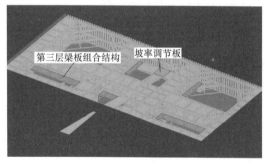

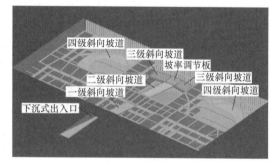

图 2.2-5　坡率调节板　　　　　　　　　图 2.2-6　各级斜向坡道

5. 立柱及其基础设计

根据使用荷载要求，在梁板组合水平行车道下方增设立柱，根据坡道平面位置，设计用于支撑斜向坡道的立柱，立柱及其基础采用"钢管立柱＋灌注桩"结构形式，基坑底部灌注桩采用直径 1200mm 旋挖桩，立柱采用直径 800mm 钢管混凝土立柱，立柱插入灌注桩内 3m。

6. 形成基于支撑体系土方坡道

顺接斜向坡道与梁板组合,其连接顺序为:一级斜向坡道→二层梁板组合→二级斜向坡道→坡率调节板→三级斜向坡道→三层梁板组合→四级斜向坡道→基坑底部,最终形成基于支撑体系土方坡道,顺接斜向坡道与梁板组合结构见图 2.2-7。

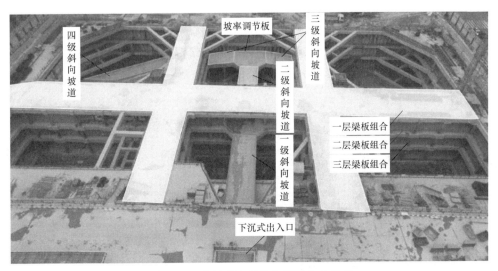

图 2.2-7　顺接斜向坡道与梁板组合结构

2.2.5　施工工艺流程

基于基坑支撑体系临时坡道土方开挖施工工艺流程见图 2.2-8。

2.2.6　工序操作要点

1. 施工准备

(1)根据基坑内支撑体系的平面、竖向布置设计土方坡道,将其绘制在施工总平面布置图上。设计时采用 BIM 工具进行方案的优化,以保证坡道的整体坡率,防止行车时碰撞支撑体系。

(2)根据土方坡道设计,复核基于支撑体系的坡道及整个支撑体系安全,必要时采取结构加强措施。

(3)编制专项施工方案,做好人、机、料的准备。

2. 基坑支护桩、立柱桩施工

(1)多道内支撑的深基坑支护多采用"灌注桩+水泥搅拌桩或旋喷桩"止水帷幕的形式,或采用咬合桩或地下连续墙支护;作为超前的支护桩和止水帷幕,前期按支护设计技术要求和进度安排进行施工。

(2)立柱桩(兼作临时坡道系统桩基础)采用

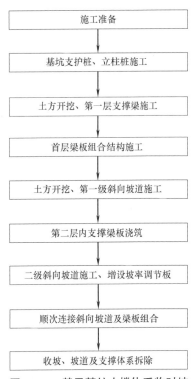

图 2.2-8　基于基坑支撑体系临时坡道土方开挖施工工艺流程图

"灌注桩＋钢管立柱"结构形式，基坑底部灌注桩采用直径 1200mm 旋挖桩，立柱采用直径 800mm、壁厚 20mm 钢管混凝土立柱，立柱插入灌注桩内 3m。

3. 土方开挖、第一层支撑梁施工

（1）土方开挖以机械开挖为主，辅助人工配合修整基底及清理支护桩、立柱桩周边基坑土；冠梁、连梁及首道支撑基底标高上 200mm 及支护桩、立柱桩顶 300mm 的土方，采用人工方式清土。

（2）冠梁、第一道支撑梁的施工工艺流程为：测量放线、开挖沟槽、凿除支护桩桩头、浇筑支撑梁混凝土垫层、绑扎钢筋、立模板、浇筑混凝土、拆模及养护。支撑梁钢筋绑扎、支模、浇筑混凝土见图 2.2-9、图 2.2-10。

图 2.2-9　支撑梁钢筋绑扎

图 2.2-10　支撑梁混凝土支模、浇筑

4. 首层梁板组合结构施工

1）首层梁板组合结构在基坑平面中按"卅"字形布置，梁板组合结构位置的土方采用抽条开挖，开挖前将梁板组合结构平面位置上下坡口用白石灰撒线标出，挖掘机于梁板组合沟槽两侧将槽内土方装车外运，开挖时需注意对立柱桩的保护。

2）梁板组合结构架设于钢管立柱桩上，钢管立柱内钢筋笼竖向主筋伸出 35d（d 为钢筋直径）长度锚入梁板组合结构内。梁板采用整体浇筑，梁板组合结构主梁截面为原支撑梁截面，次梁截面为 600mm×600mm，面板厚 300mm，梁及面板的配筋考虑混凝土自重、使用荷载及车辆行走产生的动荷载经计算确定。

3）施工工艺流程：绑扎钢筋→安装模板→浇筑混凝土→板面防滑。

4）施工操作要点

（1）绑扎钢筋：绑扎前对槽底进行清理干净，严格按设计配筋加工、绑扎；绑扎完毕后，对梁及支撑连接部位钢筋重点进行检查，钢筋绑扎检验合格后进入下道工序。

（2）安装模板：采用 20mm 厚胶合板，钢管对拉支撑，模板自身固定采用木垫枋；模板内侧采用脱模剂或废机油涂抹，便于拆模。

（3）浇筑混凝土：浇筑前对模板进行适当润湿，混凝土自由下落高度不超过 2m，以防混凝土产生离析；浇筑采用分层、连续浇筑，边浇筑边用插入式振动器振捣，保证混凝土振捣均匀。

（4）首层梁板组合结构拆模养护，达到 80％ 设计强度后，可做为首层出土的运输通道。

5. 土方开挖、第一级斜向坡道施工

（1）将一级斜向坡道土方开挖上下口撒石灰线于基坑内标出，开挖时严格控制平面位置及竖向标高，严禁超挖。

（2）在基坑长边一侧设置斜向坡道出入口。如一级斜向坡道无法满足最大 1:6 的坡率要求，可在基坑侧壁开一洞口，用于设置下沉式基坑出入口，延长斜向坡道至基坑外侧以减小斜向坡道坡率。

（3）第一级斜向坡道架设于钢管立柱桩上，坡面采用不带柱帽的钢筋混凝土肋梁楼盖体系，钢管立柱内钢筋笼竖向主筋伸出 35d 长度锚入栈桥梁内。坡道混凝土梁与坡道面板采用整体浇筑，混凝土梁截面为 800mm×800mm，桥面板厚 300mm，梁及面板的配筋考虑混凝土自重、使用荷载及车辆行走产生的动荷载经计算确定，在坡面板上刻防滑槽，凹槽深度控制在 15mm 左右，以利车辆安全行驶。

（4）施工工艺流程：基槽清理、施工垫层、绑扎钢筋、安装模板、浇筑混凝土、坡面防滑处理。第一级斜向坡道钢筋绑扎见图 2.2-11、混凝土浇筑见图 2.2-12、下沉式基坑出入口见图 2.2-13、基坑内一级斜向坡道见图 2.2-14。

图 2.2-11　第一级斜向坡道钢筋绑扎

图 2.2-12　混凝土浇筑

图 2.2-13　下沉式基坑出入口

6. 第二层内支撑梁、梁板组合浇筑

（1）沿内支撑梁、梁板组合位置抽条开挖土方至第二层支撑梁标高，浇筑第二层内支撑梁，于第一层支撑梁板正下方浇筑第二层梁板组合结构，用于连接一级斜向坡道及形成基坑内第二层支撑梁标高处的水平行车路面。

图 2.2-14　基坑内一级斜向坡道

（2）一级斜向坡道连接下沉坡道出入口后与第二层支撑梁板组合钢筋混凝土结构顺接。钢筋混凝土梁板钢筋绑扎见图 2.2-15、一级斜向坡道与第二层梁板结构顺接见图 2.2-16。

图 2.2-15　钢筋混凝土梁板钢筋绑扎

图 2.2-16　一级斜向坡道与第二层梁板结构顺接

（3）基坑土方按由梁板组合结构分割成的区块，分层采用挖掘机机械开挖，由泥头车沿第二层梁板组合结构顺接一级斜向坡道运出基坑。

7. 二级斜向坡道施工、增设坡率调节钢筋混凝土板

（1）土方开挖到位后，修建二级斜向坡道，浇筑内支撑体系第三层内支撑梁及梁板组合结构。

图 2.2-17　第二、三层支撑
梁间增设坡率调节板

（2）当受基坑内部空间限制二级斜向坡道坡率过陡而无法满足 1∶6 坡比要求时，在基坑侧壁第二、三层内支撑梁之间增设坡率调节板，以满足坡道安全坡率要求，具体见图 2.2-17。

8. 顺次连接斜向坡道及钢筋混凝土梁板组合

（1）二级斜向坡道顶部与第二层钢筋混凝土梁板组合结构相连，另一端与沿基坑侧壁增设坡率调节钢筋混凝土板相接。

（2）三级斜向坡道沿基坑侧壁设置，上端连接坡率调节板，下端与第三层梁板组合结构相接。

（3）四级斜向坡道伸向基坑底部，为节约成本采用土坡顺接，土坡路面硬化，侧面喷混凝土处理，具体四级斜向坡道见图 2.2-18。

（4）顺接各级斜向坡道与梁板组合结构（坡率调节板）形成的土方坡道俯视图见图 2.2-19。

图 2.2-18　四级斜向坡道　　　　图 2.2-19　支撑体系的土方坡道俯视图

9. 收坡、坡道及支撑体系拆除

（1）将基底、承台、坑中坑等所有土方开挖完成后，采用挖掘机在三层梁板组合结构上将土坡自下而上逐段挖除。

（2）所有基坑土出土完成、地下底板结构施工完毕后，采取可靠的换撑措施，将坡道及内支撑体系自下而上分层、分段拆除。

2.2.7　机械设备配置

本工艺现场施工所涉及的主要机械设备见表 2.2-1。

主要机械设备配置表　　　　　　　　　　　表 2.2-1

名称	型号及参数	备注
旋挖钻机	SWDM	钢管立柱基桩成孔
挖掘机	PC200	土方开挖
钢筋切割机	CY11	钢筋加工
钢筋弯曲机	Y100-L2-4	钢筋加工
电焊机	BK1-200	钢筋焊接
履带起重机	SCC550E	钢筋笼、钢管吊装
木工圆锯	MG-2	模板加工
自卸汽车	12m³	土方运输

2.2.8　质量控制

1. 钢筋混凝土梁板组合、斜向坡道施工

（1）土方开挖前，用石灰撒出位置标线，竖向定好标桩，保证钢筋混凝土梁板组合、斜向坡道定位准确，开挖时基底留置 20cm 土方由人工清理。

（2）钢筋绑扎时全数检查受力钢筋的品种、级别、规格、数量。

（3）斜向坡道、钢筋混凝土梁板组合截面尺寸误差≤20mm，混凝土浇捣时采取有效措施固定模板，防止漏浆、跑浆。

（4）模板进场前进行验收，检查模板的平整度、接缝情况、加工精度等。

（5）安装前检查模板的杂物、浮浆清理情况、板面修整情况、脱模剂涂刷情况等。

（6）钢筋混凝土板组合中的梁板构件混凝土宜一次连续成型，混凝土振捣时振捣器快插慢拔，防止漏振、过振。

（7）拆模后，及时对模板进行清理。

（8）混凝土构件分段浇筑时，做好施工缝处理。

2. 土方开挖及土方外运

（1）土方开挖前，先做好前期准备工作，布置好临时性排水沟。

（2）上层支撑体系混凝土强度达到设计要求后，才开始下层土方开挖。

（3）严格按施工方案规定的施工顺序进行土方开挖施工，分层、分段依次进行。

2.2.9　安全措施

1. 钢管立柱桩施工

（1）在桩机下铺设钢板，以防止旋挖桩机发生下沉。

（2）严格按照编制的旋挖桩施工顺序图有序施工。

（3）起吊钢筋笼及钢管时，其总重量不得超过起重机额定的起重量，并根据重量和提升高度，调整起重臂长度和仰角。

（4）起吊钢筋笼及钢管作水平移动时，高出其跨越的障碍物 0.5m 以上。

（5）起吊时，起重臂下方严禁有人停留、工作或通过；钢筋笼吊运时，严禁从人上方通过。

2. 混凝土梁板组合、斜向坡道施工

（1）浇筑混凝土前，将杂物和钢筋上的油污清理干净，对缝隙和孔洞予以封堵。

（2）混凝土浇捣时，采取有效措施固定模板。

3. 基坑土方开挖与外运

（1）编制安全可行的土方开挖方案，并对现场进行安全技术交底。

（2）制定专门的土方运输路线，确保土方开挖过程中的交通运输安全。

（3）土方开挖过程中，挖掘机和载重车辆不得在距离基坑上口线 3m 以内停留；运土车辆进出大门时注意控制速度，出口处安排专人疏导交通。

（4）为保证夜间土方开挖足够的照度，在顶部支撑侧面或下方配备照明灯，为保证土方开挖机械不碰撞已完成的支撑结构，在重要位置布设红色环保节能 LED 警示灯。

（5）土方运输车辆根据要求限制载重量，并控制车辆的行驶速度，以确保临时坡道稳定和行驶安全。

第 3 章　灌注桩综合施工新技术

3.1　大直径嵌岩桩旋挖全断面滚刀钻头孔底岩面修整技术

3.1.1　引言

直径 1600mm 以上的大直径旋挖嵌岩灌注桩硬岩钻进，通常采用分级扩孔或小钻阵列取芯钻进工艺。分级扩孔钻进工艺是采用小直径旋挖筒钻从桩中心处钻进取芯，逐步分级扩大钻进直径，直至达到设计桩径。阵列取芯钻进工艺是采用相同小直径筒钻，按阵列依次取芯并采用设计桩径筒钻整体一次性削平的钻进工艺。

旋挖钻机在入岩钻进过程中，受岩体裂隙发育程度、岩石硬度不同等影响，无论采用分级扩孔工艺，或小钻阵列取芯工艺钻进，在每一回次钻进取岩芯时，岩芯底部标高都会存在一定的差异，整体表现为凹凸或台阶状孔底，具体见图 3.1-1～图 3.1-3。

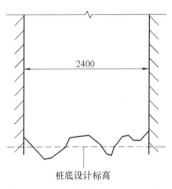

桩底设计标高

图 3.1-1　取芯岩样底面差异　　　图 3.1-2　阵列钻进芯样底部裂面　　　图 3.1-3　孔底岩面高差示意

从成桩后桩身抽芯检验取样结果证实，有的芯样桩底混凝土与持力层岩面倾斜面高度大（大于 50mm），具体见图 3.1-4；有的芯样桩底混凝土与岩面间高低凹凸不平且由沉渣充填，芯样表现为接触面存在较大的斜面和空隙，导致桩底沉渣厚度超标，具体见图 3.1-5。

旋挖硬岩钻进取芯的最小回次进尺与使用的钻头直径相关，通常为钻头直径的 1.2～1.5 倍，对于采用分级扩孔或阵列取芯钻进所产生的孔底凹凸不平的状况，采用取芯钻进无法实现修平。因此，在实际施工过程中，大部分钻孔终孔后未对孔底进行修整处理，给成桩质量带来一定的隐患，尤其是当桩底要求零沉渣时更是无法满足要求。有的钻孔采用小直径筒钻咬合布置，对孔底凹凸不平岩面进行碎裂修平，过程中需反复移动筒钻位置，并多次进行孔底捞渣，施工速度慢、处理效果差。如要达到完全将孔底岩面修平，需采用回转钻机配置滚刀钻头回转钻进磨平孔底，但施工中需要更换钻机，过程时间长且成本高。

图 3.1-4　混凝土与岩面呈锯齿状

图 3.1-5　桩身混凝土与岩面间沉渣超标

　　针对以上大直径嵌岩桩孔底斜岩面和凹凸孔底使沉渣堆积而造成桩身缺陷的问题，项目组开展了"旋挖全断面滚刀钻头孔底岩面修整技术"研究，在旋挖完成持力层硬岩钻进后，采用新型的旋挖滚刀钻头对孔底进行全断面的研磨修整钻进，将孔底凹凸岩面磨平，使孔底达到完全平整，确保了捞渣钻斗清渣和后续反循环二次清孔的效果，有效提高了桩身质量。

3.1.2　工艺特点

1. 施工便捷

　　滚刀钻头一般用于大功率、大扭矩回转钻机，利用大配重进行回转破岩钻进。本工艺首次创新将旋挖钻头改装制成全断面滚切钻头，施工中利用现场的旋挖钻机，仅需更换滚刀钻头就可快捷对孔底岩面进行处理。

2. 有效控制沉渣

　　本工艺采用旋挖全断面滚切钻头对凹凸或台阶状孔底进行研磨修平，使后续捞渣钻斗清渣及反循环二次清孔作业不易残留岩渣，确保桩底混凝土与岩面结合紧密，为孔底零沉渣控制创造了条件，施工质量得到显著提升。

3. 处理效率高

　　本工艺利用全断面滚刀对孔底岩面进行研磨，滚刀研磨轨迹覆盖孔底全断面，通过旋挖钻机的加压钻进功能，快速、平稳将孔底不平整硬岩磨平，有效提高效率。

4. 效益显著

　　采用本工艺对孔底岩面进行修平后，孔底完全平整，极大减少了孔底沉渣厚度超标的概率，避免质量通病的发生，有效提升桩身质量，大大节省缺陷桩处理的直接费用和投资浪费、工期损失，经济效益显著。

3.1.3　适用范围

　　适用于桩径大于 1600mm 的大直径旋挖嵌岩灌注桩硬岩钻进成孔；适用于硬岩采

用分级扩孔或阵列取芯钻进的灌注桩施工；适用于扭矩大于 $360kN \cdot m$ 旋挖钻机钻进作业。

3.1.4　工艺原理

本工艺结合旋挖钻机钻进和回转钻机滚刀钻头钻进的特点和优势，首创采用旋挖钻机与滚刀钻头相结合，利用旋挖滚刀钻头对凹凸或台阶状孔底进行全断面修整磨平。本工艺关键技术主要包括旋挖滚刀钻头硬岩研磨钻进、旋挖滚刀钻头设计及制作、孔底硬岩修整钻进施工等。

1. 滚刀钻头硬岩研磨钻进原理

旋挖钻机利用动力头提供的液压动力带动钻杆和钻头旋转（图 3.1-6），钻进过程中钻头底部滚刀绕自身基座中心轴（点）持续转动，滚刀上镶嵌的金刚石珠（图 3.1-7），在轴向力、水平力和扭矩的作用下，连续对硬岩进行研磨、刻画并逐渐嵌入岩石中，并对岩石进行挤压破坏，当挤压力超过岩石颗粒之间的粘合力时，岩体被钻头切削分离，并成为碎片状钻渣；随着钻头的不断旋转碾压，碎岩被研磨成为细粒状岩屑（图 3.1-8），整体破岩钻进效率大幅提高。

图 3.1-6　滚刀钻头　　　　　　图 3.1-7　镶齿滚刀　　　　　　图 3.1-8　碎片状钻渣

2. 旋挖滚刀钻头设计

全断面滚刀钻头一般用于大扭矩回转钻机，本工艺将旋挖钻筒与镶齿滚刀底板组合成旋挖硬岩滚刀磨底钻头，整体设计体现在：

（1）将旋挖钻筒底部安设截齿或牙轮的部分整体割除，与布设滚刀的底板进行焊接；旋挖钻筒的顶部结构保持原状，筒体增加竖向肋或环向肋；

（2）焊接在旋挖钻筒底部的底板上布设滚刀，滚刀碾磨轨迹覆盖全断面钻孔，滚刀支架导致个别位置碾磨面缺失，则采用牙轮钻头进行补充切削，确保全断面钻头钻进全覆盖。

布满滚刀钻头的底板及旋挖全断面滚刀钻头见图 3.1-9、图 3.1-10。

3. 旋挖滚刀钻头制作

1）滚刀钻头制作流程

滚刀钻头制作时，割除旋挖钻筒底部的截齿或牙轮，再与滚刀钻头底板焊接成全断面滚刀钻头，具体制作流程见图 3.1-11～图 3.1-13。

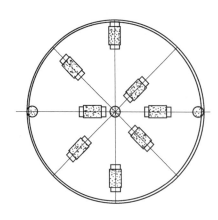

图 3.1-9   布满滚刀钻头的底板

图 3.1-10   旋挖全断面滚刀钻头

图 3.1-11   切割截齿后的钻筒

图 3.1-12   滚刀钻头底板

图 3.1-13   钻筒与滚刀底板焊接

2）滚刀钻头制作

（1）切割旋挖钻筒，保证圆度和平整度。

（2）选用一块厚 60mm 的钢板，切割成与钻头直径相同的圆形底板，按设计布设的滚刀位置在底板上安装支架和滚刀，并在底板上切割若干泄压孔，以减小钻头入孔的压力。滚刀的布设和孔洞开设，保持整个钻头重心与钻头形心重合，使钻进过程中钻头不发生偏心，旋挖滚刀钻头设计见图 3.1-14，底板泄压孔见图 3.1-15。

图 3.1-14   旋挖滚刀钻头设计

图 3.1-15   底板泄压孔

（3）将底板与钻筒焊接连接，焊接时采用内、外双面焊；同时，在筒钻内壁与底板间加焊 8 个三角钢板固定架，固定架尺寸 200mm×150mm，采用双面焊；固定架钢板厚 30cm，确保底板牢靠，具体见图 3.1-16。

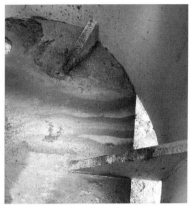

图 3.1-16 底板与钻筒三角钢板固定架

（4）旋挖钻头斗体与滚刀底板焊接成旋挖全断面滚刀钻头，见图 3.1-17。

图 3.1-17 旋挖全断面滚刀钻头

3.1.5 施工工艺流程

大直径嵌岩桩旋挖全断面滚切钻进零沉渣控制施工工艺流程见图 3.1-18。

3.1.6 工序操作要点

以深汕科技生态园 A 区桩基础工程为例，工程桩设计为钻孔灌注桩，桩径 1800～2400mm，桩数 96 根，设计桩底入微风化岩 0.5m，平均桩长约 50.0m。

1. 旋挖钻机筒钻入岩取芯钻进

（1）当钻进成孔至中、微风化岩层顶时，采用分级扩孔入岩钻进工艺。

（2）分级钻进共分三级，第一级采用直径 1600mm 截齿钻筒取芯，从桩中心处钻进，每次取芯 1.2～1.5m，直至设计入岩深度；第二级、第三级分别采取直径

49

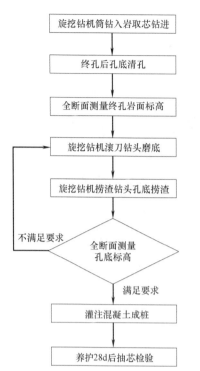

图 3.1-18　大直径嵌岩桩旋挖全断面滚
切钻进零沉渣控制施工工艺流程图

2000mm、2400mm 钻筒分级钻进，直至完成设计入岩钻进。

（3）钻进过程中采用泥浆护壁，控制钻岩转速与钻压，避免转速过快形成增压过大导致钻孔位置偏移。

2. 终孔后孔底清孔

（1）钻进至持力层时，根据钻筒取芯岩样和捞取出的岩块确定桩端持力层岩性。

（2）终孔后，采用旋挖捞渣铅头或气举反循环清孔，采用优质泥浆将孔底沉渣清除。

3. 全断面测量终孔岩面标高

（1）清除沉渣后，对孔底岩面标高进行全断面测量。

（2）为确保大直径桩孔底各点岩面的准确测量，在孔口护筒上铺设孔口钢筋安全网，将全孔覆盖，施工员在钢筋网上用测绳测量整个孔底断面的岩面标高，具体见图 3.1-19。

（3）测点位置由中心点沿 8 个方向、间隔 30cm 依次测量，并记录孔底岩面标高测量值。如发现测点高差异常，则加密测量点，测点布设具体见图 3.1-20。

图 3.1-19　孔口钢筋网上测量孔底岩面标高

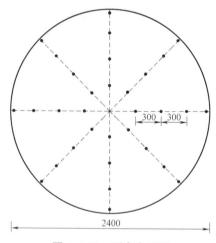

图 3.1-20　测点布设图

（4）若测得孔底岩面标高高出或低于设计桩底标高大于 50mm，或高点与低点的高差超过 50mm，则需要对孔底实施滚刀钻头磨底修平作业。

4. 旋挖钻机滚刀钻头磨底

（1）需要对孔底进行修整时，将旋挖钻机更换滚刀钻头；更换前，全面检查滚刀钻头质量，检查内容包括：底板与钻斗焊接质量、滚刀基座与底板的焊接质量、滚刀和牙轮安装质量。

（2）旋挖钻机安装滚刀钻头后，将旋挖滚刀钻头在地面进行研磨钻进试验，并检查滚刀及牙轮研磨轨迹，并从地面上滚刀金刚石珠覆盖轨迹检查滚刀的工况，具体见图 3.1-21。

图 3.1-21　泥地上钻头研压试验轨迹

（3）对滚刀钻头检查完毕后，将筒钻中心线对准桩位中心线下钻，具体见图 3.1-22。

图 3.1-22　旋挖全断面滚切钻头下钻

（4）下钻过程中，记录钻头下至孔底位置，当钻头至岩面最高点处开始钻进；旋挖滚刀钻进时，由于孔底岩面差异，注意控制钻压，保持轻压慢转，并观察操作室内的垂直度控制仪，确保钻进垂直度及孔底平整。

5. 旋挖钻机捞渣钻头孔底捞渣

（1）旋挖滚刀钻头钻至孔底最低标高，更换捞渣钻头捞渣；

（2）捞渣时，采用小压力旋转，避免由于捞渣斗的闭合空隙及底板厚度差等原因的漏渣；

（3）孔底捞渣钻斗取出的岩渣为细粒状，具体见图 3.1-23。

图 3.1-23　细粒状岩渣

6. 全断面测量孔底标高

（1）确认孔底捞渣干净后，再次全断面测量孔底标高；

（2）保证测量孔底标高满足设计桩底标高且孔底高差小于 50mm，如不满足要求则重新下钻重复磨底及捞渣作业。

7. 灌注混凝土成桩

（1）钢筋笼按设计图纸加工制作，吊装时对准孔位，吊直扶稳，缓慢下放到位，确认符合要求后，对钢筋笼吊筋进行固定；

（2）根据孔深确定导管配管长度，导管底部距离孔底 300～500mm，下导管前对每节导管进行密封性检查，第一次使用时需做密封水压试验；

（3）在灌注混凝土之前测量孔底沉渣，如沉渣厚度超标，则采用气举反循环进行二次清孔；

（4）二次清孔满足要求后，立即灌注混凝土；混凝土采用商品混凝土，坍落度 18～22cm，初灌采用 6m³ 的灌注斗，保证混凝土初灌导管埋深不小于 1.0m；灌注过程中，定期测量混凝土面上升高度和埋管深度，并适时提升和拆卸导管，始终保持导管埋深控制在 4～6m；灌注连续进行，直至桩顶超灌不小于 1.0m。

8. 养护 28d 后抽芯检验

（1）桩身混凝土灌注完成，自然养护 28d 后进行抽芯检测。

（2）检测结果显示，经采用旋挖滚切钻头对孔底磨平处理的桩，其混凝土桩芯与岩层接触面平整且结合紧密，均表现为零沉渣，桩抽芯检测的芯样见图 3.1-24。

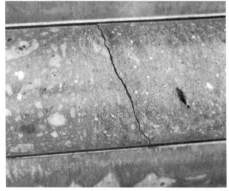

图 3.1-24　磨底处理后桩芯混凝土与岩层接触面零沉渣效果

3.1.7　机械设备配置

本工艺现场施工所涉及的主要机械设备见表 3.1-1。

主要机械设备配置表 表 3.1-1

名称	型号及参数	备注
旋挖钻机	SR360	硬岩钻进成孔
截齿筒式钻头	直径 1600mm、2000mm、2400mm	硬岩分级扩孔
硬岩取芯钻头	直径 1600mm	硬岩取芯
旋挖全断面滚刀钻头	直径 2400mm	孔底硬岩全断面研磨
捞渣钻头	直径 2400mm	孔底捞取沉渣
空压机	W2.85/5	气举反循环清孔
泥浆净化器	SHP-250	泥浆净化
灌注斗	6m³	灌注混凝土
灌注导管	直径 300mm	灌注混凝土
电焊机	NBC-270	钻头焊接

3.1.8 质量控制

1. 旋挖入岩分级扩孔钻进

（1）采用大扭矩旋挖钻机取芯作业，以确保硬岩正常钻进；

（2）硬岩取芯时，始终采用优势泥浆护壁，以确保上部土层的稳定；

（3）钻进过程中，通过钻机自带对中纠偏显示仪器控制桩身垂直度，确保分级扩孔过程中不偏孔。

2. 全断面滚切钻头磨底

（1）磨底前后分别测量全断面孔底标高，确保孔底标高和高差满足要求；

（2）两次测量孔底标高前，采用气举反循环清孔或捞渣钻头清孔；

（3）研磨钻进时注意控制钻压，轻压慢转，磨底钻进时，机手观察操作室内的垂直度控制仪，确保钻进垂直度及孔底平整。

3.1.9 安全措施

1. 旋挖滚刀钻头制作

（1）制作开始前，首先检查焊机和工具是否完好和安全可靠；电焊和切割操作过程满足规范要求。

（2）滚刀钻头底板一次切割成型。

（3）底板与钻筒连接及底板加固的焊接采用双面焊，焊接完成后检查是否焊接牢固。

2. 旋挖滚刀钻头磨底

（1）测量孔底标高要在孔口铺设钢筋网，钢筋网面积大于孔口，钢筋直径不小于18mm 以上。

（2）由于滚刀钻头重量大，使用的旋挖钻机的扭矩不小于 360kN·m，确保滚刀钻头顺利钻进。

（3）钻进磨底时注意控制钻压，轻压慢转，并观察操作室内的垂直度控制仪；如遇卡钻，则立即停止，未查明原因前，不得强行启动。

3.2　硬岩旋挖分级扩孔钻进偏孔多牙轮组筒钻纠偏修复技术

3.2.1　引言

　　大直径旋挖灌注桩钻进遇中、微风化硬岩持力层时，通常采用旋挖桩分级扩孔钻进工艺，即以小直径旋挖筒式钻头从桩中心处钻入，至桩底设计标高后再逐级扩大钻孔直径，直至钻进达到设计桩径。但当上部中、微风化岩层破碎或裂隙发育，或存在倾斜岩面时，分级扩孔钻进其垂直度控制难度大，扩孔入岩时容易出现偏孔（图 3.2-1、图 3.2-2），后继孔底入岩纠偏处理难度大。

图 3.2-1　灌注桩分级扩孔入中风化岩倾斜偏孔

图 3.2-2　扩孔取出的岩芯严重偏孔

　　"深圳国际会展中心（一期）基坑支护和桩基础工程（三标段）"项目，基础工程桩设计最大桩径 2500mm、平均孔深 55m，施工采用宝峨 BG46 旋挖钻机成孔。其中，Z625 号桩入岩采用直径 1600mm、2000mm、2500mm 筒式钻头分三级分别扩孔钻进，桩端入中风化岩 5m，钻进孔深 58.6m；扩孔完成后，采用 ϕ2500mm 捞渣钻头清底时，发现钻头在孔深 57.5m 处卡钻无法下放至孔底，初步判断孔底出现偏孔。现场采用小直径截齿钻头和测绳对桩孔孔底进行逐段查探，发现孔底一侧残留宽 30cm、高 1.1m 的呈月牙形的岩体。分析产生的原因主要是在第一级和第二级扩孔时发生钻进偏孔，而在第三级同设计桩径相同的扩孔钻进时，受孔壁的有效支撑而未发生偏孔，以致在孔底残留岩柱体。

图 3.2-3　残留偏斜岩体造成钻头截齿损坏

　　对于孔底残留偏斜岩体的处理方法，通常采用与桩径相同的截齿钻头慢速扫孔纠偏，纠偏时钻头的截齿受硬岩体在孔底分布的不均匀性影响，容易发生局部损坏，需反复更换截齿和齿座（图 3.2-3），造成孔内纠偏难度大、修复耗时长、处理效率低、增加施工成本。

为了解决大直径嵌岩桩旋挖分级扩孔钻进成孔后存在的上述问题，项目课题组开展了"硬岩旋挖分级扩孔钻进偏孔多牙轮组筒钻修复施工技术"研究，通过采用小直径钻头配合测绳分段查探桩孔孔底标高，查明残留岩体或岩柱情况；根据桩底残留的岩体分布及位置，采用在同设计桩径的旋挖筒钻内侧，安装数个由多个牙轮内扩排列的牙轮组，对孔底偏斜段进行凿岩修复，达到了纠偏处理快捷、修复精准、钻进效率高、成孔质量好的效果。

3.2.2　工艺特点

1. 处理快捷

本工艺利用现场现有的旋挖钻机和牙轮筒钻，通过加工焊接即能快速完成多牙轮组筒钻修复钻头，即可实施残留岩体快捷处理。

2. 纠偏修复精准

本工艺通过小直径钻头分段探明孔底残留岩体的分布，并结合测绳多点量测孔底标高位置，从而对残留岩体精准定位；同时，根据岩体的分布设置相应的内扩牙轮数量，确保了纠偏修复的准确性。

3. 修复效率高

本工艺采用在通常的牙轮外头上增加设置数组内扩的牙轮，不同组间的牙轮位置均匀布设，凿岩时相互循环平衡切削，有效提升纠偏修复工效。

4. 有效降低施工成本

采用本工艺进行残留岩体的纠偏施工，只需要在使用的牙轮钻头增加若干个牙轮组，不需要增加额外的机具，避免了增加机械投入，降低了处理的施工成本，且修复效率高，综合经济效益显著。

3.2.3　适用范围

适用于分级扩孔钻进入岩后产生的残留岩体或倾斜岩面的旋挖灌注桩，桩径 2500mm 及以下设置 3 个牙轮组，桩径大于 2800mm 设置 4 个牙轮组。

3.2.4　工艺原理

以"深圳国际会展中心（一期）基坑支护和桩基础工程（三标段）"项目 Z625 号（ϕ2500mm）灌注桩为例。

本工艺纠偏采用小直径截齿捞渣钻斗配合测绳分段查探桩孔，再根据残留的岩体偏斜的分布及尺寸，在旋挖筒钻内侧上安装新的牙轮组，对孔底残留岩体进行清凿钻进至设计孔深。纠偏过程中的关键技术一是孔底残留岩体的探测技术，二是多牙轮组筒钻设计与制作技术，三是孔底残留岩体清凿修复处理技术。

1. 孔底残留斜岩体探测

（1）孔内分段探孔位置划分

Z625 号护筒直径 2600mm，探点位置是沿护筒外侧按照 510mm 间距，等分为 16 段并编号。孔内分段探孔示意图见图 3.2-4。

（2）直径 1500mm 截齿钻头探孔

护筒分段编号完成后，采用 ϕ1500mm 的截齿捞渣钻头沿护筒内侧依次对 1～16 号探点进行探孔。探孔方法为沿护筒边钻头下放至孔底（58.6m）不进尺钻动，在未遇到障碍物时在孔底各探点平移钻动试探，见图 3.2-5。

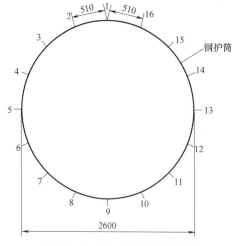

图 3.2-4　孔内分段探孔示意图

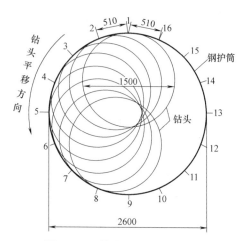

图 3.2-5　钻头分段查探示意图

（3）试探直至遇到障碍物钻头无法沿护筒边平移（偏 9 号探点），后钻头沿障碍物边平移直至可以沿护筒边平移（偏 16 号探点），过程中测绳配合查探，可确定障碍物平面位置。平移完成后在遇到障碍物的位置从孔口相应探点下钻，可确定障碍物竖向位置。

（4）在 9～16 号点进行探孔时，测得孔深只有 57.5m，比终孔深度 58.6m 少了 1.1m。再根据之前 ϕ2500mm 的截齿捞渣钻头的断齿和测绳探底数据，可确定残留岩体为宽 30cm、高 1.1m 的月牙形状。孔底残留岩体平面、剖面及现场情况分别见图 3.2-6～图 3.2-8。

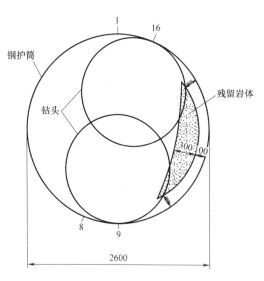

图 3.2-6　孔底残留的岩体平面示意图

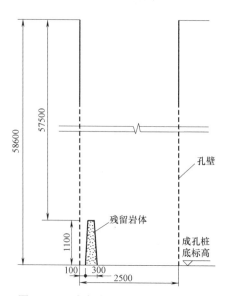

图 3.2-7　孔底残留的岩体剖面示意图

图 3.2-8　孔底分级扩孔后残留岩体

2. 多牙轮筒钻结构

1）多牙轮筒钻设计

（1）项目组设计出专用的多牙轮组筒钻装置，在筒钻上新增 3 个牙轮组，均布于环状钻头上，牙轮组的数量根据孔底残留岩体的宽度确定。

（2）根据以上孔底岩体的探测情况，每组牙轮组选定 2 个牙轮，处理宽度达 400mm，将牙轮焊接在"1"字形钢板上，"1"字形钢板焊接在筒钻内侧；为了保证"1"字形钢板和牙轮的稳固，用扇形钢板将"1"字形钢板和筒钻焊接，起到加固作用。多牙轮结构平面见图 3.2-9，多牙轮组安装实物见图 3.2-10。

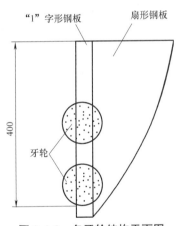

图 3.2-9　多牙轮结构平面图

图 3.2-10　多牙轮组安装实物

2）多牙轮组位置及参数

（1）单个牙轮直径约 100mm，第一组中 a 牙轮距离筒钻内侧 50mm，b 牙轮距离 a 牙轮 50mm；

（2）第二组中 c 牙轮距离筒钻内侧 100mm，d 牙轮距离 c 牙轮 50mm；

（3）第三组中 e 牙轮距离筒钻内侧 150mm，f 牙轮距离 e 牙轮 50mm。

这样的牙轮组排列方式，能够保证钻头内侧 40cm 范围内的有效凿岩。多牙轮组布置见图 3.2-11，多牙轮组凿岩范围见图 3.2-12，多牙轮组凿岩投影见图 3.2-13，多牙轮组凿岩钻头见图 3.2-14。

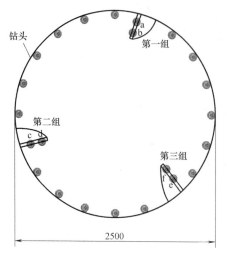

图 3.2-11　多牙轮组布置示意图

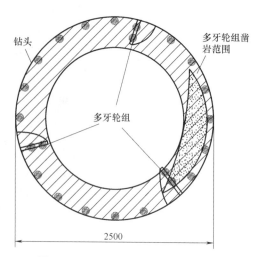

图 3.2-12　多牙轮组凿岩范围示意图

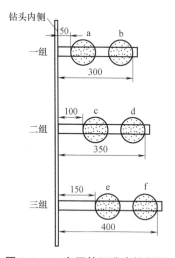

图 3.2-13　多牙轮组凿岩投影图

图 3.2-14　多牙轮组凿岩钻头

3. 旋挖多牙轮组筒钻对孔底残留岩体纠偏清凿

牙轮组焊接好后，即可进行孔底纠偏钻进。普通旋挖筒钻钻头一般牙轮凿岩范围为 10cm，本工艺的新型多牙轮组筒式钻头凿岩范围为 40cm，能够精准地对残留岩体进行凿除。由于新型钻头凿岩范围大，多牙轮组增加了钻进凿岩面积，能够快速地对孔底残留岩体进行清凿，确保了成孔质量。新型多牙组轮筒钻清凿残留岩体示意图见图 3.2-15。

3.2.5　施工工艺流程

硬岩旋挖分级扩孔钻进偏孔多牙轮组筒钻纠偏修复施工工艺流程见图 3.2-16。

3.2.6　工序操作要点

以"深圳国际会展中心（一期）基坑支护和桩基础工程（三标段）"项目 Z625 号

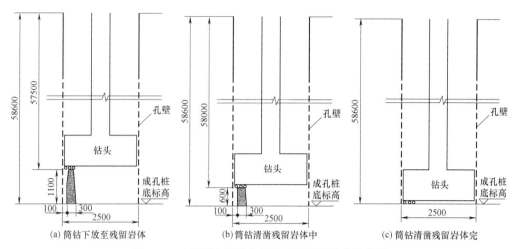

(a) 筒钻下放至残留岩体　　(b) 筒钻清凿残留岩体中　　(c) 筒钻清凿残留岩体完

图 3.2-15　新型多牙轮组筒钻清凿残留岩体示意图

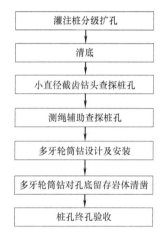

图 3.2-16　硬岩旋挖分级扩孔钻进偏孔多牙轮组筒钻纠偏修复施工工艺流程图

（φ2500mm）灌注桩为例。

1. 灌注桩分级扩孔

（1）现场选用德国宝峨公司生产的 BG46 多功能旋挖钻机进行成孔施工。

（2）施工至中风化岩面后，根据中风化岩的强度，采用第一级 φ1600mm 旋挖筒式钻头从桩中心处钻入至设计入岩深度，后逐级使用 φ2000mm、φ2500mm 的钻头扩大钻孔直径取芯，具体见图 3.2-17。

（3）取芯钻具采用牙轮筒式钻头，钻进时控制钻压，保持钻机平稳。

（4）当钻进至设计入岩深度（58.6m）后，采取微调钻具位置，将岩芯取出。

2. 清底

（1）扩孔完成后采用 φ2500mm 捞渣钻头清底时，发现钻头在孔深 57.5m 处卡钻无法下放。

（2）根据测量孔底标高位置和捞渣钻头截齿断裂情况，初步判断孔底出现偏孔，现场进一步查明孔底具体分布情况，具体见图 3.2-18。

图 3.2-17　灌注桩分级扩孔施工

3. 小直径截齿钻头查探桩孔

（1）将护筒外侧露出地面部分清理干净，以便能清晰编号；钢护筒 ϕ2600mm，沿护筒外侧按照 500mm 间距，分为 16 段做标记并在护筒外侧编号，具体编号情况见图 3.2-19。

图 3.2-18　清孔后钻头截齿断裂　　　　图 3.2-19　护筒外侧分段编号

图 3.2-20　截齿钻头探孔

（2）标记编号位置作为探孔的定位参考点，桩机就位后，选用 ϕ1500mm 的截齿捞渣钻头进行孔内查探。钻头按探测点沿护筒边下放至设计孔底（58.6m）进行不进尺钻动，按逆时针方向向 16 号探点进行查探，在未遇到障碍物时在孔底各探点平移钻动试探，具体见图 3.2-20。

4. 测绳辅助查探桩孔

（1）试探直至遇到障碍物钻头无法沿护筒边平移时停止并标记 A 点，查得为 9 号探点范围内，将测绳下放到钻头与障碍物交汇处并在护筒标记为 B 点，测得测绳与护筒距离为 180mm。

（2）钻头沿障碍物边平移直至可以沿护筒边平移时停止并标记为 C 点，测得为 16 号探点范围内，将测绳下放到钻头与障碍物交汇处在护筒标记为 D 点，测得测绳与护筒距离为 150mm。

（3）钻头沿障碍物边平移时，每隔 300mm 测量一次钻头和障碍物交汇处的下放测绳与护筒的间距。根据各点的间距可以确定障碍物的内边线。

（4）将测绳在 B～D 探点沿护筒边每隔 300mm 下放，测得可以下放至设计孔底，并将测绳向孔内平移，发现有障碍物后测得障碍物与护筒边的间距最小为 100mm，根据各点的间距可以确定障碍物的外边线，小直径截齿钻头探孔见图 3.2-21。

（5）确定残留岩体的平面位置后，钻头重新在 9～16 号点探点处从孔口下钻，各探点钻头都卡钻难以进尺，测得孔深为 57.5m，比终孔深度 58.6m 少了 1.1m；再根据之前截齿捞渣钻头的断齿情况，可确定残留岩体为宽 30cm、高 1.1m 的月牙形状，外边距离护筒 100～180mm。孔底残留岩体平面分布见图 3.2-22。

图 3.2-21　小直径截齿钻头探孔

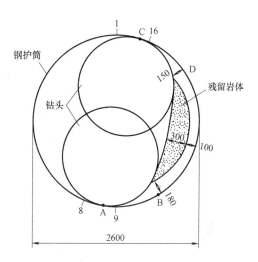

图 3.2-22　孔底残留岩体平面分布

5. 多牙轮筒钻设计及安装

（1）筒钻选用 ϕ2400mm 的牙轮钻头，本身自带的牙轮也能对岩体进行凿岩清凿。

（2）根据探测结果，对旋挖筒钻钻头进行改进，根据孔底岩体的尺寸及位置，在旋挖筒钻内侧对称安装三组牙轮。

（3）单组牙轮为 2 个牙轮焊接在"1"字形钢板上，"1"字形钢板焊接在筒钻内侧，为了保证"1"字形钢板和牙轮的稳固，用扇形钢板将"1"字形钢板和筒钻焊接在一起。单组牙轮焊接安装见图 3.2-23，多牙轮组筒钻见图 3.2-24。

6. 多牙轮组筒钻对孔底残留岩体清凿

（1）将多牙轮筒钻安装在钻杆上，并检查牙轮组状况，具体见图 3.2-25。

图 3.2-23　单组牙轮焊接安装

图 3.2-24　多牙轮组筒钻

图 3.2-25　多牙轮筒钻安装就绪

　　（2）旋挖钻头对准桩孔中心，并调整钻杆垂直度，将钻头下放至残留岩体位置上方后，缓慢下压、慢速转动钻头开始切削清凿；钻进时，注意控制钻压，保证钻机平稳，直至钻头钻进至设计孔深，现场纠偏处理具体见图 3.2-26。

图 3.2-26　现场纠偏处理

7. 桩孔终孔验收

（1）纠偏处理完成后，采用 ϕ2500mm 旋挖截齿钻斗反复捞渣，尽可能清除孔内沉渣，捞渣清孔具体见图 3.2-27。

（2）使用测绳测量终孔深度，并作为灌注混凝土前二次验孔的依据。

（3）验收完毕后，进行钢筋笼安放、混凝土导管安装作业，并及时灌注桩身混凝土成桩。

3.2.7　机械设备配置

本工艺现场施工所涉及的主要机械设备见表 3.2-1。

图 3.2-27　旋挖钻斗整体清孔捞渣

主要机械设备配置表　　　　表 3.2-1

名称	型号及参数	备注
旋挖钻机	BG46	钻进成孔
牙轮钻筒	ϕ2400	具体直径根据残留体分布确定
截齿捞渣钻头	根据设计桩径	捞渣
履带起重机	SCC550E	吊放护筒、钢筋笼等
挖掘机	PC220-8	场地平整、渣土转运
电焊机	ZX7-400T	焊接钻头、钢筋笼制作
全站仪	iM-52	桩位测放、垂直度检测等
泥浆泵	3PN	泥浆循环

3.2.8　质量控制

1. 桩位及垂直度控制

（1）桩位由测量工程师现场测量放样，报监理工程师复核。

（2）旋挖钻机就位时，校核钻斗底部中心与桩点对位情况。

（3）护筒埋设后采用十字交叉线校核护筒位置，允许偏差不超过 50mm。

（4）钻进过程中，通过钻机操作室自带垂直控制对中设备进行桩位垂直度监制。

2. 旋挖钻进成孔

（1）采用大扭矩旋挖钻机分级扩孔作业。

（2）钻进成孔时，采用优质泥浆护壁，以确保上部土层稳定。

（3）完成硬岩钻进后，及时采用捞渣钻头进行孔底清渣。

3. 小直径截齿捞渣钻头配合测绳分段查探桩孔

（1）护筒外侧露出地面部分清理干净，以便能清晰编号。

（2）测绳端头连接的钢筋牢固，防止钢筋卡住或掉落。

（3）钻头在试探至障碍物时，保持护筒上标记的位置准确，精准探明残存岩体的位置。

（4）测绳在下放试探时，下探间距不宜过大，防止试探的不准确。

4. 旋挖多牙轮组筒钻对孔底残留岩体纠偏清凿

（1）加工安装牙轮组时，选用的钢板和牙轮的型号和强度满足钻进要求，确保有效处理残留岩体。

（2）钢板和牙轮的焊接牢固，防止纠偏过程中脱落。

（3）多牙轮组的尺寸、排列、间距、布置做到对残留岩体全断面钻凿，防止清凿不彻底。

（4）钻头下放至残留岩体位置后，缓慢下压转动钻头开始切削清凿施工，注意钻进过程中控制钻压，保证钻机平稳。

3.2.9　安全措施

1. 旋挖钻进成孔

（1）钻进成孔时如遇卡钻情况发生，立即停止下钻，未查明原因前不强行启动。

（2）混凝土灌注完成 12h 后在空桩段充填，以免人员掉入孔内。

2. 小直径截齿捞渣钻头配合测绳分段查探桩孔

（1）在护筒编号或用测绳配合探孔时，由现场专业人员操作，避免孔口发生落人现象。

（2）在用测绳配合探孔时，钻杆严禁转动，防止对人员造成伤害。

（3）小直径截齿捞渣钻头在探孔时，保持慢速回转，以免残留的岩体对钻头造成损伤。

3. 旋挖多牙轮组筒钻对孔底残留岩体纠偏清凿

（1）焊接牙轮时，操作人员持证上岗，戴好安全防护用具作业。

（2）钻头焊接时采用木楔固定，防止钻头滚动伤人。

（3）焊接完一组牙轮后需要翻动钻头焊接下一组时，采用起重机操作。

（4）钻机纠偏时，如遇卡钻，则停止下钻，查明原因后再行施工。

3.3　大直径易塌深孔三层钢护筒减阻沉入与精准定位技术

3.3.1　引言

大直径灌注桩易塌深孔施工时，常需将护筒沉入至易塌地层以下的稳定地层中，以避免钻进过程中塌孔事故的发生。如香港粉岭项目桩基工程，基础采用钻孔灌注桩，设计桩径 2500mm，以入微风化花岗岩 2m 作为持力层；场地地层分布由上至下为回填砂、淤泥质土、粉质黏土、中砂、砂质黏性土、微风化花岗岩，平均孔深 55m，上部不良易塌地层总厚为 32m。为确保成孔过程中易塌地层的孔壁稳定，拟将孔口护筒沉入至砂质黏性土层内不少于 4m，即护筒总长度≥36m。如此深长的护筒，通常采用振动锤配合旋挖钻机或全套管全回转钻机沉入，但因护筒直径大、沉入深，受到的摩阻力过大，采用振动锤配合旋挖钻机沉入时，护筒难以下沉和起拔，且容易变形，深长护筒垂直度控制难，影响施工质量；而采用全套管全回转钻机虽能将深长护筒顺利沉入，但其施工成本比振动锤沉入高 2～3 倍，整体费用太高。

为解决上述施工深长护筒沉入和起拔困难、易变形等难题，同时提高护筒沉入效率，降低施工成本，项目组对"大直径易塌深孔三层钢护筒减阻沉入与精准定位施工技术"进行了研究，总结出一种高效的大直径超深灌注桩三层钢护筒定位与沉入方法，即：设计外层短护筒、中间层中长护筒、内层深长护筒共三层护筒结构，并将其由外往内逐层沉入，以逐级减少往内一层护筒所受外侧摩阻力；护筒采用振动锤沉入，旋挖钻机护筒内钻进取土，减少护筒下沉时内侧摩阻力，解决了内层深长护筒沉入与起拔难题。护筒沉入过程中，通过研发的护筒定位和对接技术，对深长护筒进行精准定位，实现护筒快速准确沉入。本工艺经多个项目实际应用，在满足施工要求的同时，节省了施工时间和施工机械设备投入，达到精准、高效、经济的效果，为大直径易塌深孔护筒沉入施工提供了一种新的工艺方法，并形成施工新技术。

3.3.2 工艺特点

1. 施工便捷

本工艺设三层护筒结构并逐层采用振动锤沉入，以减少内层护筒外侧承受的摩阻力；护筒下沉过程中，采用旋挖钻机护筒内钻进取土，减少了护筒内侧摩阻力，使护筒更易沉入和起拔，整体施工高效便捷。

2. 定位精准

本工艺以桩中心为基准，通过在外层、中间层护筒上设置定位块，以逐层修正护筒的定位偏差，确保中心点满足要求；同时，在护筒接长时采用专门设计的装置进行对接调节，有效保证对接护筒的接长质量，确保内层深长护筒圆心与桩位中心精准对中。

3. 综合成本低

本工艺采用振动锤配合旋挖钻机护筒内钻进取土的组合技术，将护筒沉入至指定深度，施工设备配置数量少、施工效率高，减少了大型施工机械的投入，提高了施工工效，有效降低了施工综合成本。

3.3.3 适用范围

1. 适用于桩径不大于 2500mm 灌注桩钢护筒沉入施工；
2. 适用于复杂易塌地层（松散填土、淤泥、淤泥质土、砂层等）护筒沉入；
3. 适用于三层护筒沉入施工，三层护筒的长度按外层：中间层：内层＝1：3：6 比例设置，其中内层护筒最大深度不超过 60m。

3.3.4 工艺原理

本工艺以香港粉岭项目桩基工程为例，项目基础采用直径 2500mm 钻孔灌注桩，采用振动锤下入外层、中间层、内层护筒护壁，其中外层护筒直径 3000mm、长 6m，中间层护筒直径 2800mm、长 20m，内层护筒直径 2600mm、长 36m。

1. 护筒外侧摩阻消减原理

本工艺设置三层护筒结构，按照由外至内的顺序逐层振动沉入，以减少中间层、内层护筒的外侧摩阻。外层钢护筒首先沉入承受护筒外侧所有土压力，并作为中间层护筒的围挡和支撑，为中间层护筒支挡相应长度的外侧土体，减少中间层护筒上部 6m 的外侧摩阻力；相应的中间层护筒长 20mm，为 36m 长内层护筒沉入减少了 20m 的外侧摩阻力，有助提高内层深长护筒的沉入效率。三层护筒消减外侧摩阻情况见图 3.3-1。

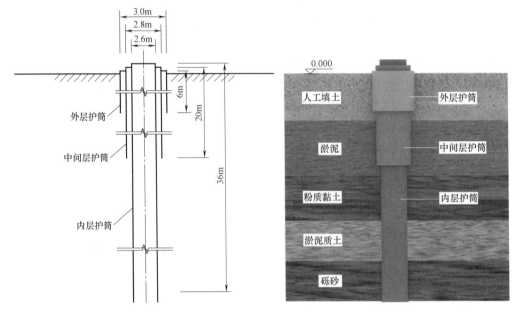

图 3.3-1　三层护筒减阻示意图

2. 护筒内侧摩阻消减原理

护筒所受摩阻力包括护筒外侧土的摩阻和护筒内侧土的摩阻，外侧摩阻通过沉入三层护筒予以有效减阻，内侧摩阻则通过旋挖钻机在护筒内及时取土予以削减。本工艺采用振动锤沉入护筒，当护筒受阻下沉困难时，过程中配合旋挖钻机在护筒内钻进取土，直接减小土体对护筒沉入的阻力，直至将护筒下沉至指定深度。旋挖钻机取土时，当钻进深度在护筒长度范围内时，旋挖钻机可直接在护筒中干法取土；当旋挖钻机需要超出护筒取土引孔时，可采用泥浆护壁钻进取土，以确保孔壁的稳定。

3. 多层护筒定位原理

本工艺在已沉入的外层护筒内壁对称焊接布置 4 个定位块，4 个方向定位块的尺寸根据外层护筒圆心与桩中心的具体偏差设置，通过 4 个定位块使中间层护筒圆心与桩中心重合。由于外层护筒相对较短，且与定位块刚性连接，在沉入中间层护筒时易受定位块传递振动发生偏位，导致中间层护筒沉入后定位仍可能存在偏差，因此，在中间层护筒就位后，需再复核中间层护筒与桩中心点的偏差值，于中间层护筒内壁同样设置内层护筒定位块，确保内层护筒与桩中心精准对中。三层护筒定位块调节中心点见图 3.3-2，三层护筒及定位块设置见图 3.3-3。

4. 护筒孔口接长及纠偏

护筒在孔口接长时，优先选择上、下节断面圆度相近、壁厚一致的同规格护筒进行对接；对接合缝后，在两节护筒孔口断面打坡口，并满焊连接。当对接时，护筒断面出现一定圆度偏差而错位时，将特制的 L 形钢块与楔形钢块配合进行纠偏调节。

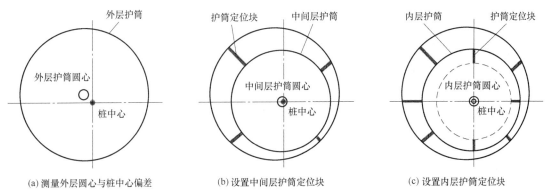

(a) 测量外层圆心与桩中心偏差　　　(b) 设置中间层护筒定位块　　　(c) 设置内层护筒定位块

图 3.3-2　三层护筒定位块调节中心点示意图

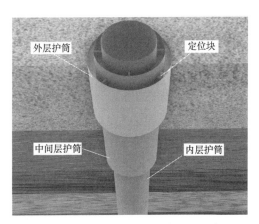

图 3.3-3　三层护筒及定位块设置示意图

（1）内错对接

当护筒对接断面为内错时，将 L 形钢块焊接在上节护筒外壁，插入楔形钢块并敲击，通过挤压 L 形钢块拉动上节护筒归位，逐渐缩小内错位置，具体调节过程见图 3.3-4。

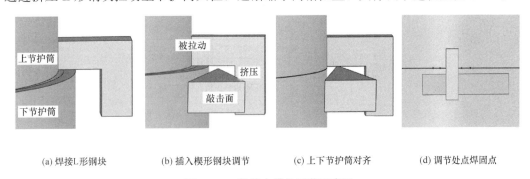

(a) 焊接 L 形钢块　　　(b) 插入楔形钢块调节　　　(c) 上下节护筒对齐　　　(d) 调节处点焊固点

图 3.3-4　护筒内错位调节示意图

（2）外错对接

当对接断面为外错时，则将 L 形钢块焊接在下节护筒，同样插入楔形钢块并敲击，通过楔形钢块的挤压作用使上节护筒归位，具体调节过程见图 3.3-5。护筒纠偏后即通过点焊暂时固定，并沿圆周方向依次对其余错位点进行调节，直至护筒圆度满足要求再进行满焊接长。

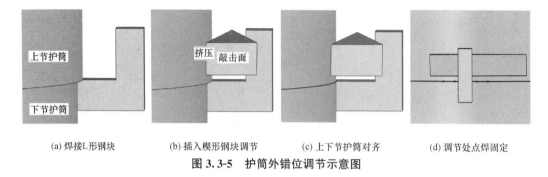

(a) 焊接L形钢块   (b) 插入楔形钢块调节   (c) 上下节护筒对齐   (d) 调节处点焊固定

图 3.3-5　护筒外错位调节示意图

3.3.5　施工工艺流程

大直径易塌深孔三层钢护筒减阻沉入与精准定位施工工艺流程见图 3.3-6，工序操作流程见图 3.3-7～图 3.3-9。

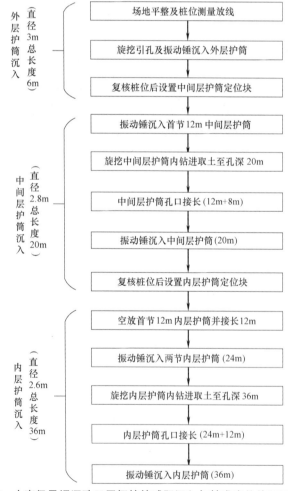

图 3.3-6　大直径易塌深孔三层钢护筒减阻沉入与精准定位施工工艺流程图

外层护筒沉入（直径3m 总长度6m）
- 场地平整及桩位测量放线
- 旋挖引孔及振动锤沉入外层护筒
- 复核桩位后设置中间层护筒定位块

中间层护筒沉入（直径2.8m 总长度20m）
- 振动锤沉入首节12m中间层护筒
- 旋挖中间层护筒内钻进取土至孔深20m
- 中间层护筒孔口接长（12m+8m）
- 振动锤沉入中间层护筒（20m）
- 复核桩位后设置内层护筒定位块

内层护筒沉入（直径2.6m 总长度36m）
- 空放首节12m内层护筒并接长12m
- 振动锤沉入两节内层护筒（24m）
- 旋挖内层护筒内钻进取土至孔深36m
- 内层护筒孔口接长（24m+12m）
- 振动锤沉入内层护筒（36m）

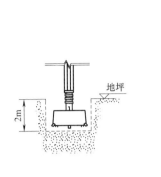

(a) 旋挖引孔

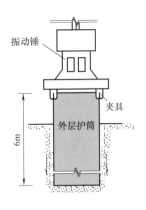

(b) 振动锤沉入外层护筒

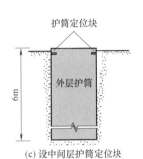

(c) 设中间层护筒定位块

图 3.3-7　外层护筒沉入操作流程示意图

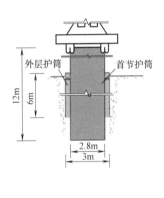

(a) 沉入首节12m护筒

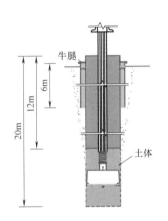

(b) 旋挖钻进至孔深20m

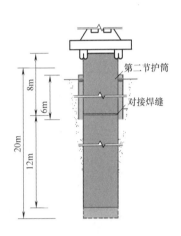

(c) 护筒接长并沉入至20m

图 3.3-8　中间层护筒沉入操作流程示意图

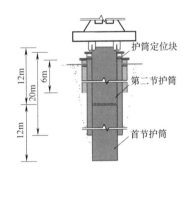

(a) 护筒接长至24m并沉入

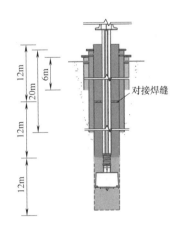

(b) 旋挖钻进至孔深36m

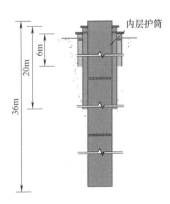

(c) 护筒接长并沉入

图 3.3-9　内层护筒沉入操作流程示意图

3.3.6　工序操作要点

1. 场地平整及桩位测量放线

（1）使用挖掘机对场地进行平整并压实，清除现场地上、地下障碍物。

（2）利用全站仪依据桩位平面设计图坐标、高程控制点标高进行桩位放线、测量，确定桩位中心点，并做好标识。

（3）根据桩位定位中心点拉十字交叉线，设置 4 个控制桩，以 4 个控制桩位作为基准埋设护筒。

2. 旋挖引孔及振动锤沉入外层护筒

（1）采用旋挖钻机预先引孔，钻进深度 1～2m，用以清除工作面硬层，便于外护筒就位与沉入，旋挖钻机引孔见图 3.3-10。

（2）根据外层护筒直径调整振动锤夹具夹持护筒，将 6m 长外层护筒吊放至孔内。

（3）护筒对准桩位后，启动振动锤振动沉入，直至外层护筒顶部高出地面标高 10～30cm，即完成外层护筒的沉入，护筒振动沉入外层护筒见图 3.3-11。

图 3.3-10　旋挖钻机引孔

图 3.3-11　护筒振动沉入外层护筒

3. 复核桩位后设置中间层护筒定位块

定位块

图 3.3-12　现场定位块

（1）外层护筒沉入后，根据 4 个控制桩复核外层护筒圆心与桩位中心位置偏差值。

（2）依据量测的外护筒与桩中心的偏差值，在外层护筒内壁焊接设置中间层护筒定位调节块，定位块见图 3.3-12。

4. 振动锤沉入首节 12m 中间层护筒

（1）起吊首节 12m 长中间层护筒，对准桩位中心，沿着中间层护筒定位块缓慢下放直至孔底。

（2）启动振动锤将首节中间层护筒沉

入，期间设专人持续监测护筒垂直度。

（3）护筒沉入过程中，若因受阻过大或偶遇硬物难以沉入，可使用旋挖钻机护筒内钻进取土引孔。

（4）待首节中间层护筒顶部高于外层护筒顶部 10～30cm，即完成沉入，沉入过程见图 3.3-13。

图 3.3-13　振动沉入首节中间层护筒

（5）沿中间层护筒孔口外侧环形对称焊接 4 个牛腿，使外层护筒承托中间层护筒，防止下一步旋挖钻机在护筒取土引孔时，护筒底部无土体支撑，使护筒因自重发生下沉，焊接牛腿见图 3.3-14。

5. 旋挖中间层护筒内钻进取土至孔深 20m

（1）采用徐工 XR580HD 型旋挖钻机，将钻斗对准首节中间层护筒中心，钻进取土直至孔深 20m。

（2）旋挖钻机钻进护筒孔内取土时，在已沉入护筒长度范围内（12m），依靠

图 3.3-14　中间层护筒临时焊接牛腿支撑

护筒护壁，可直接钻进取土；当超出护筒长度段钻进时（＞12m），采用泥浆护壁，防止塌孔。旋挖中间层护筒内钻进取土见图 3.3-15。

6. 中间层护筒孔口接长（12m＋8m）

（1）在下节护筒外壁环形对称设置 4 个限位块，以限制上节护筒在对接时的位置，实现上、下节护筒快速初定位对接。限位块设置见图 3.3-16。

（2）选择与下节护筒直径相同、孔口断面圆度相近、壁厚一致的护筒作为待接长的上节护筒。

（3）将上节 8m 中间层护筒吊放于下节中护筒上部，保持起吊状态。

（4）若上、下节护筒孔口断面圆度偏差大于 15mm，为确保护筒的垂直度和护壁效果，

图 3.3-15　旋挖中间层护筒内钻进取土

图 3.3-16　限位块设置

对接前需进行纠偏。当错位方式为内错时，将 L 形钢块焊接在上节护筒，通过锤击楔形钢块拉动错位护筒变形归位，调节过程见图 3.3-17；外错时，将 L 形钢块焊接在下节护筒，锤击楔形钢块挤压上节护筒归位，调节过程见图 3.3-18。

图 3.3-17　上、下节护筒内错纠偏调节过程

图 3.3-18　上、下节护筒外错纠偏调节过程

（5）纠偏后的调节位置采用点焊初步固定，再沿着对接护筒圆周方向处理下一偏差点，并进行纠偏调节，直至护筒圆度满足要求，上、下节护筒纠偏对接效果见图 3.3-19。上、下节护筒完全就位后，对上、下节护筒打坡口以增加焊面，采用满焊连接将上、下节

护筒连接，接长效果见图 3.3-20。

图 3.3-19 纠偏后的对接效果

图 3.3-20 护筒接长效果

7. 振动锤沉入中间层护筒

（1）振动锤夹持接长后的中间层护筒，使护筒处于被提拉的状态，拆除首节中间层护筒孔口处的牛腿后，将中间层护筒完全沉入，直至中间层护筒顶部高出外层护筒顶部 10～30cm，沉入过程设专人持续监控护筒垂直度，护筒沉入过程见图 3.3-21。

（2）中间层护筒沉入就位后，采用水平尺复核其垂直度，见图 3.3-22。满足要求后，沿中间层护筒孔口外壁设置牛腿，检验各牛腿与中间层护筒焊接牢固后，即可松开振动锤与护筒连接，完成中间层护筒沉放。

图 3.3-21 中间层护筒沉入

图 3.3-22 测量护筒垂直度

8. 复核桩位后设置内层护筒定位块

（1）复核中间层护筒圆心与桩位中心位置偏差。

（2）在中间层护筒内壁设置内层护筒定位块，以确保内层护筒圆心与桩中心对齐。

9. 空放首节 12m 内层护筒并接长 12m

（1）起吊首节 12m 内层护筒悬空放至孔中，并沿着内层护筒定位块将内层护筒缓慢下放，护筒孔口预留一定长度以便后续接长。

（2）保持护筒起吊状态，在孔口焊接支撑牛腿。

（3）起吊第二节 12m 内层护筒并焊接接长，内层护筒此时长度为 24m，见图 3.3-23。

10. 振动沉入两节内层护筒（24m）

（1）第二节内层护筒接长完成后，拆除孔口牛腿，将内层护筒沿内层护筒定位块下放至孔底；下放至孔底就位后，采用振动锤将护筒沉入。

（2）当护筒受阻难以沉入时，采用旋挖钻机引孔，直至将护筒沉入至指定深度，内层护筒顶部预留一定长度便于后续接长，旋挖钻机内护筒引孔和护筒沉入过程分别见图 3.3-24、图 3.3-25。两节护筒就位后，在护筒孔口焊接牛腿，将中间层护筒承托于内层护筒上。

图 3.3-23　内层护筒接长

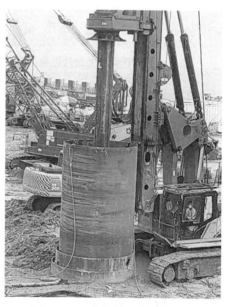

图 3.3-24　旋挖钻机内护筒引孔

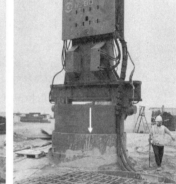

图 3.3-25　振动沉入内层护筒

11. 旋挖内层护筒内钻进取土至孔深 36m

（1）旋挖钻机内层护筒钻进取土至孔深 36m。

（2）此时已沉入的内层护筒长度为 24m，旋挖钻机在该深度范围内有护筒护壁，可直接钻进取土；当钻进深度超过护筒长度 24m 时，采用泥浆护壁，防止塌孔。

12. 内层护筒孔口接长（24m＋12m）

（1）在已沉入的两节 24m 长的内层护筒基础上，在孔口继续接长第三节 12m 的内层护筒。

（2）护筒接长时，同样对护筒孔口断面圆度进行纠偏，满足要求后进行对接作业。

13. 振动沉入 36m 长内层护筒

（1）第三节 12m 长内层护筒对接完成后，保持振动锤夹持接长后的 36m 内层护筒，并将孔口牛腿拆卸。

（2）启动振动锤，将深长内层护筒振动沉入至顶部高于中间层护筒约 30cm 位置，在孔口焊接牛腿固定，内层护筒完成沉入见图 3.3-26。

（3）三层护筒全部就位后，会同监理、建设单位相关人员现场进行验收，测量检查内容包括护筒深度、垂直度、圆心位置等。

图 3.3-26　内层护筒完成沉入

3.3.7　机械设备配置

本工艺现场施工所涉及的主要机械设备见表 3.3-1。

主要机械设备配置表

表 3.3-1

名称	型号	备注
液压振动锤及动力站	ICE V360	振动沉入护筒
起重机	SCC550E	吊放振动锤、护筒
挖掘机	PC200	平整场地并压实
旋挖钻机	徐工 XR580HD	钻进取土
全站仪	NIROPTS	桩位测量
发电机	150GFⅡ	提供电源
电焊机	BX1-315F-2	焊接

3.3.8　质量控制

1. 吊放护筒

（1）护筒运输时，在钢护筒内加设十字撑，禁止多层叠加进行运输和堆放，避免钢护筒在运输和存放过程中产生变形。

（2）在吊放护筒前，对各层护筒进行外观检查，包括护筒外周长、管端圆度、管端平整度等。

（3）护筒外壁标上刻度，便于监控振动沉入的深度。

（4）吊放外层护筒时，将护筒垂直下放至孔内，保证护筒底部与地面水平、护筒轴向与地面垂直，若产生偏差，及时调整。

（5）反复调整护筒中心位置，尽量减少护筒中心与桩位偏差。

2. 护筒接长处理

（1）护筒接长及焊接牛腿均在起重设备的配合下进行。

（2）护筒接长时，采用孔口接长纠偏法处理，保证各节护筒之间连接紧密，防止下沉过程中护筒因接长处错位过大导致沉入困难。

（3）各节护筒接长时打坡口满焊，确保上下节护筒焊接牢固。

（4）护筒焊接接缝不允许存在气孔、弧坑和夹渣，焊接高度、焊缝质量满足规范要求后方可进行护筒的沉入。

3. 旋挖钻机钻进挖土

（1）对旋挖钻机工作区域进行整平夯实处理，以免机身出现下沉导致钻进过程钻头碰撞护筒。

（2）旋挖钻机钻进深度以对应层护筒总长度为准，挖除护筒孔内渣土时，保留护筒底部有 0.5～1.5m 的原状土。

（3）旋挖钻进过程中，钻进深度在护筒长度范围内时可直接钻进取土；钻进深度超出护筒长度后，采用泥浆护壁。

4. 振动锤沉入护筒

（1）振动沉入护筒前，对振动锤夹具夹持护筒部位作加厚处理，防止钢护筒上端口变形。

（2）中间层、内层护筒在沉入过程中吊垂直线监测、水平尺复测护筒垂直度，出现偏差及时进行纠偏；当倾斜度超出允许范围，则将钢护筒拔起，校正后重新沉入。

（3）护筒沉入过程发现未沉至预定深度但无进尺或进尺微小，停振检查，采用旋挖钻机钻进取土，减少护筒下沉阻力。

（4）每一层护筒沉入后，随即对该层护筒的圆心位置、垂直度进行测量验收，验收合格方可进行下一层护筒的沉入。

3.3.9　安全措施

1. 吊放护筒

（1）吊放前检查吊具、钢丝绳、护筒吊点等是否牢靠。

（2）起吊护筒吊装作业时，设专人指挥，并由专职安全员全过程旁站作业过程。

（3）护筒吊放区域，非操作人员禁止入内。

（4）悬空放置内层护筒时，起重机保持平稳吊起状态，待护筒牛腿焊接完成检验合格后方可松放。

（5）操作人员安装布置定位块时，系安全带作业，防止失足掉入护筒内。

（6）遇雷、雨、大雾和风速六级以上恶劣气候时，停止吊装作业。

2. 振动锤振动沉入护筒

（1）检查振动锤夹具、各连接螺栓螺母的紧固性，不得在紧固性不足的状态下启动。

（2）根据护筒直径调整振动锤夹具横向距离，以保证夹持稳固。

（3）悬挂振动锤的起重机，其吊钩上设防松脱保护装置，振动锤悬挂钢架的耳环上加装保险钢丝绳。

（4）振动沉入过程中，无关人员远离振动锤作业影响半径范围。

（5）护筒孔口设置钢筋网片，施工作业停止后及时进行覆盖，并在钢护筒周边用警示栏杆围护。

3. 旋挖钻机钻进取土

（1）旋挖钻机钻进时，履带下铺设钢板，防止重型机械对护筒的附加荷载影响。

（2）旋挖钻机取土集中堆放，并及时外运处理。

（3）周围设置明显标志或围栏，严禁闲人进入。

（4）遇恶劣气候，停止作业；台风时，将旋挖钻机立杆放倒。

3.4 海上平台桩钢套管钢筋笼千斤顶组合定位技术

3.4.1 引言

在海域施工灌注桩时，通常先搭建海上工作平台，在平台上沉入护壁钢护筒，采用泥浆护壁成孔工艺施工。福州平潭海上风电项目工程桩基采用 $\phi2200mm$ 灌注桩，平均有效桩长 50.0m（单桩钢筋笼最长 48.1m）。单桩基础施工时，在平台上设置 $\phi2500mm$ 钢护筒进入海床面以下作为护壁，并在钢护筒内完成钻进成孔、下放钢筋笼、灌注成桩等工序作业。钢筋笼安放采用大型船舶转运、一次性吊放。由于桩径大、桩深长，大直径、超长钢筋笼在平台上整体吊放过程中，其吊装变形控制、中心位置定位存在较大的困难，海上平台作业异常气候对起重吊装安全影响大，海域含氯化物较高对工程实体耐久性影响较大。

为了解决海上平台灌注桩钢筋笼吊放上述存在的问题，采用了一种海上平台灌注桩钢套管钢筋笼液压千斤顶组合定位施工技术，首先将超长钢筋笼设置为"钢套管＋钢筋笼"一体形式，即在钢筋笼保护层处外套一个通长的钢套管，形成整体刚性结构的钢筋笼，以便于转运、起吊，保证安装全过程处于安全稳定、不变形状态、缩短钢筋笼拼接吊装时间、降低安全风险，且有效减弱了海水对桩身混凝土腐蚀的影响。其次，以上层孔口平台上的桩中心十字定位线交叉点为中心，在距钢护筒护壁口约 4m 的下层工作平台断面上，用气焊在护壁钢护筒上同一水平面切割 4 个工作孔，并安设 4 个液压千斤顶用于回顶钢筋笼外的钢套管，在钢套管钢筋笼吊放入孔后，通过测定的断面桩中心点与钢筋笼间的就位偏差值，协同千斤顶操作手对钢套管钢筋笼中心偏差进行调整和固定，最终实现上平台和下平台两个断面中心点重合，达到操作便捷、定位精准、提升工效、确保质量的效果。

3.4.2 工艺特点

1. 操作便捷

本工艺以上平台桩中心十字交叉线为定位中心点，通过上平台人工测量钢筋笼就位中心偏差数值，采用设置的 4 组液压千斤顶共同工作完成钢筋笼的定位，整个施工过程操作便捷。

2. 定位精度高

本工艺利用液压千斤顶对钢套管钢筋笼中心偏差进行调节，在保证钢筋笼中心点与十字交叉线中心重合后，通过千斤顶对钢套管钢筋笼进行固定，确保了定位质量。

3. 提升工效

本工艺采用通长式钢套管钢筋笼，在吊装时一次性就位，避免了大型船舶多次分节起吊的作业时间和孔口钢筋笼焊接，克服了大型吊装船舶长时间海上吊装作业带来的夜间作业和不良天气的影响，提升了施工效率。

4. 提高桩身质量

本工艺在灌注桩施工中采用了钢套管钢筋混凝土组合结构，增强了钢筋笼的刚度，避免了超长钢筋笼起吊所发生的弯曲变形，并确保了钢筋笼的保护层厚度，提高了桩的侧向抗剪力和竖向抗压承载力；同时，在海上作业有助于阻隔海水对钢筋混凝土的腐蚀，确保了灌注桩的桩身质量。

3.4.3　适用范围

1. 适用于采用整体起吊，桩长不大于 50m 的钢套管钢筋笼灌注桩。

2. 适用于海上平台作业环境，且直径不小于 1800mm 的钢套管钢筋笼灌注桩施工。

3. 适用于钢套管钢筋笼、钢立柱等具有回顶支撑构件的垂直度控制和中心定位要求严格的灌注桩施工。

3.4.4　工艺原理

以福州平潭海上风电项目工程桩径 2200mm、桩长 50m 的钢套管钢筋笼灌注桩施工为例。

1. 钢套管钢筋笼液压千斤顶组合定位系统

（1）工作平台结构

上层孔口平台主要作为作业人员、机械设备移动的工作平台，在该平台上测放并标记桩孔十字交叉中心点位置，并在平台上成孔、吊放钢筋笼、灌注桩身混凝土等施工。

下层孔口平台与上层孔口平台采用钢管桁架结构形式连接成整体，本工艺所采用的定位液压千斤顶设置在下层工作平台上，下层孔口平台千斤顶设置位置距上层平台护筒口约4m。海上工作平台结构见图 3.4-1、上层孔口平台结构见图 3.4-2、下层孔口平台结构见图 3.4-3。

图 3.4-1　海上工作平台结构　　　图 3.4-2　上层孔口平台结构　　　图 3.4-3　下层孔口平台结构

（2）液压千斤顶安装位置

采用上平台桩中心的十字交叉线中心与下平台钢筋笼中心重合的理念来确定千斤顶的工作轴线，本工艺设 4 组千斤顶，对称设置在下层孔口平台同一平面上，先焊接固定件，随后安装千斤顶。

依据千斤顶工作轴线位置，在下层平台钢护筒上开设千斤顶工作孔，使得液压千斤顶能够回顶到钢筋笼钢套管上，达到定位调节目的。液压千斤顶安设剖面见图 3.4-4、液压千斤顶安设 A-A 平面见图 3.4-5。

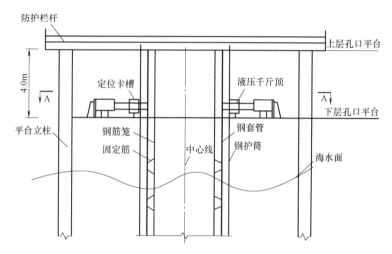

图 3.4-4 液压千斤顶安设剖面示意图

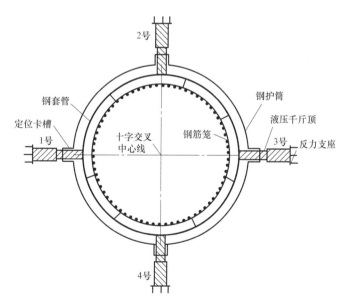

图 3.4-5 液压千斤顶安设 A-A 平面示意图

（3）单组液压千斤顶结构设计

按对称调节原理，在下层平台共设置 4 组液压千斤顶，单组回顶装置由钢板加工成型的 2 个固定支架、1 个定位卡槽、1 个反力支座及 1 组液压千斤顶组成。定位卡槽、固定支架及反力支座焊接在下层作业平台钢管桁架上，液压千斤顶安置在固定支架和定位卡槽内，液压管与千斤顶通过丝扣可靠连接。单组液压回顶装置设计模型见图 3.4-6，单组液压千斤顶装置见图 3.4-7。

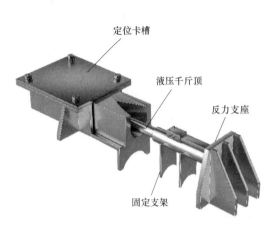

图 3.4-6　单组液压回顶装置设计模型

图 3.4-7　单组液压千斤顶装置

（4）液压千斤顶工作原理

千斤顶采用 YLGCD 系列双向液压千斤顶，通过进、回路油管与液压油泵相连接，操作手控制液压油泵开关对千斤顶进行液压油的供、回输出，使千斤顶进行外顶和回缩工作。

（5）定位偏差值测量

桩身钢筋笼采用全钢套管钢筋笼设计，其自身刚度能保证钢筋笼桩顶至桩底的垂直度满足要求。在吊放钢筋笼时，重点控制上、下层工作平台中心点处于同一铅锤线上，即十字交叉中心与钢筋笼中心重合。本工艺在整个吊放钢套管钢筋笼过程中采用量尺对定位偏差值进行实测实量，直至完成钢筋笼中心定位。

2. 钢套管钢筋笼灌注桩液压千斤顶组合定位原理

（1）双中心定位

本工艺是以上层平台桩孔十字交叉中心与下层平台钢筋笼中心点重合为标准，通过多次中心偏位调节，实现双层双中心重合。

经过精确的计算和测量放线，在下层平台安装液压千斤顶，采用液压千斤顶回顶钢套管钢筋笼进行中心偏位调节。平台双层双中心点重合见图 3.4-8。

（2）钢套管钢筋笼偏差调节

钢套管钢筋笼吊放至护筒内，通过量测的偏差数值，操作安装就位的 4 组液压千斤顶进行外顶、回缩，以达到调节偏差的目的，反复进行偏差数据测量和液压千斤顶回顶调节操作，直至十字交叉线中心点与钢套管钢筋笼中心点重合。钢套管钢筋笼中心点偏差调节定位过程见图 3.4-9～图 3.4-11。

3.4.5　施工工艺流程

钢套管钢筋笼灌注桩液压千斤顶组合定位施工工艺流程见图 3.4-12。

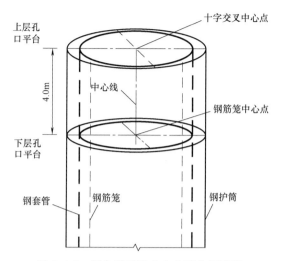

图 3.4-8 平台双层双中心点重合示意图

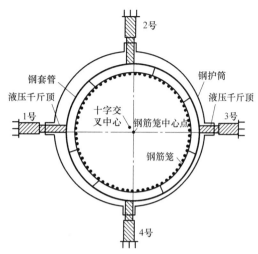

图 3.4-9 桩身钢筋笼中心点偏差状态示意图

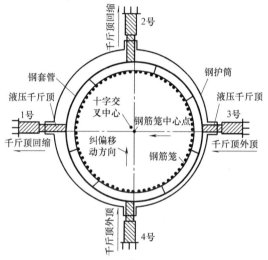

图 3.4-10 千斤顶回顶钢套管调节
钢筋笼中心点示意图

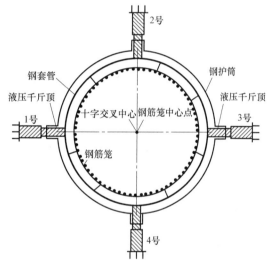

图 3.4-11 钢套管钢筋笼调节
后中心点重合示意图

3.4.6 工序操作要点

1. 上层平台成孔、验孔、清孔

(1) 本项目工作平台位于深水中，平台定位和搭设借助船舶、重型起重机、钢管打桩船、精密测量仪器等设备进行放线、打桩、起吊、焊接及拼装作业。

(2) 平台设上下两层，层间高约 4m，用 4 根钢管立柱作为支撑体系，层间采用钢管桁架焊接连接，确保工作平台的刚度和稳定性满足要求。工作平台搭设见图 3.4-13，工作平台支撑结构见图 3.4-14。

(3) 选用内径 2.5m、壁厚 2cm 钢护筒进行孔口护壁，长度以着床深度不小于 10m 确定，测量工程师根据桩位平面坐标测放钢护筒中心位置，利用平台立柱施工设备对 4 根

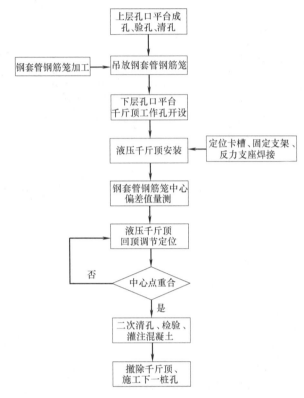

图 3.4-12　钢套管钢筋笼灌注桩液压千斤顶组合定位施工工艺流程图

灌注桩钢护筒一并施打完成。护筒安设完后，及时设置桩中心十字交叉定位点，做好标记，并对护筒孔口采用水平安全网进行防护。上层平台钢护筒安设见图 3.4-15。

图 3.4-13　工作平台搭设　　　图 3.4-14　工作平台支撑结构　　图 3.4-15　上层平台钢护筒安设

（4）护筒定位后，钻机就位钻进，钻进过程中加强检验泥浆性能、孔径、垂直度是否满足要求，到达设计标高后，检验孔底标高、沉渣厚度，合格后进行下道工序。

2. 钢套管钢筋笼加工

（1）由于桩身较长，考虑到海上作业受天气、航道的影响，采用钢套管钢筋笼一体设计，在指定加工场地一次加工成型，并采用大型运输船运抵平台后进行吊装作业。

（2）钢套管钢筋笼通过计算，先把每节钢筋笼焊接固定在钢套管内，再把分段的钢套管钢筋笼放置固定台座上焊接连接，以保证焊接质量。钢筋笼保护层以耳筋作为定位支撑，通过焊接把钢筋笼与钢套管焊接成整体钢构。运输船上钢套管钢筋笼见图 3.4-16。

图 3.4-16 运输船上钢套管钢筋笼

（3）钢套管钢筋笼加工完成后，对焊缝质量、垂直度、钢筋笼保护层、防腐涂刷质量进行检验，合格后用于现场施工。

3. 千斤顶定位卡槽、固定支架、反力支座焊接

（1）千斤顶定位卡槽、固定支架和反力支座在吊放钢套筒钢筋笼前安设到位，依据钢筋笼中心十字延长线方位确定卡槽、固定支架和反力支座的安装轴线，并焊接固定在下层工作平台的钢管桁架上。

（2）焊接时，定位卡槽、固定支架和反力支座三者中心连线与千斤顶工作轴线同线，并焊接牢固。

（3）根据测定好的轴线，设置定位卡槽、固定支架及反力支座，定位卡槽和固定支架用于安置和固定液压千斤顶，以保证千斤顶工作时不发生偏位。千斤顶定位卡槽安装见图 3.4-17，固定支架、反力支座安装见图 3.4-18。

图 3.4-17 千斤顶定位卡槽安装　　　　图 3.4-18 固定支架、反力支座安装

4. 吊放钢套管钢筋笼

（1）钢套管钢筋笼单根较长，采用大型船舶运至施工现场，因海上风力对吊运作业影响较大，吊放钢筋笼全过程缓慢操作、专人指挥。

（2）现场用 800t、600t 船吊各一艘，一主一辅，采用双机抬吊工艺对钢套管钢筋笼实施吊放作业。

（3）用双机将钢筋笼从运输船上缓慢平吊，800t 主机起吊钢套管钢筋笼至铅锤状态，再移动船吊至平台附近海域，确定吊放钢筋笼最佳位置后抛锚，下放钢筋笼至钢护筒内。

（4）事先在钢套管外壁设置长度标尺，根据桩长做好标识，下放至设计标高位置后停止下放。钢套管钢筋笼在上平台的指挥人员下缓慢吊放入孔，严格控制下放速度。钢套管钢筋笼起吊现场见图 3.4-19、钢套管钢筋笼安放现场见图 3.4-20。

图 3.4-19　钢套管钢筋笼起吊现场

图 3.4-20　钢套管钢筋笼现场安放

5. 下层平台千斤顶工作孔开设

（1）千斤顶回顶在钢套管上，才能起到偏差调节作用。为此，在钢套管钢筋笼外侧的钢护筒上设置千斤顶工作孔供液压千斤顶回顶工作，在下平台现场采用气焊切割 4 个工作孔。下平台千斤顶工作孔切割见图 3.4-21、图 3.4-22。

（2）采用十字交叉线定位原理，确保钢护筒的开孔轴线应与液压千斤顶的工作轴线重合，利用水平测量控制工作孔的位置，并做好标记，确保切割时工作孔在同一水平面上。

（3）切割时采用钢丝钩住切割的铁块，防止切割的铁块掉入孔内，避免对成桩质量造成影响，直至切割完毕后取出。

图 3.4-21 千斤顶工作孔切割

图 3.4-22 千斤顶工作孔切割完成

6. 液压千斤顶安装

（1）千斤顶工作孔开设、定位卡槽、固定支架、反力支座等施工完成后，在下层平台
4 个既定方位各设 1 组液压千斤顶，通过千斤顶协同工作完成钢套管钢筋笼的定位调节。液压千斤顶安装见图 3.4-23。

（2）将千斤顶安放在已固定的支座上，通过液压油管与上层液压操作系统相连，下层平台设专人进行与上层平台联络，发现情况通过对讲机及时与上层平台的操作人员联系。

（3）在吊放钢套管钢筋笼至护筒内时，千斤顶已安装就位，并处于工作状态，随时对钢筋笼方位进行微调，以缩短最终定位调节时间。

图 3.4-23 液压千斤顶安装

（4）用人工将千斤顶安放在固定支架和卡槽内，通过液压回路油管把千斤顶和液压油泵连接成一套液压操作系统，连接时检查液压油管供、回油的通畅及接口的严密性。千斤顶与液压系统连接见图 3.4-24，上平台千斤顶液压系统见图 3.4-25。

7. 钢套管钢筋笼中心偏差值量测

（1）钢套管钢筋笼中心定位主要是为完成上层孔口中心与下层孔口中心的重合，中心偏差值测量由人工使用钢卷尺测量，在上层平台已标记的十字交叉线轴线 2 个相邻方位对钢筋笼中心偏差值进行实测实量。

（2）在上层平台十字交叉中心与下层平台钢筋笼中心点未调节到重合之前，船吊一直处于起吊状态，待调节至双层双中心重合后，采用液压千斤顶稳压固定钢套管钢筋笼后方可摘钩。

（3）假设测量员在 1 号千斤顶方位测量，实测数值大于固定值（上、下层平台中心点重合后钢套管外壁与钢护筒内壁的净间距），则表示桩中心偏向 3 号千斤顶一方，此时需

图 3.4-24　千斤顶与液压系统连接

图 3.4-25　上平台千斤顶液压系统

图 3.4-26　钢筋笼中心偏差值量测

对 1 号千斤顶进行回缩、3 号千斤顶进行外顶操作；同理，2 号千斤顶与 4 号千斤顶间按上述流程操作即可进行偏位的全部调节。钢筋笼中心偏差值量测见图 3.4-26。

8. 千斤顶回顶调节定位

（1）现场测量员将测得的数值及时告知上层平台的液压千斤顶操作手，由操作手控制液压系统对千斤顶进行外顶、回缩操作，动态实时完成钢套管钢筋笼的中心定位。

（2）经过重复测量与千斤顶纠偏调节操作，直至实际中心点与测量中心点合二为一为止，并将千斤顶固定。钢套管钢筋笼液压千斤顶定位固定工况见图 3.4-27。

图 3.4-27　钢套管钢筋笼液压千斤顶定位固定工况

9. 二次清孔、检验及灌注混凝土

（1）固定钢套管钢筋笼后，下放灌注导管，导管底距孔底高度为 $30\sim50$cm。就位后再次测量孔底沉渣厚度，如超标采用气举反循环二次清孔，直至孔底沉渣厚度满足要求。护壁泥浆采用自动分离式一体化泥浆池进行净化、分离、循环处理。

（2）清孔完成后再次验孔，合格后实施桩身混凝土灌注；灌注时做好灌注记录，初灌时，计算初灌混凝土量，并检查隔水栓安装质量，且保证初灌导管埋深不少于 1m；正常灌注过程中，采用测绳量测混凝土面灌注高度，严格控制灌注高度和埋管深度，保证灌注过程中导管埋深 $2\sim6$m；灌注桩身混凝土量充盈系数不少于 1，最后灌注桩顶标高比设计超灌 $0.5\sim1$m，确保桩身混凝土质量。

（3）现场混凝土灌注由移动式混凝土搅拌船站提供，采用移动式混凝土船泵灌注。

10. 撤除液压千斤顶

（1）混凝土灌注施工完成，待桩身混凝土初凝后，千斤顶操作手控制液压系统开关进行泄压，撤除千斤顶。

（2）单根灌注桩施工完后，及时对上层平台孔口进行安全防护，仪器、设备撤除移至下一桩孔施工。

3.4.7　机械设备配置

本工艺现场施工所涉及的主要机械设备见表 3.4-1。

主要机械设备配置表　　　　　　　　　　　表 3.4-1

名称	型号及参数	备注
船吊	800t	起吊钢套管钢筋笼
船吊	600t	配合起吊钢套管钢筋笼
船舶	400t	运输钢套管钢筋笼
液压千斤顶	YLGCD-5T	回顶钢套管，5 套（备用 1 套）
气举反循环全回转液压钻机	JRD300	钻进成孔作业
自动分离式泥浆池	$30m^3$	配合清孔
移动船泵	40m	混凝土灌注
导管	直径 30cm	辅助混凝土灌注
履带起重机	QUY150A	辅助起重吊装

3.4.8　质量控制

1. 平台上孔口中心控制

（1）上层孔口中心采用全站仪放线确定准确位置，并以十字交叉法定位原理设置标识，沿水平交叉线水平方向延长至平台上，以便于施工过程中校核孔口中心位置，确保钻进过程中心不偏位。

（2）钻机成孔时，实时监测钻头中心是否与十字交叉点在同一位置，出现偏差及时调整，保证钻机垂直向下钻进成孔。

（3）下层平台中心经理论精确计算，确认钢套管钢筋笼的偏位距离，再通过安设在下

层平台的液压千斤顶回顶钢套管钢筋笼进行中心偏位调节，达到双中心重合。

2. 钢套管钢筋笼制作

（1）由于桩身较长，考虑到海上作业受天气、航道的影响，现场采用钢套管钢筋笼一体设计，并在指定加工场地一次加工成型，用大型船舶运抵平台吊装作业。

（2）钢套管钢筋笼原材进场后进行验收，钢套管、钢筋、焊接材料等的外观质量、几何尺寸、试验报告等应符合设计要求。

（3）钢套管钢筋笼焊接完，对钢套管焊缝进行100%的超声波无损探伤检测，确保成品质量。

3. 液压千斤顶安装及使用控制

（1）4套液压千斤顶安设轴线经过精确放线确定，安放后千斤顶反力支座处于垂直状态。

（2）液压千斤顶的规格满足现场的实际需求，油管与液压泵系统可靠连接，千斤顶工作前进行试顶检查接头的密封性。

（3）定位卡槽、固定支架、反力支座与下层平台焊接牢固，液压千斤顶安设在已固定好的卡槽、支架上，并保证与反力支座的工作线在同一轴线上。

4. 钢筋笼安装

（1）钢套管钢筋笼吊装前对工人进行质量技术交底，吊装时有信号司索工进行指挥，采用双机抬吊方法缓慢起吊。

（2）根据设计标高和设计孔深确定单根钢筋笼长度，并编号；提前在钢套管外壁标注刻度，保证钢筋笼下放到位。

（3）钢套管钢筋笼吊放过程中，及时量测中心偏差值，协调液压千斤顶操作手完成定位，保证十字线交叉点与钢筋笼中心重合，从而确保钢套管钢筋笼安装质量。

3.4.9　安全措施

1. 钢套管钢筋笼运输及吊装作业

（1）钢套管钢筋笼成品在吊装上运输船前，做好安全技术交底，确定运输路线。现场钢筋笼较长较重，起吊作业派专门的司索工指挥；起吊时，起重臂下及影响作业范围内严禁站人。

（2）运输船只、船吊提前进行吊运验算，严禁使用不满足吊运能力的设备进行吊运和吊装。船吊正式吊装作业前，要对重物距离地面20～50cm高度进行试吊，检查设备的制动性能、保护装置及吊物捆绑情况，无误后才可正常起吊。

（3）现场的机械设备安排专人管理，定期进行保养和检修，并填写保养和维修记录，严禁带故障运行及违规操作。

（4）钢套管钢筋笼吊放过程中，监控下放速度和船吊受力状态，如出现异常，及时查明原因，排除故障后再继续下放。

2. 钢套管钢筋笼偏位调节作业

（1）千斤顶液压系统操作手经过专业培训合格后才可以操作，作业前应进行安全交底。

（2）偏位数据测量人员应与液压系统操作手配合默契，及时掌握调节方位，确保纠偏不过纠。

（3）液压千斤顶工作时，下层平台需安排专人巡视，发现异常情况，及时通过通信设备告知液压系统操作手，立即切断电源，停止供油，未查明原因前不得启动液压系统。

3.5 钻机气举反循环钻进高位平台低位出渣口捞渣取样技术

3.5.1 引言

气举反循环钻进成孔工艺（Reverse Circulation Drilling），适用于大直径、超深、硬岩灌注桩成孔，钻进时使用大直径滚刀钻头、液压全断面碾磨岩石，并利用反循环从钻杆内吸出岩渣，泥浆携带岩渣经出浆口进入泥浆循环箱净化处理后，再从孔口返入孔内。

当 RCD 钻机与全套管全回转钻机配合工作时，通常先由全套管全回转钻机下入护壁套管，套管下沉至岩面后，再将 RCD 钻机通过液压装置安置于套管顶部，RCD 钻机钻进时其工作平台与地面存在 3～5m 的高差，具体见图 3.5-1。

当桩孔钻进至基岩持力层面时，需在泥浆循环的出浆口捞取岩样确认岩面位置；在入岩钻进过程中，每进尺 10cm 左右需捞取泥浆中的岩渣并留存。在取样操作中，工人需反复从钻机高位平台通过扶梯下至地面，在泥浆沉淀循环箱的出浆口使用取样筛捞取岩样，取样完成后再返回高位工作平台，具体见图 3.5-2。该过程耗费大量辅助作业时间，一定程度上降低了劳动效率；同时，在出浆口取样需要登高作业，带来一定安全隐患。

图 3.5-1 RCD 钻机安置于套管顶部

图 3.5-2 RCD 钻机高低位捞渣取样

为了提高 RCD 钻机在钻进过程中的效率，解决钻机高、低位平台快捷取样问题，项目组通过现场试验、优化，形成了 RCD 钻机高位平台拉绳滤网袋低位出渣口捞渣取样方法，此方法通过在高位钻机平台与低位出浆口之间用绳子建立联系并传送滤网袋，工人在高位工作平台上拉绳将滤网袋送至出浆口取样，取样完成后反向拉动绳子将滤网袋收回，达到了取样快捷、提高工效的效果。

3.5.2　工艺特点

1. 操作便捷

本工艺工人只需在 RCD 钻机工作平台上拉拽连接绳即可快速完成取样，并且取样装置可以反复使用，节省了工人上下工作平台的时间。

2. 安全可靠

本工艺在实际操作时，工人在高位平台即可完成捞渣取样，无需从工作平台通过扶梯下到地面，取样过程安全可靠。

3. 成本经济

本工艺所用到的滤网袋、连接绳、定位环等在工地上可通过加工获得，制作成本经济。

3.5.3　适用范围

适用于 RCD 钻机与全套管全回转钻机配合，并将钻机安置于套管顶部钻进成孔过程中的高低位捞渣取样。

3.5.4　工艺原理

1. 高低位捞渣取样装置结构

取样装置主要由连接绳、滤网袋、定位环组成，具体见图 3.5-3。

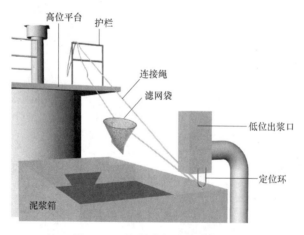

图 3.5-3　取样装置结构示意图

（1）连接绳

连接绳一端与滤网袋连接，另一端穿过定位环后返回至工作平台，与滤网袋另一侧连接，使连接绳形成闭环，具体见图 3.5-4；连接绳与滤网袋固定连接后，滤网袋可跟随连接绳移动。

连接绳使用直径 3cm 麻绳，保证在取样时足以承受泥浆冲击力。麻绳长度根据工作平台和出浆口之间距离而定，其长度稍大于工作平台和出浆口间距离的两倍，麻绳长度留有约 10％的富余以方便工人拉动。

（2）滤网袋

滤网袋作为取样容器，由上部钢环、下部钢丝网袋组成。上部钢环固定在钢丝网袋口，可增强滤网袋的刚度，避免滤网袋上部入口产生变形导致采样失败或采样效率下降。下部钢丝网袋呈浅漏斗形，钢丝网采用 10 目 0.3mm 丝径钢丝网，用于过滤泥浆。

以 35cm 宽的出浆口为例，为了取样方便，袋口直径 40cm，略大于出浆口宽度，滤网袋高 30cm，具体见图 3.5-5。

图 3.5-4　连接绳示意图

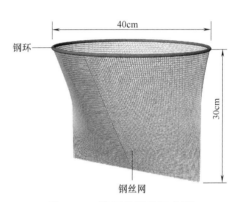

图 3.5-5　滤网袋结构示意图

（3）定位环

定位环呈 U 形，焊接在出浆口侧壁。起到定位作用；连接绳穿过定位环，目的是保证滤网袋取样时位于出浆口的正下方，具体见图 3.5-6。定位环采用 U 形螺栓，U 形螺栓尺寸不宜太大，其内径不宜超过出浆口宽度的 1/3。

2. 高低位取渣样原理

工人在高位平台用麻绳和定位环与低位出浆口建立联系，通过拉绳子将滤网袋送至出浆口取样，利用滤网袋过滤泥浆，袋中留下岩渣，取样完成后反向拉动绳子将滤网袋收回，达到不用离开高位平台即可捞渣取样的效果。

3.5.5　施工工艺流程

RCD 钻机高位平台拉绳滤网袋低位出渣口捞渣取样施工工艺流程见图 3.5-7。

图 3.5-6　定位环示意图

3.5.6　工序操作要点

1. RCD 钻机吊装就位

（1）将 RCD 钻机吊运至护筒上方，再将 RCD 钻机通过液压装置安装于套管顶部，见图 3.5-8。

（2）吊装就位后，安设扶梯作为高位平台上下通道。

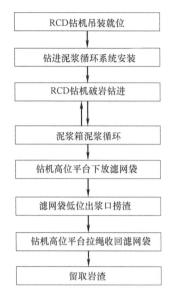

图 3.5-7　RCD 钻机高位平台拉绳滤
网袋低位出渣口捞渣取样施工工艺流程

图 3.5-8　RCD 钻机吊装就位

2. 钻进泥浆循环系统安装

（1）将 RCD 钻机气举反循环出浆管安置在泥浆箱上方约 10cm，并设置出浆口具体见图 3.5-9。

图 3.5-9　出浆口安装

（2）钻机启动前，在出浆口侧壁焊接 U 形螺栓，并将麻绳穿过 U 形螺栓，具体见图 3.5-10。

3. RCD 钻机破岩钻进

（1）开动钻机钻进，钻机利用动力头提供的液压动力带动钻头旋转，钻进时使用大直径滚刀钻头、液压全断面碾磨岩石，当钻进至持力层后，捞渣留存并经监理确认；入岩钻进时，每隔 10cm 捞渣取样一次，并做记录。RCD 钻机破岩钻进见图 3.5-11。

（2）RCD 钻机钻进过程中，泥浆携破碎岩屑经由中空钻杆被举升，经出浆口输入泥浆箱，经沉淀处理后流回至钻孔中实现循环，泥浆箱见图 3.5-12。

4. 钻机高位平台下放滤网袋

（1）组装滤网袋时，用钢丝将钢环与钢丝网绑扎，再用钢丝将麻绳两端与滤网袋的钢环固定连接，具体见图 3.5-13。

（2）工人站在 RCD 钻机工作平台上，正对着出浆口，先清理滤网袋中残存的岩渣，再将麻绳架在护栏上；将绳子绷直后，拉动绳子，带动滤网袋下移，具体见图 3.5-14，图中箭头为绳子移动方向。

图 3.5-10　出浆口焊接 U 形螺栓

图 3.5-11　RCD 钻机破岩钻进

图 3.5-12　泥浆箱泥浆循环

图 3.5-13　取样装置组装

图 3.5-14　高位平台下放滤网袋

5. 滤网袋低位出浆口捞渣

（1）拉动绳子将滤网袋移动至出浆口正下方，停止拉动绳子。

（2）泥浆从出浆口喷出，经过滤网袋过滤后留下岩渣，捞渣过程持续 8～10s，具体见图 3.5-15。

6. 钻机高位平台拉绳回收滤网袋

（1）拉动绳子，将滤网袋回收至工作平台，见图 3.5-16，图中箭头为绳子移动方向。

图 3.5-15　滤网袋低位出浆口捞渣

图 3.5-16　拉绳收回滤网袋

（2）将滤网袋固定在护栏上。

7. 留取岩渣

（1）将滤网袋中岩渣倒出至留样筛，洗净。

（2）辨别岩渣成分，将多次取样的岩渣作对比，并留存岩渣，填写记录表。岩渣见图 3.5-17。

3.5.7　机械设备配置

本工艺现场施工所涉及的主要机械设备配置见表 3.5-1。

图 3.5-17　留取岩渣

主要机械设备配置表 　　　　　　　　　　　　　　　　　表 3.5-1

名称	型号	参数	备注
气举反循环回转钻机	JRD300	功率 345kW，扭矩 145kN·m	钻进入岩成孔
泥浆箱	25m³	钢制	泥浆循环出渣
高低位捞渣取样装置	自制	滤网袋高 30cm，袋口直径 40cm	捞渣取样

3.5.8　质量控制

1. 滤网制作

（1）按照滤网袋的尺寸进行制作，滤网采用密目网。

（2）滤网的钢环与钢丝网牢固连接，如发现钢丝网存在破洞，则及时更换，确保麻绳与滤网袋连接牢固、可靠。

2. 高低位取样

（1）拉绳适当加长，在不取样时将绳子固定在 RCD 钻机平台栏杆上。

（2）出浆口焊接的 U 形螺栓尺寸不宜太大，避免绳子产生较大晃动，影响捞渣效果。

（3）使用高低位捞渣取样装置时，工人与滤网袋、U 形螺栓三点一线，保证取样时滤网袋位于出浆口正下方。

3.5.9　安全措施

1. 滤网制作

（1）制作捞渣取样装置的焊接人员按要求佩戴专门的防护用具（如防护罩、护目镜等），并按照相关操作规程进行焊接操作。

（2）滤网定期进行检查，发现破损及时更换；滤网的钢环与钢丝网牢固连接，确保麻绳与滤网袋连接牢固可靠，防止使用时滤网袋脱落。

2. 高低位取样

（1）捞渣取样装置不使用时，将绳子固定在工作平台栏杆上。

（2）滤网袋放置在工作平台上，防止其从高位平台掉落。

第4章 软基处理施工新技术

4.1 基于智能控制技术的全套管跟管树根桩施工技术

4.1.1 引言

钢管树根桩广泛应用于软土地基加固处理，施工时通常先钻孔至设计孔底标高，清孔后放入注浆钢管，并在孔内填入砾料，然后分别进行孔内常压一次注浆、二次高压注浆成桩，起到对地层加固的作用。

广东云浮港都骑通用码头二期工程项目场地位于港口沿岸，场地上覆巨厚软弱土层，地下水含量丰富，需对岸坡进行地基加固处理。地基处理采用钢管树根桩复合地基，树根桩设计桩径 200mm，平均桩长 24m，梅花形布置，桩间距 1.5m，持力层为强风化砂岩；注浆钢管直径 89mm，钢管下入后在钢管与孔壁间隙间填瓜米石，再进行一次、二次注浆。项目开始施工时，采用普通地质钻机成孔，因地层松软、含水量大，钻孔发生塌孔、缩颈、偏斜，导致注浆钢管下入困难，孔内无法填入砾料，注浆效果差，现场施工无法满足设计要求。

针对软土地基树根桩施工中存在的钻孔易倾斜、注浆效果差、施工操作繁杂等问题，综合项目实际条件及特点，项目组对软土地基树根桩施工方法开展研究，采用顶驱回转钻机进行全套管跟管钻进成孔，借助高压潜水泵在钻杆内泵入超高压水冲击辅助钻进，钻进动力与土体切削能力充足，成孔效率得到极大提高；钻机配置专用智能液压机械手辅助人工实施套管的抓取连接和拆卸，大大降低移动套管的时间和人力成本；钻进时利用智能测斜仪对钻机的垂直度进行控制，并通过钻机设置的增强抱箍夹具对钢套管的垂直度进行定位控制，确保桩身垂直度满足要求；注浆钢管在全套管护壁状态下安放，回填砾料足量；注浆时，采用自动水压膨胀式封孔器进行稳压注浆管封闭，确保了注浆质量。本工艺经过多次现场试验、优化改进、实际应用，形成了"基于智能控制技术的全套管跟管树根桩施工技术"，达到了智能化施工、成桩高效、质量可靠的效果。

4.1.2 项目应用

1. 工程概况

云浮港都骑通用码头工程（二期）位于云浮市云城区都骑镇，新建 3 个 1000t 级泊位（结构按 5000t 级设计），码头平面布置采用栈桥式。码头通过 2 座引桥与陆域连接，中间引桥宽度为 15m，右侧引桥宽度为 12m；码头长度 173.85m，宽度 25m，前沿顶标高20.02m。码头坡岸设中部平台和顶部平台，为确保坡岸稳定，对平台基础进行加固处理。现场码头、中部平台和顶部平台见图 4.1-1。

图 4.1-1　现场码头、中部平台和顶部平台

2. 加固设计

本项目针对码头护岸平台结构地基采用树根桩加固，树根桩桩径 200mm，桩芯采用外径 89mm、壁厚 6mm 的 Q235 钢管，钢管下部 3m 满园每隔 300mm 沿钢管周边均匀开 3 个 6mm 的小孔；码头顶部平台树根桩 907 根，单根长度 25m，总长 22675m；中部平台树根桩 883 根，单根长度 23m，总长 20309m。

设计树根桩主要施工工序：钻孔（泥浆护壁）、第一次清孔、放入钢管、填瓜米石、第二次清孔、浆液制作、一次注浆、二次注浆。

场地坡岸加固设计平面见图 4.1-2，坡岸加固断面见图 4.1-3，树根桩桩身结构及与顶板连接示意见图 4.1-4。

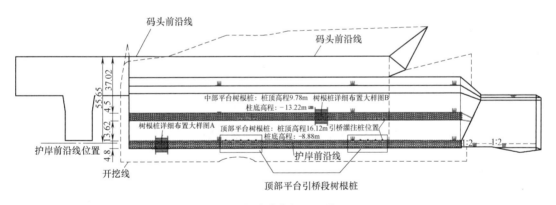

图 4.1-2　场地坡岸加固设计平面图

3. 施工及验收情况

平台树根桩加固于 2021 年 3 月开始施工，最初采用地质钻机施工，正循环泥浆护壁钻进工艺成孔，在下入注浆钢管后出现塌孔，无法填入瓜米石，无法满足设计要求，施工队伍和钻机退场。我项目部于 2021 年 5 月进场，采用顶驱钻机、全套管跟管钻进，各工序严格按设计要求执行。施工完成后，采用小应变验收，全部满足设计要求。现场树根桩施工见图 4.1-5、图 4.1-6。

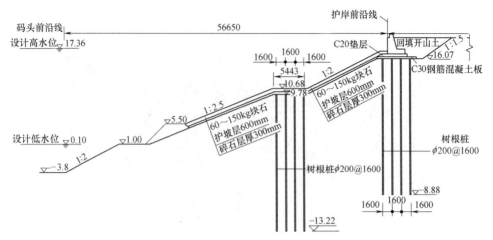

图 4.1-3　坡岸平台树根桩加固断面图

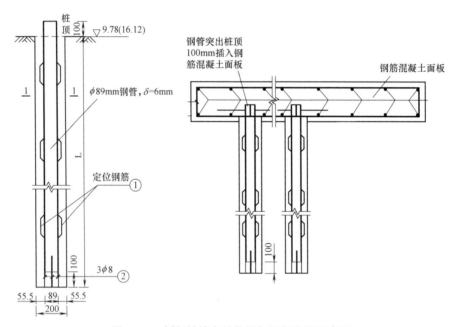

图 4.1-4　树根桩桩身结构及与顶板连接示意图

4.1.3　工艺特点

1. 智能化施工

本工艺在树根桩全套管跟管施工过程中采用顶驱动力钻机、水压膨胀式封孔器、智能机械手、测斜仪及增强抱箍夹具等智能化施工设备及技术，对钻进成孔及注浆成桩过程的各项指标进行精细化控制，实现智能控制施工。

2. 施工效率高

本工艺采用顶驱动力钻机进行全套管回转钻进，并配有超高压水辅助钻进及智能液压机械手辅助套管装卸，有效缩短了成孔用时；注浆采用的水压膨胀式封孔器操作便捷，配备的电压泵自动加压且稳压性能好，有效提高了成桩效率。

图 4.1-5 树根桩顶驱钻机跟管钻进成孔

图 4.1-6 树根桩施工现场

3. 成桩质量好

本工艺在钻进时，利用智能测斜仪对钻机的垂直度进行控制，并通过钻机设置的增强抱箍夹具对钢套管的垂直度进行定位控制，有效避免了钻孔倾斜超限问题；注浆时，采用水压膨胀式封孔器避免了高压注浆时因注浆压力不够、孔口漏浆而造成注浆效果差的情况，成桩质量显著提高。

4.1.4 适用范围

适用于直径不超过 200mm、长度不超过 20m 的钢管树根桩跟管施工；适用于松散易塌、地下水丰富的软土、黏性土、砂性土的地基处理。

4.1.5 工艺原理

本工艺针对钢管树根桩采用智能控制技术全套管跟管钻进成孔、水压膨胀式封孔高压注浆的施工工艺，其关键技术主要包括四部分：一是顶驱动力智能回转跟管钻进技术；二是智能双控对中技术；三是智能液压机械手辅助钻进技术；四是电动稳压水压膨胀式封孔注浆技术。

1. 顶驱动力智能回转跟管钻进技术

本工艺使用顶驱动力钻机进行全套管跟管钻进，该技术的关键主要包括钻机顶驱动力钻进、全套管护壁成孔及高压水辅助冲击钻进等。与一般的回转型钻机钻进成孔技术相比，顶驱动力钻机的动力头能够实现高频往复振动，振动频率达 47Hz（即 2800 次/min），其直接与套管连接后以回转方式钻进，在套管底部通过配置合金管靴钻头（图 4.1-7），受顶驱作用套管对土体进行冲击回转和切削钻进，并实现跟管护壁，确保了孔壁稳定。在钻进的同时，从钻杆顶部向套管内注入 10MPa 的高压水辅助钻进，将套管内被切割后的土体从套管底挤压至套管外壁，减小套管钻进阻力并同时实现有效排渣（图 4.1-8）。

图 4.1-7　套管管靴合金钻头

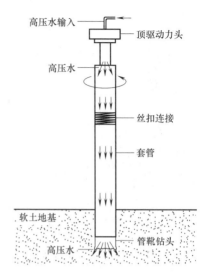

图 4.1-8　顶驱钻进示意图

2. 智能双控对中技术

不同于一般的钻进技术，本工艺钻进时对成孔跟管套管的垂直度采取双控对中，包括在钻机机架上部设置智能测斜仪（图 4.1-9），下部设置增强抱箍夹具（图 4.1-10），通过此智能化技术来避免采用吊线锤、水平尺等常规方法精度差、主观性大的缺陷。其中，智能测斜仪对钻杆的垂直度进行实时监测，确保上部套管接驳器钻进过程中垂直度满足要求；增强抱箍夹具三个一组，在钻进中控制顶、底夹具处套管的水平位置偏差不超过6mm，超限则夹具抱死，以此起到严格控制钻孔垂直度的作用。

图 4.1-9　智能测斜仪

图 4.1-10　智能抱箍夹具

此外，增强抱箍夹具还起到辅助套管钻进及拆卸的作用，三个夹具相互配合，在套管的装、拆过程中，下部两夹具固定下部套管，上部一夹具旋拧上部套管，由此拧紧或松解套管间丝扣，完成套管装、拆工作，具体见图 4.1-11。

图 4.2-11 智能抱箍夹具辅助套管连接

3. 智能液压机械手辅助钻进技术

在树根桩全套管跟管钻进过程中，钢套管标准件长 2m，管壁厚 1cm，单节重量大，施工过程中套管的运移、装配及拆卸成为影响成孔效率的重要因素之一。

为提高施工效率，专门设计了一套智能液压机械手辅助系统，其在钻机机架的顶部设置可 180°旋转的卷扬悬臂，卷扬钢绞线下连接机械抓手，通过液压控制机械抓手松紧，工人控制机械手的连接杆进行移动，完成套管钻进过程中的套管搬运工作，具体见图 4.1-12～图 4.1-14。

图 4.1-12 卷扬悬臂自动牵引旋转

图 4.1-13 卷扬悬臂在机械手牵引下自由旋转

图 4.1-14　智能机械手抓夹套管

图 4.1-15　水压膨胀式封孔器

4. 水压膨胀式稳压封孔技术

本工艺注浆时采用水压膨胀式封孔技术，对注浆钢管顶部实施便捷有效封孔。水压膨胀式封孔器主要由孔口橡胶密封管、电动压力泵及阀门（单向阀及卸水阀）组成，其利用橡胶管摩擦系数大、回弹性能好和抗压能力强的材料特性，及注浆钢管内壁粗糙的特点，通过电动压力泵自动加、减水压及稳压功能控制橡胶密封管的膨胀与收缩，在封孔器与钢管之间产生稳定摩阻力，使封孔器抵抗浆液高压反作用力固定在钢管内，以此达到封孔效果。其中封孔器可承受的注浆反冲力与橡胶密封管的膨胀直径、橡胶管-钢管间摩擦系数及注水压力有关，当注水压力为 $4 \sim 6$MPa 时，外径 68mm、长 660mm 的封孔器可在两管壁间产生至少约 280kN 的摩阻力，可承受至少约 50MPa 注浆反冲力。水压膨胀式封孔器见图 4.1-15，封孔器工作原理见图 4.4-16。

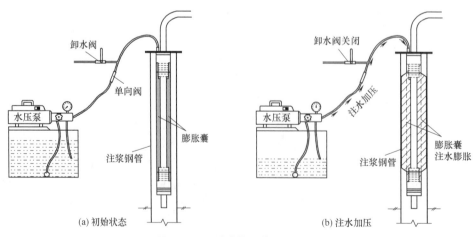

(a) 初始状态　　　　　　　　　　　　　　　　(b) 注水加压

图 4.1-16　封孔器工作原理（一）

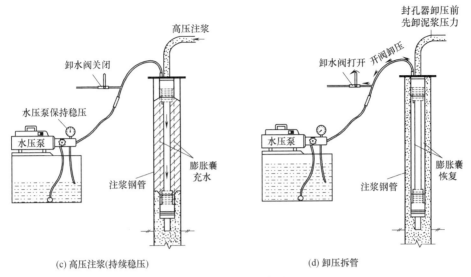

(c) 高压注浆(持续稳压)　　　　　　　　(d) 卸压拆管

图 4.1-16　封孔器工作原理（二）

4.1.6　施工工艺流程

基于智能控制技术的全套管跟管树根桩施工工艺流程见图 4.1-17。

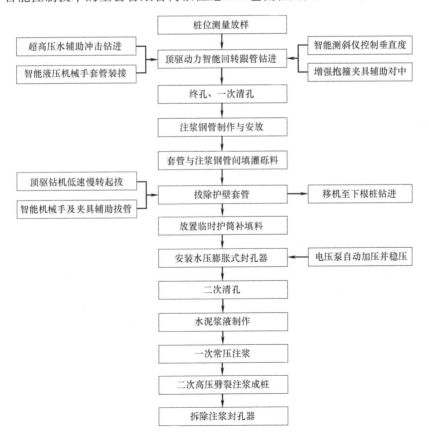

图 4.1-17　基于智能控制技术的全套管跟管树根桩施工工艺流程图

4.1.7　工序操作要点

1. 桩位测量放样

（1）在场地内布置定位轴线，以便施工中部分桩位标记被扰动后核对，测量放线具体见图 4.1-18。

（2）根据设计图纸的要求进行放样，布置各树根桩的位置，插定位钢筋，对每个桩孔的位置进行编号，并在钻头就位后复核桩位，具体见图 4.1-19。

图 4.1-18　测量放线

图 4.1-19　复核钻头中心位置

2. 顶驱动力智能回转跟管钻进

（1）在施工位置铺设行道板，用作钻机的工作平台，以防钻机不均匀沉陷或倾斜。

（2）安装首节带钻头的套管（图 4.1-20），利用钻机顶驱回转动力使套管钻入地层，钻进过程中在钻杆顶部注入高压水冲击套管内部土体辅助钻进，跟管护壁钻进见图 4.1-21。

图 4.1-20　首节套管安装

图 4.1-21　跟管护壁钻进

（3）钻进过程中，从钻杆顶部泵入压力为 10MPa 的高压水配合钻进，高压水对套管内的土体进行冲击，减小套管钻进阻力，同时将套管内的土体冲压出套管底部实现清孔。高压水泵采用 QX125-100/5-9.2 型污水潜水电泵，其功率为 9.2kW，扬程 100m，流量为 125m^3/h，高压潜水电泵见图 4.1-22。

（4）钻进过程中，通过安装的智能测斜仪对机架进行垂直度监测，监测数据可实时在驾驶室显示，便于施工人员及时纠正钻进角度。机架上安装的测斜仪见图 4.1-23，钻机操作室测斜仪显示屏见图 4.1-24。

（5）跟管钻进时，利用智能机械手抓取悬吊置管架上的套管进行装配，机械抓手的松紧由液压系统控制，在工人操作下抓夹套管逐节安装，具体见图 4.1-25、图 4.1-26。

（6）钻进时，增强抱箍夹具配合钻机动力头旋转加接套管，具体见图 4.1-27；夹具在钻进过程中还具有控制垂直度的作用，一旦超限则抱死停止钻进，具体见图 4.1-28。

图 4.1-22　高压潜水电泵

图 4.1-23　机架测斜仪

图 4.1-24　测斜仪显示屏

图 4.1-25　悬吊装置和置管架

图 4.1-26　机械手抓夹套管

3. 一次清孔

（1）终孔后，将钻头提离孔底 20cm 开启慢速回转，同时套管内利用高压潜水电泵通入高压清水进行一次清孔。

图 4.1-27　加接套管

图 4.1-28　增强抱箍夹具

（2）清孔过程中，始终保持高压潜水泵压力，将孔内浆渣从孔壁与套管外壁间返出，直至返出的浆渣变清，则停止清孔。

4. 注浆钢管制作与安放

（1）注浆钢管采用直径 89mm、壁厚 6mm 的钢管，下部 3m 范围内每隔 30cm 周身均匀设 3 个直径 6mm 的注浆孔；钢管一端焊接内径 91mm、壁厚 6mm、长 20cm 的钢管，用于钢管间套焊接长。

（2）注浆钢管底部焊接 3 根定位钢筋（图 4.1-29），使钢管与孔底能预留出 100mm 高的空隙；注浆钢管上每隔 3m 均匀设置 3 个对中架，以使注浆钢管居中安放，具体见图 4.1-30。

图 4.1-29　焊接定位钢筋

图 4.1-30　焊接对中架

（3）用绳吊下放注浆钢管，加接钢管时用卡钳夹住钢管卡在套管口用人工焊接，焊接完松开夹钳并继续下放，直至注浆钢管达到设计标高，焊接注浆钢管见图 4.1-31；钢管套焊对接后用测斜尺检测垂直度，复核钢管垂直度见图 4.1-32。

5. 套管与注浆钢管间填灌砾料

（1）在套管口放置三角定位架，使注浆钢管位于桩孔中心位置，向套管与注浆钢管之间的环状空间内填灌砾料，直至填至套管口，具体见图 4.1-33。

图 4.1-31 焊接注浆钢管

图 4.1-32 复核钢管垂直度

（2）充填砾料采用干净的粒径为 5～10mm 的瓜米石，瓜米石按计量投入孔口填料漏斗中，具体见图 4.1-34。

图 4.1-33 孔口放置定位架

图 4.1-34 填灌砾料

6. 拔除护壁套管

（1）采用钻机分节起拔套管，起拔过程中低速慢转操作，防止过快起拔造成砾料快速扩散而引起注浆钢管移位，具体见图 4.1-35；起拔跟管套管时，沿中心线垂直拔出，防止对注浆钢管的扰动。

（2）钻机动力头配合下方抱箍夹具上拔、拆卸护壁套管，拆下的套管通过钻机自带的小型起重机配人工放至套管架中，具体见图 4.1-36；拔除护壁套管后，将钻机移至下一个桩位处，进行下一根桩的钻进工作。

7. 放置临时护筒补填料

（1）跟管套管拔出后，及时采用长度为 1m 的临时钢护筒插入孔内用于稳定孔口地层，防止孔口地层坍塌而对注浆管产生挤压，放置孔口临时护筒见图 4.1-37。

（2）临时护筒安装到位后，向孔内补填砾料至孔口位置，以固定注浆钢管；补填料时，将注浆钢管口堵塞，防止砾料填入，具体见图 4.1-38。

图 4.1-35　起拔套管

图 4.1-36　夹具辅助拔管

图 4.1-37　放置孔口临时护筒

图 4.1-38　孔内补填砾料

8. 安装水压膨胀式封孔器

（1）待套管全部拔除后，将水压膨胀式封孔器放入注浆钢管管口，利用电动压力泵加压使封孔器膨胀，见图 4.1-39。

（2）电动压力泵加压前关闭卸水阀，待封孔器放入钢管后加压至约 5MPa，在封孔器工作期间保持压力泵处于稳压状态，见图 4.1-40。

9. 二次清孔

（1）二次清孔注水采用 BW150 型高压注浆泵，注浆泵最大流量 150L/min，最大泵压力为 7MPa，注浆泵见图 4.1-41。

（2）向注浆钢管内注入清水，将套管起拔后孔内的泥渣带出，直至孔口返出清水，二次清孔见图 4.1-42。

10. 水泥浆液制作

（1）采用 P·O42.5R 早强型普通硅酸盐水泥，将水泥倒入搅浆桶内，均匀加水，按 0.6 的水灰比配制好水泥浆，并检测泥浆相对密度是否符合要求。

图 4.1-39　安放封孔器

图 4.1-40　压力泵并稳压

图 4.1-41　BW150 型注浆泵

图 4.1-42　二次清孔

（2）将搅拌均匀后的水泥浆导入储浆池，进行二次搅拌，保证泥浆供应量充足且浆体均匀，配制水泥浆见图 4.1-43。

图 4.1-43　配制水泥浆

109

11. 一次常压注浆

（1）一次注浆压力控制在 0.5～0.8MPa，注浆流量 32～47L/min，随着注浆的进行，浆液从注浆钢管底部上返，注入的水泥浆液逐步将孔内清水置换，一次置换注浆见图 4.1-44。

（2）一次注浆直至孔口返浆的相对密度与注浆水泥浆相同时结束，孔口返浆见图 4.1-45；在水泥浆初凝过程中及时向桩内补填砾料至孔口。

图 4.1-44 一次注浆置换

图 4.1-45 桩口返水泥浆

图 4.1-46 二次注浆

12. 二次高压劈裂注浆成桩

（1）在一次注浆完成后间歇 2～3h 后实施二次高压注浆。

（2）二次注浆压力为 2～4MPa，待注浆管内充满水泥浆，在 2MPa 压力下稳压 5min，直至孔口上返浓浆，二次注浆完成，二次注浆见图 4.1-46。

13. 拆除注浆封孔器

（1）注浆结束后，先卸除泥浆压力，再打开封孔器卸水阀，待封孔器收缩回原状后取出，具体见图 4.1-47。

（2）注浆完成后，对露出的钢管进行保护，现场钢管树根桩见图 4.1-48。

图 4.1-47 卸除泥浆压力

图 4.1-48 钢管树根桩成桩

（3）封孔器拆卸后，对注浆导管、封孔器等进行清洗，防止导管堵塞影响下一次注浆。

4.1.8 机械设备配置

本工艺现场施工所涉及的主要机械设备见表 4.1-1。

主要机械设备配置表　　　　表 4.1-1

名称	型号及参数	备注
液压顶驱凿岩钻机	德力 NY160，最大振动频率 2800 次/min	钻进成孔
切割机	400 钢材机	钢管切割
电焊机	LGK-120	钢管焊接
水泥浆搅拌机	GZJ-600XS，600L	制浆
注浆泵	BW150 型，最大流量 150L/min	注浆
潜水污水电泵	QX125-100/5-9.2 型，扬程 100m，流量 125m³/h	注高压水
电压泵	压力 6.0MPa，流量 420L/H	封孔器加压
水压膨胀式封孔器	最大承压 50MPa	封孔注浆

4.1.9 质量控制

1. 顶驱跟管钻进成孔

（1）对场地进行平整处理，确保软基上的行道板铺设稳固，以防止钻进过程中沉陷或偏斜。

（2）根据孔位调整钻机位置，保证桩位偏差不超过 20mm；利用机架上安装的测斜仪调整钻杆的垂直度，在钻进过程中实时纠偏，保证桩身垂直度偏差不超过 1％。

（3）利用抱箍夹具对套管垂直度进行控制，保证钻进中的套管在顶底夹具处水平位置偏差不超过 6mm。

（4）保持顶部高压水压力稳定，随着套管钻进对内部土体进行持续冲击。

（5）记录下放套管数量，通过累计下放套管的长度及钻进阻力推算孔深是否满足设计要求。

2. 注浆钢管制作与安放

（1）注浆钢管上的对中支架焊接牢靠。

（2）按照设计要求对钢管进行注浆孔打孔、焊接定位钢筋，孔位偏差不超过 5mm。

（3）钢管套间采用套接，对接焊接时保证两根钢管中轴线对齐，角度偏差不超过 1％。

3. 填灌砾料

（1）填灌砾料采用粒径为 5～10mm 的瓜米石，填灌前清洗干净，去除土块等杂物。

（2）瓜米石计量投入孔口填料漏斗中，直至填满桩孔，填入量不小于计算体积的 1.0 倍。

（3）填灌时注意将注浆钢管孔口封堵，以防将砾料填入注浆钢管内。

4. 清孔

（1）一次清孔采用钻机顶部的 10MPa 高压水，将孔内的泥皮及少量的微细砂粒从孔内带出，直至套管口返出清水为止。

（2）二次清孔采用注浆泵泵送高压水，将套管拔出后孔壁掉落的泥渣带出，直至孔口返出清水停止。

5. 注浆

（1）注浆前按要求将水压膨胀式封孔器安装于钢管内，保持电压泵稳压，确保孔口密封完好。

（2）注浆浆液的水灰比、相对密度等参数满足设计要求，且确保浆液搅拌均匀，无石块、杂物等混入浆液。

（3）一次注浆时压力满足 0.5~0.8MPa 的要求，二次注浆时压力保持 2~4MPa。

（4）二次注浆在一次注浆之后 2h 进行，在不小于 2MPa 压力下稳压注浆。

4.1.10 安全措施

1. 顶驱跟管钻进成孔

（1）作业前检查钻机、钻具、套管，有裂纹和丝扣滑丝的钻杆和套管严禁使用。

（2）钻机管路连接牢靠，避免脱开伤人。

（3）钻机操作人员佩带防护手套、防滑水鞋等劳动保护用品，不用手或戴手套触摸旋转的钻杆。

（4）钻进时人员不靠近孔口，避免泥浆飞溅伤人。

（5）套管装卸悬吊时固定牢靠，每吊运一次套管后将置管架笼门关闭。

2. 注浆钢管制作与安放

（1）进行气焊（割）作业时按规定操作，乙炔、氧气瓶分类安放。

（2）吊放钢管时绑扎牢固，避免钢管滑落。

3. 填灌砾料

（1）起重机悬吊料斗时吊点牢固，派专人指挥起重机吊运料斗。

（2）填灌砾料时，保证操作人员与料斗位于桩孔两边。

4. 清孔

（1）一次清孔时，孔口附近不站人，防止高压水飞溅。

（2）二次清孔时，保证封孔器内水压稳定紧固于钢管内，避免脱开高压水喷射。

5. 注浆

（1）注浆管路连接牢靠，避免在高压下脱开伤人。

（2）确保水压泵稳压，防止水压膨胀式封孔器收缩松脱冲出。

（3）注浆结束后，需先卸除注浆泥浆压力、封孔器水压后，再拆卸封孔器。

4.2 污泥层置换砂桩套打水泥搅拌桩软基处理技术

4.2.1 引言

水泥搅拌桩是利用水泥作为固化剂，通过深层搅拌机械，将软土地基和水泥强制搅拌，利用水泥和软土之间所产生的一系列水化反应，使软土固结而形成水泥土桩，达到提高地基强度的目的，具有施工成本低、处理效果好的特点，已在软基处理中得到广泛应用。

深圳机场飞行区扩建工程-T4 航站区（含卫星厅及站坪设施）软基处理工程 5 标项目，软基面积达 11.3 万 m^2，设计采用水泥搅拌桩处理，搅拌桩设计直径 800mm，桩中心距 1300m，平均桩长 10.5m，共 66990 根。勘察钻孔资料揭示，该软基区域地质复杂、地层含水丰富，地面以下 5m 为流塑状炭黑色污泥软弱层，腐殖质有机物含量高。搅拌桩施工现场试桩发现，水泥固化效果差，达到龄期后地基仍为"橡皮土"，处理后的成桩质量未满足设计要求。经分析，其主要原因是污泥层含有大量的腐殖质有机物，污泥土中的有机物延缓和破坏了水泥土结构的形成，同时污泥土具有较大的水容量、膨胀性和低渗透性，使其呈化学风化的特征，这些因素都阻碍水泥水化反应的进程，从而使得加固后的土体强度达不到预期效果。

为了解决在腐殖质有机物污泥层中水泥搅拌桩施工存在的上述问题，项目组对"污泥层置换型砂桩套打水泥搅拌桩成桩施工技术"进行了研究，在既定桩位通过预先施工小直径 400mm 砂桩，用中粗砂置换污泥层中的腐殖质，再以"小桩套打大桩"的形式，将直径 800mm 水泥搅拌桩套打在同桩位处的砂桩上，同时采用"四搅四喷"工艺，使水泥浆液直接并充分与中粗砂结合，形成水泥砂浆桩体，增强了桩身强度，确保搅拌桩满足设计要求。本工艺经过多个项目的应用，形成了一套完整的施工流程，达到了成桩质量好、施工速度快、综合成本低的效果。

4.2.2 工艺特点

1. 处理快捷

本工艺采用污泥层中置换型砂桩套打水泥搅拌桩施工，砂桩工采用履带式振动沉管打桩机，钻机移位便利，施工效率高；同时，水泥搅拌桩采用双动力头钻机双桩同步施工，成桩速度快；另外，砂桩与水泥搅拌桩分片、分区、流水组织作业，工序衔接有序，整体处理施工快捷。

2. 有效提高桩体质量

本工艺采用砂桩对流塑状腐殖质污泥进行置换，改善了污泥层中有机质土性状，再在砂桩中套打水泥搅拌桩，并采用"四搅四喷"工艺，使置换后砂土与水泥浆液充分均匀搅拌结合成桩，桩身材料以水泥砂浆为主，强度高，保证了桩体成桩质量，进一步提高了软基处理效果。

3. 综合成本低

本工艺采用小直径置换型砂桩套打水泥搅拌桩处理腐殖质污泥层，用砂量小，节省了砂量，同时还避免采用加密水泥搅拌桩间距或增大水泥掺量等处理措施，节省了额外处理费用；另外，采用履带式砂桩机和双动力双桩搅拌施工工艺，提高了施工质量，加快了处理进度，降低了总体施工成本。

4.2.3 适用范围

适应于有机物含量大于 8%、呈流塑状的污泥软弱地基处理施工；适应于污泥质土砂桩套打水泥搅拌桩软弱地基处理施工。

4.2.4　工艺原理

本工艺原理以深圳机场飞行区扩建工程-T4 航站区（含卫星厅及站坪设施）软基处理工程 5 标为例。

水泥搅拌桩的加固效果主要与水泥浆液与加固介质性状、搅拌次数、水泥掺量等相关。本工艺从研究水泥搅拌桩加固机理入手，通过在污泥内施打砂桩，用中粗砂预先置换污泥层中的腐殖质，以改善污泥层的性状；同时，在砂桩位置再套成孔水泥搅拌桩，采用"四搅四喷"工艺，使搅拌桩中水泥浆液与置换的中粗砂在强制搅拌作用下，通过水化反应固结为强度较高的水泥砂桩，从而有效提高搅拌桩单桩承载力。另外，砂桩和水泥搅拌桩在施工时，其存在一定的扩径效应，使得搅拌桩体以外的污泥性状同步得到一定程度的改善，大大提高了污泥层软基区域整体加固处理效果。

1. 砂桩设计

砂桩设置根据水泥搅拌桩直径和污泥性状，经多次砂掺合量试验分析和水泥搅拌桩后期成桩验证，对砂桩进行优化设计。本工程采用小直径 400mm 砂桩，正方形布置，桩边间距 900mm。在搅拌桩"四搅四喷"工艺条件下，可满足水泥搅拌桩处理要求，最大程度节省采用大直径砂桩的用砂量；砂桩桩长设计穿透污泥层底，进入淤泥层 1m，平均桩长约 6m；砂料使用中粗砂，含泥量不大于 10%。砂桩在沉管施工过程中，实际充盈系数达 1.3，实际砂桩最大桩径可达 520mm，桩边间距 780mm。

砂桩置换处理效果剖面见图 4.2-1。

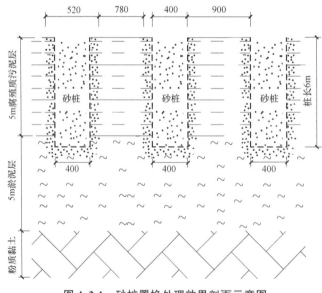

图 4.2-1　砂桩置换处理效果剖面示意图

2. 水泥搅拌桩套打设计

砂桩完成后，以其桩中心再进行水泥搅拌桩套打成桩。套打型水泥搅拌桩设计桩径 800mm，正方形布置，桩边间距 500mm，水泥搅拌桩施工穿透淤泥层进入下伏粉质黏土层内 0.5m，平均桩长约 10.5m。水泥搅拌桩采用"四搅四喷"工艺，实际充盈系数达

1.2，实际最大桩径可达960m，桩边间距340mm。

砂桩与水泥搅拌桩套打成桩处理效果剖面见图4.2-2。

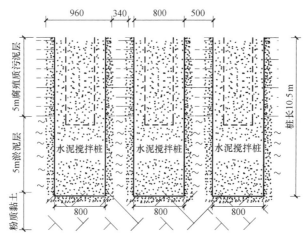

图 4.2-2　砂桩与水泥搅拌桩套打成桩处理效果示意图

4.2.5　施工工艺流程

污泥层置换砂桩套打水泥搅拌桩软基处理施工工艺流程见图4.2-3。

4.2.6　施工操作要点

1. 施工准备

（1）采用挖掘机、装载机、自卸汽车等对软基面层进行清表、平整，对软弱层采用砂石土填料进行浅层换填、压实，保证施工机械、材料的进场需求。

（2）按照现场作业需求计划，配备临电设备、设施和相关作业人员。施工场地平整见图4.2-4。

（3）对软基处理进行分区，现场根据加固区块面积合理布置材料堆场与设备机具。

（4）根据业主提供的控制点，结合设计桩位布置图进行现场桩位测量与放样；采用GPS定位仪放置轴线桩，依据轴线桩与桩间距的关系进行中间桩位的定点测量，并用白灰做标记。桩位测量放线见图4.2-5。

2. 履带式沉管砂桩机就位

（1）传统的前后轴滚筒式振动沉管打桩机，移机耗时较长，为提高砂桩施工速度，采用自有知识产权的履带式振动沉管打桩机（专利号ZL 2013 2 0353447.8，证书号第3344304号），在桩机底座设置连接件与履带固定，两条行走履带上分别安置电机马达，以带动和控制桩机移位，缩短移机时间，提高砂桩施工效率。履带式振动沉管打桩机见图4.2-6。

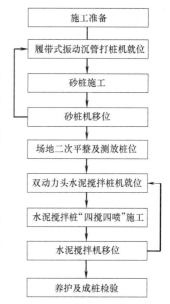

施工准备

↓

履带式振动沉管打桩机就位

↓

砂桩施工

↓

砂桩机移位

↓

场地二次平整及测放桩位

↓

双动力头水泥搅拌桩机就位

↓

水泥搅拌桩"四搅四喷"施工

↓

水泥搅拌机移位

↓

养护及成桩检验

图 4.2-3　污泥层置换砂桩套打水泥搅拌桩软基处理施工工艺流程图

图 4.2-4　施工场地平整现场

图 4.2-5　桩位测量放线工况

图 4.2-6　履带式振动沉管打桩机

（2）履带式振动沉管打桩机为 DZJ-60 型，主要由振动器、沉管、桩机架、履带行走装置等组成。该打桩机振动器功率 60kW，用于振动沉管和起拔管；主卷扬拉力为 5t，用于牵制振动锤和沉管；副卷扬拉力为 2t，用于提升上料斗。履带式振动沉管打桩机就位见图 4.2-7。

（3）将履带式振动沉管打桩机移位至桩位上，桩机沉管底（桩尖）采用钢制的四活瓣设计，提升则打开，振动下沉前将其合拢对中桩位，并调好沉管的垂直度。砂桩沉管底活瓣桩尖见图 4.2-8。

3. 砂桩施工

（1）打桩机就位后，先启动振动锤，沉管开始下沉。根据沉管上已标记的刻度标尺，判断沉管的下沉深度，到达设计标高后向沉管内灌注砂料。

图 4.2-7　履带式振动沉管打桩机就位

图 4.2-8　砂桩沉管底活瓣桩尖

（2）砂料采用料斗向沉管内进行灌入，灌入前利用小型装载机辅助上料至料斗，通过副卷扬提升至沉管进料口处下料，一次性将砂灌满至砂桩所需用量为止。

（3）砂料灌入后，振动并提升沉管使砂料在重力作用下充盈桩孔，直至拔出地面。提管过程中，采用敲击套管壁判断套管内砂的位置，保证灌砂率满足设计要求。料斗提升上料见图 4.2-9，打桩机起拔沉管见图 4.2-10。

图 4.2-9　沉管料斗提升上料

图 4.2-10　打桩机起拔沉管

4. 砂桩机移位

（1）单根砂桩施工完成后，将打桩机按照既定的施工顺序移位至下一桩位。

（2）砂桩施工采用退后式分片分区施工，完成一部分区域后，即转场至下一施工区域。

5. 场地二次平整及测放桩位

（1）砂桩施工完成后，对场地进行二次平整，以满足施工现场水泥浆配浆设备、材料存放、搅拌机移位等要求，并在水泥搅拌桩分区外边线开挖临时排水沟。

（2）场地平整完成后，再次根据测定的桩位轴线测放水泥搅拌桩桩位。

6. 双动力头水泥搅拌桩机就位

（1）为加快搅拌桩施工进度，现场采用 PH-5 型双动力头水泥搅拌桩机。该钻机总功率 110kW，行走方式为液压步履式。水泥搅拌机连接泥浆流量记录仪，电子控制注浆量，避免人工计量误差。

（2）水泥搅拌桩机与已放样桩位点对中，就位时保证搅拌轴垂直度，偏差不大于 1%。水泥搅拌桩机就位见图 4.2-11。

7. 水泥搅拌桩"四搅四喷"施工

（1）钻机就位后，按照试桩后的参数，取水灰比 0.55 进行水泥浆液配制，掺入水泥量 15%，通

图 4.2-11　现场水泥搅拌机就位

过浆液搅拌机搅拌系统自动配制而成，单根桩的水泥浆需求量一次搅拌配制完成。水泥搅拌机连接泥浆流量记录仪，电子控制注浆量，注浆管路总长控制不超过 50m。浆液搅拌机搅拌系统见图 4.2-12。

（2）浆液配制就绪，启动钻机预搅下沉钻进，边钻进边喷浆，钻进速度控制在 0.3～

0.5m/min，钻头到达设计桩底标高后持续匀速喷浆30s，确保桩底土层与水泥浆液充分拌合均匀、密实。

（3）第一次钻进搅喷完成后，缓慢提升钻杆，边提升边喷浆，提升速度控制在0.4～0.6m/min，以保证喷浆量均匀，直至提升钻杆至工作基准面。

（4）重复一次下沉搅拌喷浆、提升搅拌喷浆，完成"四搅四喷"作业，单根水泥搅拌桩施工完毕。水泥搅拌桩施工见图4.2-13。

图4.2-12　浆液搅拌机搅拌系统

图4.2-13　现场水泥搅拌桩施工

8. 水泥搅拌机移位

（1）搅拌桩机施工完毕后，将钻杆和钻头提升出工作面，迅速移机至另一桩位。

（2）就位时调节桩架垂直度和对中桩位，满足要求后即重复进行下一组搅拌桩的施工。

9. 养护及成桩检验

（1）置换型砂桩套打水泥搅拌桩采用自然养护，7d检验桩体外观质量，采用人工配合小型挖掘机开挖，桩头采取人工清理。

（2）现场检测实际最大桩径960mm，充盈系数达1.2，满足设计要求。置换型砂桩套打水泥搅拌桩成桩外观检验见图4.2-14。

图4.2-14　置换型砂桩套打水泥搅拌桩成桩外观检验

（3）置换型砂桩套打水泥搅拌桩 28d 后进行钻芯检测，检查桩体均匀程度；检验实测值 1500kPa，远大于设计值 800kPa，满足设计使用要求。置换型砂桩套打水搅拌桩成桩芯样见图 4.2-15。

图 4.2-15　置换型砂桩套打水泥搅拌桩成桩芯样

4.2.7　机械设备配置

本工艺现场施工所涉及的主要机械设备见表 4.2-1。

主要机械设备配置表　　　　　　　　　　表 4.2-1

名称	型号及参数	备注
履带式振动沉管打桩机	DZJ-60	砂桩施工
双动力水泥搅拌桩机	PH-5（双轴）	水泥搅拌施工
装载车	柳工 818C	上砂料
铲车	柳工 C50	辅助平整产地
挖掘机	CAT200	平整产地、挖沟
自卸汽车	8m³	平整产地
水泥储存罐	15t	储存散装水泥
浆液搅拌机	2.0m³	水泥浆液配制
上料斗	1.0m³	辅助上砂料

4.2.8　质量控制

1. 砂桩施工

（1）严格控制原材质量，使用前按照规定对原材的相关性能指标进行复验，确保符合设计要求。

（2）施工场地平整、密实，保证桩机不发生偏斜；施工前进行桩位复核，打桩机就位后，通过人工辅助使沉管桩尖在自由状态下与桩位对中。

（3）沉管下沉深度符合设计要求，按沉管外壁已有标尺刻度控制下沉深度，保证置换到位。砂桩施打时，采用两个垂直方向吊垂线校核沉管的垂直度，确保桩管的垂直满足设计要求。

（4）采用仪器测放或用钢尺现场量测各相邻桩位相对位置，确认施工中桩位偏差量，发现超标，及时调整。

（5）根据沉管沉入深度、桩径等参数，计算设计灌砂量，保证实际灌砂量不小于设计规定且满足桩孔充盈系数，如不满足要求，则复打一次。

2. 水泥搅拌桩施工

（1）现场使用的水泥品种和质量符合设计及规范要求，浆液配制前检验水泥浆搅拌机系统性能的可靠性。

（2）浆液配制通过计量系统控制，严格按照配比进行配制；间歇时浆液保持搅拌不停，使其均匀稳定。

（3）钻机定位对中，检查机械底盘水平，控制导向架竖向垂直度，保证成桩直径、桩长符合设计值要求。

（4）施工时，严格控制钻进和提升速度。边钻进边喷浆，速度控制在 0.3～0.5m/min；边提升边喷浆，速度控制在 0.4～0.6m/min；喷浆量通过泥浆流量记录仪进行监测，保证确保桩体土层与水泥浆液充分搅拌。

（5）搅拌桩施工完成，养护期间避免重型车辆碾压桩顶。

4.2.9　安全措施

1. 砂桩施工

（1）钻机就位后进行试运转，检查传动部分，工作装置、防护装置、行走装置等是否正常；作业前，检查振动锤减振器连接螺栓的紧固性，不得在螺栓松动或缺陷状态下启动。

（2）料斗提升上料安排专人指挥，控制上料口的高度，起吊时缓慢操作，作业人员不得靠近沉管周边，保持安全防护距离，谨防物体打击伤害。

2. 水泥搅拌桩机作业

（1）搅拌机配专业人员操作，并经培训考核合格后上岗；施工前，检查搅拌机各系统运行状况，确保满足施工要求。

（2）搅拌机对中时，检查双动力搅拌轴轴尖标高，保证其处于同一标高，防止启动受力不均匀导致搅拌机倾斜。

（3）施工时注意检查电流监测系统、水泥浆压力表变化及机架稳定情况，发现异常及时停机查找原因，排除后方能继续施工。

（4）对已施工完成还未初凝的搅拌桩进行防护，设置警示区。

第5章 全套管全回转灌注桩施工新技术

5.1 岩溶区大直径超长桩全套管全回转双套管变截面成桩技术

5.1.1 引言

喀斯特岩溶发育地区，地层极其复杂，可能分布有大溶洞（洞高＞3m）、小溶洞（洞高≤3m），一般呈单个或多层（串珠状）分布，具体表现为空洞泥浆漏失、倾斜岩面钻进偏孔、卡钻等。在岩溶地区进行灌注桩施工，通常采用冲击钻进、旋挖泥浆护壁成孔、全套管全回转成孔等工艺。对于桩径 2.0～3.0m、桩长 80m 以上的超长灌注桩，冲击钻孔发生漏浆时，需反复回填块石、黏土等冲堵溶洞造壁，在复打过程中易发生卡钻、掉钻、斜孔等情况，成孔速度慢、效率低、孔内事故多；采用旋挖钻进遇溶洞漏浆以块石回填处理时，给成孔带来极大困难，同时倾斜岩面偏孔纠正处理难度大；而对于全套管全回转成孔工艺，其采用冲抓斗取土，对于超长灌注桩起钻耗时长、进度慢，同时受超长套管管壁摩阻力大的影响，长度超过 60m 的护壁套管起拔极其困难。此外，对于串珠状溶洞，会出现孔内泥浆漏失严重情况，造成灌注混凝土充盈系数大和混凝土流失浪费，大大增加施工成本。以上这些因素，使得岩溶发育区超长灌注桩的施工难度高、不可预见因素多、安全隐患大。

为解决上述岩溶发育区超长灌注桩成孔难、易塌孔及超长钢套管下放起拔困难等问题，结合现场实际条件和施工特点，研究提出一种采用全套管全回转钻机配合旋挖钻进成孔、变截面双套管护壁、自密实混凝土灌注成桩的综合施工技术，达到高效、经济、可靠的效果。

5.1.2 工程实例

1. 工程概况

贵阳龙洞堡国际机场 T3 航站楼 B3 区位于原有 T2 航站楼停机坪处，根据场地勘察报告，该场区内上覆为深厚回填土层，平均回填深度约 27.65m，局部回填深度高达 64m 以上，回填时间短，属欠固结土，并且其中的大颗粒碎块石形成较多的架空现象，密实度差、均匀性差、力学性质差；场地内岩溶分布范围广，见溶洞率达 20% 以上，岩溶程度为强发育，溶洞内填充物主要由红黏土、溶蚀碎屑、碎石等组成，个别溶洞为空洞，部分区域存在多层串珠状溶洞，溶洞发育高度 10.0～31.7m。机场效果图见图 5.1-1。

根据桩基设计要求，本工程基础灌注桩为端承桩，其中桩径为 2000mm 灌注桩需穿越深厚回填层以及岩溶裂隙层，持力层为中风化灰岩，基岩起伏较大，平均桩长 90m，最大桩长超过 120m。

图 5.1-1　贵阳龙洞堡国际机场效果图

2. 灌注桩施工方案选择

本项目桩基础正式施工前，选取冲击成孔、旋挖泥浆护壁成孔、全套管管内取土（振动式）、全套管全回转钻机成孔 4 种工艺进行试成孔。

（1）冲击成孔

采用冲击成孔时，当冲孔进尺至 37m 出现泥浆漏失时，采用黏土片石＋水泥回填，经过 3 次复打后仍未封堵住溶洞，并出现孔底反清水的现象，判断下部溶渠发育强度高，将该钻孔采用黏土＋片石＋水泥回填至地面复打，过程中发生卡锤，造成钻进终止，见图 5.1-2。在经过 3 根冲击钻成孔桩近两个月反复试验后，均未能成孔，证实冲击工艺不适合本场地工程地质条件。

（2）旋挖泥浆护壁成孔

采用旋挖钻进时，孔口埋设 4m 长护筒，往护筒内泵送泥浆进行孔内护壁，旋挖取土，施工工效为 1.67m/h；当钻进 5m 后，发现泥浆面间断性出现气泡冒出，同时泥浆面缓慢下降，现场立即暂停施工，并将情况上报监理、业主；通过观察孔内情况，泥浆面缓慢降至护筒底 3m 范围内，发现护筒下方孔壁出现塌孔，且塌孔现象持续，见图 5.1-3。经现场分析，确认表层回填土主要为少量黏土夹碎块石、混凝土块石等，经过泥浆浸润及旋挖钻头反复碰撞后，呈松散状态，极易发生坍塌，且回填土中空隙较多，存在泥浆缓慢

图 5.1-2　冲击钻进成孔漏浆

图 5.1-3　旋挖泥浆护壁成孔漏浆

渗漏情况。各方经过讨论一致认同，泥浆护壁旋挖成孔施工工艺不适合在夹杂大量石块、混凝土块的高抛回填土层进行施工。

（3）全套管管内取土（振动式）

全套管管内取土（振动式）工艺是采用振动锤下沉钢套管护壁，在全套管内取土钻进的方法。现场振动锤作业时，钢套管仅进尺 0.5m 受阻，暂停施工后，通知监理、业主、设计及地勘单位现场。经现场观察套管底痕迹，认为回填土内含有大量大小不均匀的碎石块、混凝土块，钢套管无可避免会压在石块上，通过振动后小石块阻碍区域能够顺利向下，但较大石块阻碍着钢套管向下进尺，见图 5.1-4。经各方一致确认，全套管管内取土（振动式）施工工艺无法满足在夹杂大量石块、混凝土块的高抛回填土层进行施工。

（4）全套管全回转钻机成孔

全套管全回旋灌注桩试桩为 B2-94（7 号），桩径 2.2m，于 2018 年 10 月 18 日下午开孔，至 2018 年 10 月 20 日终孔，孔深 48m，并于 2018 年 10 月 21 日完成混凝土灌注，见图 5.1-5。从该桩整体施工过程显示，全套管全回转工艺采用钢套管护壁，配合旋挖钻机取土，针对本工程较厚回填土岩溶地质情况有较好的适应性，能够保证施工质量及施工安全，成孔速度相对提高，适合本地质情况下一定深度的桩基础施工。

图 5.1-4　振动锤下压全套管

图 5.1-5　全套管全回转+旋挖取土钻进

（5）超长桩全套管全回转成孔遇到的问题

确定采用全套管全回转钻进工艺后，2019 年 8 月 10 日在进行 B2-123 号桩成孔时，在钻进至设计孔深 60.21m 处时，受持力层厚度不满足继续钻进条件影响，经各方现场研究一致决定将 B2-123 号桩采用原状土回填至地面标高后，由勘察单位进行补勘处理。通过补勘显示，该桩存在超厚松散杂填土、多层强风化泥夹石、溶隙等多种地质相结合的复杂地层，故设计桩长由 60.21m 调整为 88.086m。

2019 年 10 月，在 B2、B3 区全面开展施工勘察过程中发现，B2、B3 区部分区域地质情况异常复杂，所涉及区域桩位范围分布有超厚松散杂填土、多层强风化泥夹石、溶隙、串珠状溶洞等多种地质相结合的复杂地层，地质情况与 B2-123 号桩孔地质情况类似。经过统计，除 B2-123 号桩以外，共计 28 根工程桩（简称"超长桩"）在桩孔深度范围分布有上述地质，导致施工勘察后桩长较详勘阶段桩长大幅增加，最长桩长达到 100m 以上。由于超长桩孔分布较为密集，通过施工勘察单位 3m×3m 网格状进行详细施工勘察，原桩位周边稳定持力层标高均较深，设计单位明确该区域不具备缩短桩长进行抬桩的条件，需在原桩位进行成孔施工。

2019年11月4日，重新采用全套管全回转成孔施工工艺进行B2-123号桩开孔，截至2019年11月8日，钻进至孔深87.079m时，经参建各方现场验槽，一致同意该桩孔终孔。2019年11月9日至11月12日该桩孔清底过程中发现孔内塌孔现象十分严重，迟迟无法完成清孔工作；为避免旋挖钻清孔过程中发生钻头埋钻现象造成废桩以及确保成桩质量，经参建各方一致决定将该桩孔采用C20早强混凝土回填至塌孔地层顶部50cm以上。2019年11月12日，B2-123号桩进行首次混凝土回填，首次共计回填C20早强混凝土190m³，回填完成达到一定强度后于2019年11月15日进行复钻；钻进过程中，发现C20早强混凝土中夹杂大量的软塑红黏土，首次混凝土回填未能完全将桩孔周边溶隙填充密实。2019年11月17日，通过孔内下摄像头查看后，发现孔深约70m处侧壁存在空溶洞，且孔内塌孔严重，参建各方再次决定重新进行C20早强混凝土回填，截至2019年11月18日，第二次回填方量为170m³，两次回填共计360m³。2019年11月21日，B2-123号桩重新进行二次复钻，至2019年12月4日，复钻、终孔、清孔完成，并于2019年12月6日灌注完成。

B2-123号桩于2019年11月4日重新开孔，2019年12月6日成桩浇筑完成，成桩时间长达33d，实际发生成本约660.06万元，施工时间长、成本代价大，且该桩在下放钢筋笼过程中，由于无护壁高度范围桩孔呈S形，钢筋笼迟迟无法顺利下放，险些无法浇桩。

（6）超长桩全套管全回转双套管变截面成孔

在完成B2-123号桩的经验上，提出了采用全套管全回转钻进，安放内外双套管、变截面钻进工艺，并选取2根桩长与B2-123号桩桩长相当的B3-96号桩、B3-81号桩进行施工工艺试验。

B3-96号桩于2019年12月10日开孔，2019年12月19日在钻进至孔深88.7m时，经参建各方现场验槽，一致同意该桩孔终孔，2019年12月24日B3-96号桩混凝土浇筑完成，成桩桩长88.4m、成桩时间为14d，经检测单位声波及钻芯检测合格。

B3-81号桩于2020年1月6日开孔，2020年1月16日在钻进至孔深101.2m时，经参建各方现场验槽，一致同意该桩孔终孔，2019年12月19日B3-81号桩混凝土浇筑完成，成桩桩长100.44m、成桩时间为13d，经检测单位声波及钻芯检测合格。

5.1.3 工艺特点

1. 施工工效高

本工艺针对喀斯特岩溶填区域桩基础施工易塌孔、卡钻、漏浆等问题，采用双套管全回转钻机与旋挖钻机联合应用新工艺，套管穿越多层溶洞，有效防止了溶洞填充物塌陷，提升施工工效。

2. 综合成本低

本工艺对超长灌注桩进行精细化设计，将桩型整体设计为三截面递减的形式，大大减少施工成本。此外，采用双套管施工工艺，有效降低塌孔事故发生，节省了溶洞的处理时间，保证了工期。

3. 成桩质量好

本工艺采用双套管护壁，确保钢套管钻进至持力层，减少套管下压过程中的变形，并有效避免了塌孔现象的发生；采用超缓凝自密实水下不扩散混凝土，使其混凝时间能够满足超长灌注桩混凝土灌注时间要求，有效避免断桩、废桩情况，成桩质量好。

4. 文明施工条件好

本工艺采用全套管全回转钻进施工，过程中无噪声、无振动、安全性能好；采用全套管护壁，无需泥浆护壁，避免因布设泥浆循环系统导致的现场泥泞问题，施工过程绿色、高效，创造了良好的现场文明施工条件。

5.1.4 适用范围

1. 地层

适用于覆盖层为超深、超厚回填土，且场区内岩溶发育，存在多层串珠溶洞或泥夹石等复杂地层。

2. 桩径、桩长

岩溶发育区桩径不大于 2600mm、桩长不大于 100m 灌注桩施工。

5.1.5 工艺原理

1. 关键技术

岩溶发育区超长灌注桩施工主要面临三大技术难题：一是钻进过程中遇溶洞易出现泥浆渗漏、垮孔；二是超深桩钻进成孔难度大；三是溶洞分布造成灌注桩身混凝土量大、灌注时间长等。

为了解决上述技术难题，制订以下工艺措施进行应对：

（1）采用全套管全回转下套管护壁工艺配合旋挖钻机钻进成孔，解决钻进时遇溶洞易出现渗漏、塌孔的问题；同时，达到加快施工工效、保证施工工期的效果，避免了冲抓斗成孔速度慢的弊端。

（2）采用内外双套管、变截面成孔护壁工艺，钻进时先下外层短套管、再下内层长套管，则下沉起拔内层长套管时摩阻力得到有效减小；灌注桩身混凝土时，采用套管内灌注，边浇灌边起拔套管，先拔内套管、再拔外套管，顺利解决超长套管起拔困难的问题。

（3）本项目单桩混凝土理论方量超过 400m^3，单桩混凝土理论灌注时间 24h，考虑到灌注过程中部分混凝土流失，导致混凝土灌注时间大大延长，自密实混凝土难以满足实际需求，且未避免灌注过程中受桩孔孔底地下岩溶水冲刷导致桩身混凝土发生离析。为此，采用自密实超缓凝水下不扩散混凝土灌注成桩，初凝时间由常规的 24h 调整为 48h，确保整个灌注过程中桩身混凝土不发生初凝现象，保证混凝土灌注的连续性，确保成桩质量。

2. 全套管全回转施工工艺原理

（1）全套管护壁成孔

全套管全回转钻进是利用钻机具有的强大扭矩驱动钢套管钻进，套管底部的高强刀头对土体进行切割，并利用全回转钻机下压功能将套管压入地层，钢套管边回转边钻进，大大减少了套管与土层间的摩阻力，且成孔过程中始终保持套管底超出开挖面，这样套管既钻进压入土层，同时又起到全程护壁的作用，有效阻隔了钻孔过程中多层溶洞的影响。

全套管全回转护壁成孔工艺原理见图 5.1-6～图 5.1-11。

图 5.1-6　钻机就位、套管吊装

图 5.1-7　回转钻机、下压套管

图 5.1-8　套管扣接驳加长

图 5.1-9　全套管钻进至设计深度

图 5.1-10　套管内灌注桩身混凝土

图 5.1-11　钻机起拔护壁套管

（2）全套管全回转钻机与旋挖钻机组合钻进

采用全套管全回转钻进工艺通常配套冲抓斗进行取土，该方法对于超长桩成孔效率低，本工艺采用旋挖钻机配合全套管全回转钻机取土成孔，充分发挥旋挖钻机钻进成孔速度快、地层适用性强的优势。全回转钻机与旋挖钻机组合钻进见图 5.1-12。

由于全套管全回转钻机平台较高，为解决旋挖钻机和钻机工作面存在较大高差的问题，研究设计一种新型的钢结构装配式平台，通过该平台提升旋挖钻机作业面高度，保持与全套管全回转钻机孔口位于适配的位置，便于旋挖取土，大大提升了

图 5.1-12　全回转钻机与旋挖钻机配合取土

施工效率。平台总长度 15.1m（其中工作段长度 8m，上下坡道段长度 7.1m），宽度 1.5m，高度 2m，坡度为 15°；履带平台由底层、支撑层、面层组成，其制作材料面层和底层均为厚度 2cm 钢板，中间支撑层由 45b、20b 工字钢焊接而成。两组履带平台通过若干钢管连接组成，整体重约 26t，具体见图 5.1-13、图 5.1-14。

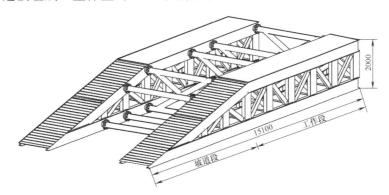

图 5.1-13　履带平台组成设计示意图

图 5.1-14　履带平台及连接钢管

（3）内外双套管、变截面成孔护壁

对于设计桩径 2000mm、桩深 100m 左右的入岩灌注桩，考虑到全回转钻机起拔钢套管的能力，为了实现桩身全长护壁，保证成孔过程中避免溶洞地层的不良影响，研究采用内短外长两层钢套管、变截面桩身结构。

桩身结构设计主要体现在以下方面：

外层套管穿越回填层，内层套管从外套管中穿过钻进至持力层；

外层套管外径设计为 2.6m，每节套管长 5.5m，壁厚 35mm，套管钻进深度为桩顶以下 50m；

内层套管外径设计为 2.2m，全套管全回转钻机钻进至持力层面，并将内层套管跟管下沉至持力层面，最下层的 3 节长度为 15m，其他节为 5.5m，套管壁厚 35mm；

旋挖钻进时，针对外套管护壁土层、内套管护壁土层及嵌岩段破岩，分别使用对应直径及类型的钻头，嵌岩段成孔直径与设计桩径保持一致为 2.0m，按设计 4m 深度入岩。

双套管设计参数见图 5.1-15，灌注成桩后桩身截面见图 5.1-16。

（4）双套管变截面成孔原理

双套管变截面护壁工艺，采用两套全回转式套管夹具，先外、后内两次钻进下入套管；

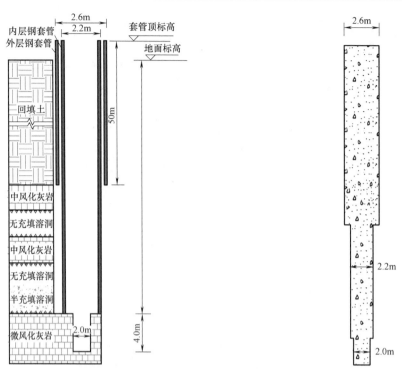

图 5.1-15 双套管设计参数

图 5.1-16 灌注完成后桩身截面

首先，使用 2.6m 夹具下沉外套管，下压深度为穿越上部回填层；然后，更换 2.2m 夹具吊放内套管至外套管底部，再下压内套管至持力层面；由此，内套管上部 50m 范围不受土体摩阻力影响，减轻了由此引起的内套管起拔时的摩阻力，也便于在灌注桩身混凝土后起拔内套管。双套管变截面的成孔过程见图 5.1-17。

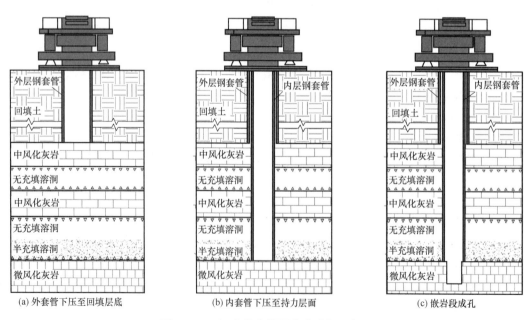

图 5.1-17 双套管变截面成孔过程示意图

（5）自密实超缓凝混凝土灌注成桩

自密实超缓凝混凝土融合超缓凝混凝土和自密实混凝土优点于一身，具备缓凝时间长、流动性高、黏度适当及初凝时间长等特点，混凝土初凝时间由 24h 调整为 48h，可使超深灌注桩整个混凝土灌注过程中不发生初凝现象，保证混凝土灌注连续性和成桩质量，且由于该混凝土具有流动性高和黏度适当的特点，混凝土在自重作用下即可自行密实，不会扩散流失严重，保证了岩溶发育区溶洞地层成桩的充盈系数得到控制。

5.1.6　施工工艺流程

岩溶发育区大直径超长灌注桩全套管全回转双套管变截面护壁成桩施工工序流程见图 5.1-18。

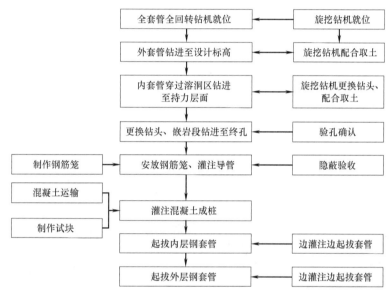

**图 5.1-18　岩溶发育区大直径超长灌注桩全套管全回转
双套管变截面护壁成桩施工工序流程图**

5.1.7　工序操作要点

1. 全套管全回转钻机就位

（1）机械进场前，先对场地进行平整，清除现场土堆，夯填密实软土，修筑施工便道，以满足大型成孔机械设备的承压及行走要求。

（2）根据桩中心点坐标，采用全站仪放样定位，并在距离桩中心点 2.5m 处，设立导向控制线，确保桩位偏差满足设计要求；现场技术人员进行桩位检查，做好护桩保护。

（3）完成测放桩中心点后，在其周边采用挖机向下开挖深度约 30cm，将路基板埋置其中，使路基板中心与桩中心点对齐，路基板起定点导向和提高路基强度的作用，见图 5.1-19。

（4）安装路基板后，吊放全回转主机，使钻机中心与桩中心点重合；主机就位后，安装反力叉，并通过起重机压住反力叉，以防止全回转钻机下压套管时主机移位，具体操作见图 5.1-20。

图 5.1-19　施工现场路基板

图 5.1-20　施工现场全回转钻机反力叉

2. 外套管钻进至设计标高

（1）吊装首节直径 2.6m 外套管，竖直置入全回转钻机内，使套管中心与桩中心点对齐，通过定位油缸夹紧并旋转下压套管至深度 2.5～3.5m，见图 5.1-21。

图 5.1-21　下压外径 2.6m 外套管

（2）根据全套管全回转钻机位置布设钢结构装配式平台，平台一端为倾角 15°斜坡段，另一端为水平段。

（3）将旋挖钻机由平台斜坡段缓慢开上水平段（图 5.1-22），行进至其重心位置越过平台斜面与平面交接处并刚开始发生前倾时停止前行，待旋挖钻机完全处于水平、履带紧贴平台平面，并保持稳定状态后，继续缓慢前行，此时旋挖钻机与全回转钻机保持高度一致，以便后续旋挖取土；调整旋挖钻机位置，使钻杆中心与桩中心点对齐，旋挖钻机就位需保证稳固、水平，具体见图 5.1-23。

（4）采用旋挖钻机配合从套管内取土，一边取土、一边继续下压钢套管，并始终保证套管底口超前于开挖面的深度不小于 2m，旋挖套管内取土见图 5.1-24。

（5）一节套管压入土层上部预留 50cm，便于后续接长套管用；上一节套管采用起重机起吊至孔口，清刷对接螺栓，先人工使用锁套螺栓拧紧，再用电动扳手紧固，具体见图 5.1-25。套管连接完成后，继续回转下压入，并配合旋挖钻机取土。

（6）外套管下压至桩顶以下 50m 回填层底时，完成外套管钻进。

图 5.1-22　旋挖钻机开至平台水平段　　　　图 5.1-23　旋挖钻机就位

图 5.1-24　SWDM450 旋挖钻机套管内取土

图 5.1-25　套管接长

3. 内套管穿过溶洞区钻进至持力层面

（1）外套管钻进至回填层底后，全回转钻机更换 2.2m 夹具夹紧内套管。

（2）利用 260t 起重机配合全回转钻机，在已下入的直径 2.6m 外套管内下放 2.2m 内套管，下放过程中全程监测套管垂直度，确保套管中心与桩中心重合。

（3）钢套管接头每增加一个成本增加约 2 万元，在保证套管起拔方便的前提下尽量减少接头数量，以控制施工成本；对于内套管，下层的各节套管在起拔时所受摩擦力较小，因此，最底端 3 节套管长度取 15m，其余长度为 5.5m。

（4）内套管与外套管之间利用夹片进行定位固定，见图 5.1-26、图 5.1-27。

图 5.1-26　钻机与套管间定位夹片　　　　图 5.1-27　固定用定位夹片

（5）将内套管逐节下沉，同时采用旋挖钻机从套管内取土，在溶洞位置处始终保持套管底口超前于开挖面的深度不小于 2.5m，直至内套管穿过溶洞区下压至持力层面，内套管下沉见图 5.1-28。

图 5.1-28　内套管下沉

4. 更换钻头、嵌岩段钻进至终孔

（1）内套管钻进至持力层面后不再继续下沉，通知监理、勘察、设计及业主等各参建单位确认持力层面和钻孔深度；确认后，更换入岩钻头，按设计桩径 2000mm 继续钻进至桩底标高。现场验孔见图 5.1-29。

（2）当钻孔深度达到设计要求时，对孔位、孔径、孔深、垂直度等进行检查；确认终孔后，使用捞渣斗进行孔内捞渣。

5. 安放钢筋笼、灌注导管

（1）根据设计要求完成制作钢筋笼，钢筋笼分节制作，采用直螺纹套筒连接，钢筋笼验收合格后方可吊装置入桩孔内。钢筋笼制作见图 5.1-30。

图 5.1-29 现场验孔

图 5.1-30 钢筋笼制作

（2）采用起重机起吊钢筋笼，下放过程中，严格控制垂直度，并注意缓慢操作，做好临时保护措施，具体见图 5.1-31。

图 5.1-31 钢筋笼吊放

（3）钢筋笼采用孔口对接方式接长，接长的钢筋笼在全回转钻机平台上机械对接，钢筋笼孔口对接见图 5.1-32。

（4）钢筋笼完成置入桩孔后，逐段安放灌注导管，导管直径 300mm，下放至管底距离孔底 50cm 位置处，导管上口连接灌注料斗。灌注导管安放见图 5.1-33。

6. 灌注桩身混凝土

（1）混凝土采用 C40 超缓凝自密实水下不扩散混凝土，采用水下回顶法灌注；混凝土坍落度取 S230～270mm，超缓凝自密实水下不扩散混凝土配合比见表 5.1-1。

（2）桩身混凝土采用泵车灌注，首批混凝土量不小于 8m³，以满足导管初次埋置深度不小于 1m 和填充导管底部间隙的需要；初灌现场采用两台混凝

图 5.1-32 钢筋笼孔口对接

土泵车同时向灌注料斗输送混凝土灌注，正常灌注采用一台泵车直接在导管内进行灌注，见图5.1-34～图5.1-36。

图5.1-33 灌注导管安放

超缓凝自密实水下不扩散混凝土材料用量（kg/m³）　　　　　　　　　　　表5.1-1

水	水泥	粉煤灰	砂	石	硅灰	减水剂	超缓凝剂
171	380	50	925	853	50	5	5

图5.1-34 混凝土罐车及灌注泵

图5.1-35 双泵管初灌输料　　　　　　　图5.1-36 正常单泵管导管内输料

（3）灌注过程中，保持连续进行混凝土灌注，相邻两车混凝土间隙时间最多不得超过 30min。

（4）每车混凝土灌注完后，及时探测孔内混凝土面位置，调整导管埋深，为确保拔管后出现混凝土面下降导致导管脱离的现象，导管埋深控制大于 15m。测量套管内混凝土面上升高度见图 5.1-37。

7. 起拔内层钢套管

（1）灌注时，先完成内套管混凝土灌注，一边灌注混凝土、一边起拔内套管，并保证套管底在混凝土面以下 4m 深度。

（2）套管通过全回转钻机自带的顶力起拔，当混凝土面进入超厚回填层内 10m

图 5.1-37 测绳探测套管内混凝土面位置

以上，拔出全部内套管，每四次起拔高度为 70mm。

（3）起拔套管过程中，始终使用起重机卷扬对灌注导管进行固定，当一节套管完全起拔出孔后，松开套管锁套螺栓，将此节套管上提，露出内部的灌注导管，并在钢套管上搭设两组钢筋架，将导管架放置在钢筋上用于固定灌注导管，之后松开固定导管的卷扬机绳索，采用起重机将套管吊离。钢套管吊运过程见图 5.1-38，现场套管移除见图 5.1-39～图 5.1-42。

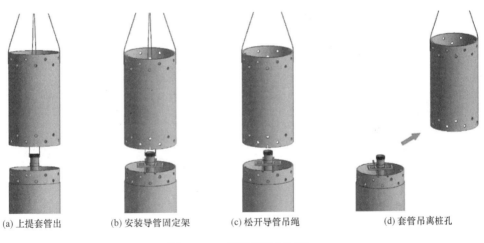

(a) 上提套管出　　　(b) 安装导管固定架　　　(c) 松开导管吊绳　　　(d) 套管吊离桩孔

图 5.1-38 钢套管吊运过程

（4）针对施工现场复杂的地质情况，如在灌注过程中混凝土面无法上升或上升不正常，则保持混凝土导管埋设至少 15m 以上，持续灌注直至混凝土面正常上升后，再开始拆除导管或套管。

（5）如在灌注过程中，套管内混凝土面突然出现陡降的情况，则准确判断此时导管的埋深，如果导管埋深小于 15m 但大于 10m 时混凝土面停止下降，则继续持续灌注直至混凝土面上升正常；如果导管埋深小于 10m，混凝土面仍然持续下降，此时则增加导管长度，直至确保导管埋深不小于 10m，期间保持连续灌注混凝土。

（6）为避免孔壁坍塌，当混凝土面进入超厚回填层内 10m 以上，可拔出全部 2200mm 内套管，起拔内套管采用 260t 履带起重机配合提升。

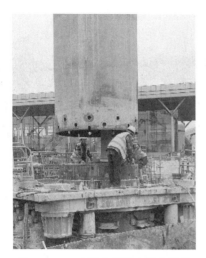

图 5.1-39　上提套管露出灌注导管

图 5.1-40　安插导管架、松开导管吊绳

图 5.1-41　套管移开孔口

图 5.1-42　底节长套管吊至指定位置

8. 起拔外层钢套管

（1）内套管全部完成起拔后，更换直径 2600mm 全套管全回转钻机夹片，进行外套管内混凝土灌注与导管起拔。

（2）外套管起拔过程中，对混凝土灌注、套管起拔方式的要求与内套管起拔一致。

（3）混凝土灌注的桩顶标高比设计桩帽底标高高出 0.5m，直至浮浆全部挤出。

5.1.8　机械设备配置

本工艺现场施工所涉及的主要机械设备见表 5.1-2。

主要机械设备配置表

表 5.1-2

名称	型号	参数	备注
全回转钻机	JAR260H	主机重量 53t，钻孔直径 1.2～2.6m	下沉钢套管
旋挖钻机	SWDM450	直径 3m，深度 178m，扭矩 450kN·m	钻进成孔

名称	型号	参数	备注
钢结构装配式平台	自制	长 15.1m,高 2m,坡度 15°,重量 26t	配合旋挖钻机施工
履带起重机	XGC260	最大起重量 181～300t	移机、吊装
挖掘机	PC200-8	铲斗容量 0.8m³,功率 110kW	挖土、渣土外运
电焊机	BX1-400	额定输入功率 30kW	焊接、加工
钢筋切断机	GQ40	电机功率 2.2/3kW	钢筋笼制作
型钢切割机	J3G-400A	功率 2.2kW	钢筋笼制作
剥肋滚压直螺纹机	GHG40	主电机功率 4kW	钢筋笼制作
全站仪	iM-52	测距精度 1.5+2ppm	测量定位
水准仪	徕卡 LS15	视距 1.8～110m	测量定位

5.1.9 质量控制

1. 全回转钻机下沉钢套管

（1）测量人员完成测放桩位中心点后,将全套管全回转钻机基板对准中心点,再次进行测量复核,复核结果满足要求后方吊放安装全回转钻机,钻机通过自动调节装置调节钻机水平。

（2）采用全回转钻机下沉套管时,在钻机旁安放两台经纬仪进行套管垂直度监测,如发生偏移及时调整,确保成孔垂直度满足设计要求。

（3）采用全回转钻机下沉套管过程中,安排专人记录成孔深度,并根据深度及时连接下一节套管,始终保证套管底口超前于开挖面的深度,防止塌孔。

（4）套管采用螺栓通过初拧、复拧两种方式进行连接接长,保证套管连接牢固。

（5）内套管孔口就位时,保证其对中桩位中心后方可进行吊放操作,吊放全程监测垂直度是否满足设计要求,避免由于偏斜造成后续与外套管产生碰撞。

2. 钢结构装配式平台制作与吊装

（1）焊接材料的品种、规格、性能等符合现行国家产品标准和设计要求。

（2）制作场地保持良好的平整度。

（3）装配式平台吊点对称设置,轻缓起吊安放,以免造成碰撞或由于起吊导致变形,影响后续旋挖钻进施工。

（4）装配式平台吊放于压实平整的场地上,保证整体稳固,其位置需保证旋挖钻机开上平台后,旋挖钻头中心与桩孔位置及套管中心一致。

（5）装配式平台上下坡道口附近的地面无障碍物,便于旋挖钻机作业。

3. 套管内旋挖钻进成孔

（1）旋挖钻机开上装配式平台就位后,确保钻头中心与桩孔位置及套管中心一致。

（2）严格按照旋挖钻机操作规程进行灌注桩成孔,钻进过程中随时观测钻杆垂直度,发现偏差及时调整。

（3）旋挖钻进成孔时,注意钻头对中轻缓下放,避免与套管产生碰撞。

（4）根据内、外套管不同直径及地层情况,配备适宜的旋挖钻头钻进成孔。

（5）完成硬岩钻进后,及时采用捞渣钻头进行孔底清渣。

4. 钢筋笼吊装

（1）吊装钢筋笼前，对笼体进行检查，检查内容包括长度、直径、焊接搭接长度等，完成检查验收合格后方可进行吊装操作。

（2）起吊钢筋笼钢丝绳如有扭结、变形、断丝、锈蚀等异常情况，则及时更换或报废处理。

（3）钢筋笼采用"双钩多点"的方式缓慢起吊，吊运时防止扭转、弯曲，严防钢筋笼由于起吊操作不当导致变形。

（4）钢筋笼吊放过程中，采取套管口穿筋等方式固定钢筋笼进行接长操作。

（5）钢筋笼缓慢下放入孔，避免碰撞钩挂套管。

5. 桩身混凝土灌注

（1）初灌混凝土量满足导管埋深要求不小于1m。

（2）桩身混凝土连续灌注施工，间歇时间不超过30min。

（3）灌注混凝土至桩孔溶洞段时，注意控制灌注速度，并定期测量套管内混凝土上升面，计算并确保导管埋置深度，正常情况下导管埋管深度不小于15m。

5.1.10　安全措施

1. 全回转钻机下沉套管护壁

（1）采用起重机起吊移动全回转钻机就位时，现场作业人员及管理人员撤离影响半径范围。

（2）起重机操作手听从信号司索工指挥，在确认相关区域内人员全部退场后，由司索工发出信号，开始吊运作业。

（3）在全回转钻机上作业时，钻机平台四周设置安全防护栏，无关人员严禁登机。

（4）钢套管吊装平稳，不得忽快忽慢、突然制动和冲击，避免振动和大幅度摆动。

（5）套管吊装因故停止作业时，采取安全可靠的防护措施，严禁将套管长时间悬挂于空中。

2. 旋挖钻机钻进成孔

（1）吊装钢结构装配式平台由专业信号司索工指挥，平台吊装移动前保证起重机行走路线道路平整硬化，吊装作业区域四周设置安全警戒区。

（2）将旋挖钻机开上钢结构平台，确保旋挖钻机平稳就位，发现偏差及时纠偏，避免发生倾倒伤人事故。

（3）旋挖钻进成孔过程中缓慢下钻、提钻，注意钻头与全套管全回转钻机的相对位置。

（4）旋挖钻机机身回转弃土时，回转缓慢匀速，抖动钻杆、钻头时幅度不得过大，避免发生钻机倾倒伤人事故。

（5）旋挖钻进成孔过程中，如遇卡钻情况发生，立即停止下钻，未查明原因前不得强行启动。

（6）旋挖钻机保持倒退状态撤离钢结构平台，慢速、移动，切忌急停急走，随时观察旋挖钻机履带与平台表面的位置关系，保持履带完全处于平台台面之上；发现偏差及时纠偏，确保旋挖钻机平稳开至地面，避免发生倾倒伤人事故。

3. 钢筋笼制安及混凝土灌注

（1）采用自动弯箍机进行钢筋笼箍筋弯曲时，设置专门的红外线保护装置。

（2）制作完成的节段钢筋笼滚动前，注意观察滚动方向是否有人员活动，防止人员砸伤。

（3）设置专门司索信号工指挥钢筋笼吊装，作业过程中无关人员撤离影响半径范围，吊装区域设置安全隔离带。

（4）灌注桩身混凝土时，起吊漏斗、导管平衡可靠，禁止提升过猛，防止将导管提离混凝土面。

（5）起拔出孔的钢套管按规格分别堆放储存。

5.2 基坑底支撑梁下低净空全回转灌注桩综合成桩施工技术

5.2.1 引言

拟建珠海横琴某大厦项目位于珠海十字门中央商务区横琴片区，项目用地面积 1 万 m^2，设有 4 层地下室，基坑开挖深度约 20m，采用桩撑支护，共设置 3 道钢筋混凝土支撑，基坑除塔楼部位外均已开挖到底，支撑系统已经全部形成。工程桩为钻孔灌注桩，在桩基检测后，因需对缺陷桩处理进行设计变更，增加直径 1.5m 的钻孔灌注桩 40 根，桩长为坑底以下约 65m，桩底入中风化花岗岩 3m，设计要求沉渣厚度不超过 5cm。本项目场内地质条件复杂，成孔范围内的不良地层主要为淤泥质黏土和粗砂，砂层较厚，平均厚度达 28.4m，最厚达 40m。而且场地内还存在高承压水，承压水水头高于基坑底部 14m。增加的工程桩需在基坑底施工，有 14 根位于支撑梁下方，部分工程桩位于第三道支撑梁底以下施工净空高度约 5m，且平面受支撑立柱限制。

在如此低净空桩撑支护结构和复杂地层条件下进行大直径、超深灌注桩的施工，通常采用的人工挖孔工艺在淤泥、砂层等不良地层成孔困难，且其开挖深度亦严禁超过 30m，同时开挖过程涉及降水，施工过程基坑安全风险高，该工艺难以使用。对冲孔钻机机架进行适当的改进，可以满足低净空环境条件下的施工要求，但冲击成孔效率低，使用循环泥浆量大，在坑底成孔承受坑壁高水头压力易塌孔，成桩质量难以保障。此外，采用近年来出现的低净空旋挖钻机除高度受限外，钻机的扭矩难以满足深孔入岩要求，其成孔深度一般不大于 35m，因此也无法满足本项目的补桩要求。

针对上述实际施工问题，项目组对基坑底支撑梁下低净空履带式全回转灌注桩综合成桩施工技术进行了研究，利用履带型自行走式全套管全回转钻机机身低、行走便利的特点在支撑梁下成孔，结合液压全套管超前护壁、套管内水压平衡、坑顶支撑梁间隙内吊放钢筋笼、气举反循环二次清孔、坑顶泵车灌注桩身混凝土等一系列技术措施，解决了深基坑底支撑梁低净空条件下复杂地层成桩的难题，达到质量可靠、安全可行、综合成本低的效果。

5.2.2 工艺特点

1. 设备移动便捷

本工艺采用的设备整机高度约 4m，可满足高度不超过 5m 的低净空作业条件；同时，全回转全套管钻机配备自行走履带装置，可自主移动，满足在基坑底支撑梁下快速移动的需求。

2. 成桩质量可靠

本工艺成孔采用全套管跟管护壁，克服了不良地层引起的塌孔风险；成孔时，采用超前套管护壁，通过在套管内灌满清水，有效平衡坑壁高水头对孔壁的压力，确保正常钻进；二次清孔采用气举反循环工艺，结合全套管跟管，孔底干净无沉渣，有效提升了成桩质量。

3. 综合效率高

本工艺整体配置履带行走系统，无需大吨位履带起重机转场，液压动力站安放在履带系统上，随机转移；成孔采用针对水下砂性地层的专用冲抓斗，从支撑顶起吊入套管内直接抓取，配合全套管超前跟进，成孔效率高；灌注采用泵车连续，比料斗吊运效率高。

5.2.3　适用范围

适用于基坑底支撑梁下净空不小于 5m 的灌注桩施工。

5.2.4　工艺原理

以珠海横琴某大厦项目为例，在基坑底支撑梁下低净空环境条件下，灌注桩施工需要综合考虑设计要求、操作空间限制、复杂地质和环境条件作业等多方面的因素。

1. 低净空作业施工原理

低净空作业的关键在于解决在受限的基坑底支撑梁下的有限空间内，桩机在平面内快速移动和竖向净空高度下正常、安全作业。本工艺通过对传统全套管全回转设备进行加装履带改造，采用 DTR2106HZ 履带型自行走式钻机，解决了传统设备需要起重机辅助移动的难题，其设备高 3554～4053mm，低于支撑梁底 5m 的净空高度，满足低净空条件下施工要求。对于邻近支撑梁或塔式起重机位置的桩位，通过浇筑临时作业平台扩充桩位，满足全回转钻机就位。此外，所使用设备的回转扭矩为 3085kN·m，具有强大的钻进能力，最大成孔直径 2100mm、孔深 80m，完全可满足设计要求的大直径、超深桩施工。设备见图 5.2-1。

图 5.2-1　履带式全套管全回转钻机

2. 低净空竖向作业原理

对于低净空条件下的灌注桩竖向作业，主要通过优化设计调整桩位，使补桩桩位位于支撑梁空格的中间位置，保证垂直方向上的空间畅通，使得安放钢套管、抓斗取土、吊放钢筋笼、安放灌注导管及灌注桩身混凝土等竖向作业，可以在支撑梁间的空格内顺利进行，竖向施工操作见图5.2-2～图5.2-5。

图5.2-2 安放钢套管

图5.2-3 抓斗套管内取土

图5.2-4 吊放钢筋笼

图5.2-5 灌注桩身混凝土

3. 不良地层、高水头钻进护壁原理

本工艺针对深厚的不良地层，单纯依靠泥浆护壁或者普通的长护筒工艺，成孔质量都难以保障。经过综合分析研究后，最终确定选用全套管护壁工艺，通过钢套管的护壁作用，达到有效避免不良地层塌孔、缩径的影响，保证顺利成孔及其质量。同时，在套管跟管钻进时，考虑到本项目砂层深厚，而且还受承压水的影响，因此，钻进时套管的超前深度加大至不少于6m，有效地避免了承压水造成的涌砂问题。

考虑到本项目地下水丰富且存在承压水，随着成孔深度的增加，仅依靠套管超前措施，无法达到平衡承压水压力所产生的影响，会出现涌水涌砂风险。经过分析研究后，本工艺采取套管内注水的方式，使套管内始终保持较高的水头，以平衡承压水的压力。同时，采取对现场有承压水溢出的抽芯检测孔在施工期间不封堵的减压措施，顺利解决了承压水的不利影响。具体见图5.2-6、图5.2-7。

图 5.2-6　套管内注水平衡承压水

图 5.2-7　抽芯孔排水泄压

5.2.5　施工工艺流程

基坑底支撑梁下低净空履带式全回转灌注桩综合成桩施工工艺流程见图 5.2-8。

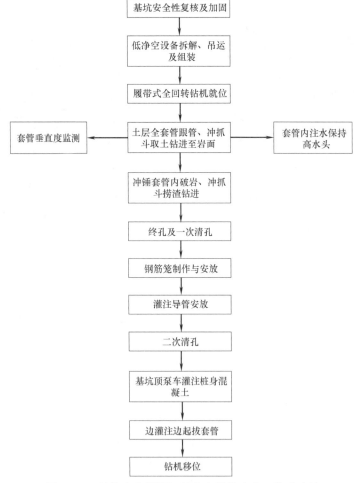

图 5.2-8　基坑底支撑梁下低净空履带式全回转灌注桩
综合成桩施工工艺流程图

5.2.6 工序操作要点

1. 基坑安全性复核及加固

（1）为了减少基坑底增加的灌注桩施工对基坑支护结构的影响，根据灌注桩坑底及支撑梁下施工的实际工况，施工前由基坑原支护设计单位，对基坑整体支护体系的安全稳定性进行复核，并提出基坑加固设计方案，确保基坑在灌注桩施工期间的安全。

（2）根据支护设计加固要求，对基坑底周边被动区基础底板先行施工，宽度 3～6m、厚度 1.5m，具体根据补桩位置综合考虑，基坑底周边被动区钢筋混凝土底板加固见图 5.2-9。

图 5.2-9　基坑底周边被动区钢筋混凝土底板加固

**图 5.2-10　基坑底场地
硬化及预留桩孔洞口**

（3）由于坑底位于软土地层，为了保证机械施工安全，在坑底设置钢筋混凝土连续板，对基坑底施工场地进行硬化，对于桩位处提前预留孔洞，具体见图 5.2-10。

（4）对基坑顶部的栈桥板及周边堆场，严格按照要求控制临时附加荷载，最大附加荷载不超过30kPa，采取铺设钢板、堆土及时清运等措施，减少施工作业对支护结构的影响。

2. 低净空设备拆解、吊运及组装

（1）本工艺施工时，下入基坑底的大型设备包括：履带式全套管全回转钻机、液压动力站、冲抓斗起重机、钢套管、空压机、冲抓斗、冲击锤等。

（2）为了保证基坑支护结构栈桥的安全，要求基坑顶单次起吊重量不大于 25t。为此，将大于起吊重量的钻机、起重机等进行分拆，并在基坑底进行组装；大型设备的分拆、组装由设备厂商现场指导，组装完成后进行试运行，运转正常并验收合格后投入使用。设备拆解吊运、组装见图 5.2-11、图 5.2-12。

3. 履带式全回转钻机就位

（1）履带式全回转钻机主要包括：钻机工作装置、液压动力站、反力叉等，钻机工作装置连同液压动力站尺寸为 8709mm×4980mm×4503mm（长×宽×高）。

（2）设备就位前，采用全站仪对桩中心位置进行测量放样，采用十字交叉法进行定位，并在桩中心打入短钢筋且做好标识。

图 5.2-11　拆解后的设备吊运

图 5.2-12　全回转设备组装

（3）利用行走无线遥控系统操控履带式全回转钻机自动行走就位，设备就位时，提前考虑好设备摆放的方位，并注意对支撑立柱的保护。同时，考虑钢套管与支撑梁的相对关系，尽量保持钢套管与支撑梁有一定的安全距离。设备移动到桩位后，用十字交叉法定出设备套管中心位置，然后采用吊锤复核桩中心位置，适当调整移动钻机使套管中心与桩中心在同一垂线上，最后撑起钻机底盘下的液压平衡支撑板，调整钻机处于水平状态，再次校核桩中心位置，设备就位见图 5.2-13。

（4）对于坑底摆放钻机空间受限的桩位，液压动力站安置在钻机工作装置上，即主机和动力站集成，直接移位不需要拆接胶管，见图 5.2-14。

图 5.2-13　全回转设备就位

图 5.2-14　主机和动力站集成就位

（5）全回转设备就位时，充分考虑反力叉的摆放和固定。全回转设备正常作业时为顺时针旋转作业，此时反力叉通过起重机的履带反压提供反力，见图 5.2-15。对于现场位置条件受限的情况，由于首节钢套管的刀头钻进作业具有方向性，此种情况下可调整全回转机械设备，将首节套管的刀头进行反装，使其在逆时针旋转即反转时为正常钻进作业，借助场地已浇筑的加固底板提供反力。逆时针反转作业反力叉就位见图 5.2-16。

图 5.2-15 正常顺转反力叉固定

图 5.2-16 逆时针反转作业反力叉就位

（6）对于紧邻塔式起重机基础和预先浇筑的基坑底周边底板的位置附近的桩，由于受高差的影响，导致全回转钻机无法摆放，此时采取通过在基坑底浇筑临时桩基作业平台，以满足全回转钻机就位的要求，具体见图 5.2-17。

4. 土层全套管跟管、冲抓斗取土钻至岩面

（1）全回转设备就位后，通过支撑梁间空隙开始吊装安放钢套管。

（2）套管使用前，对套管垂直度进行检查和校正，套管检查校正完毕后，用全回转设备开始按套管编号分节安放钢套管。

图 5.2-17 坑底邻边浇筑临时作业平台

（3）压入底部钢套管时，用水平仪器检查其垂直度，一般在钢套管压入一定深度（约2m）后，检查一次垂直度状况，然后在钢套管钻进时同步在 X、Y 两个方向使用线锤校核调整套管垂直度。

（4）由于施工地层存在深厚的砂层，并且含有承压水，钻进时加大套管冲抓斗取土面的超压深度，常规的全套管工艺一般套管的超压深度为 2～3m，本工艺钻进保持套管超压深度不小于 6m。

（5）为平衡地下承压水的压力，钻进时在套管内加满水，保持孔内一定的水头压力，具体见图 5.2-18；另外，对有承压水溢出的抽芯检测孔在施工期间有意不封堵，利用其适当减压降水。

（6）由于套管内带水取土作业，砂性地层中采用专门的水下抓斗进行取土钻进；同时，在支撑梁上做上一定的位置标记，便于抓斗取土作业操作控制，见图 5.2-19、图 5.2-20。

（7）采用全套管跟管钻进结合水压平衡工艺，用水下冲抓斗取土钻进直至岩面。

（8）抓斗取出的渣土集中堆放在坑底，由铲车清理渣土装入料斗，再利用塔式起重机转运至坑顶统一堆放，定时组织外运，具体见图 5.2-21、图 5.2-22。

5. 冲锤套管内破岩、冲抓斗捞渣钻进

（1）钻进至持力层岩面后，更换十字形冲击锤冲击破碎，入岩冲击锤见图 5.2-23。

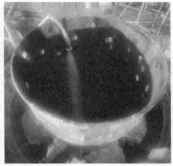

图 5.2-18　套管内注水平衡承压水压力

图 5.2-19　专用水下抓斗取土

图 5.2-20　专用水下抓斗卸土

图 5.2-21　铲车清理渣土

图 5.2-22　塔式起重机转运渣土

（2）如遇岩面倾斜的情况，为了保证垂直度，冲锤采用小冲程、慢速钻进，至全岩面后确认岩面，并按设计的入岩深度完成冲击入岩钻进。

（3）冲锤破碎的岩渣，用水下冲抓斗捞渣钻进，直至设计标高。

6. 终孔及一次清孔

（1）钻至设计深度时，进行终孔测量和验收。

（2）终孔后，采用水下抓斗进行一次清孔，清孔完成后对孔底沉渣进行测量，确保孔底沉渣满足设计要求。

7. 钢筋笼制作与安放

（1）钢筋笼在基坑顶设置的加工场提前加工制作，安放前组织监理工程师进行隐蔽验收。

（2）清孔完成后，及时安放钢筋笼；由于钢筋笼整体较长，采用起重机在基坑顶分段吊装、孔口焊接的工艺进行安放钢筋笼。

（3）安放钢筋笼时，严禁碰撞支撑梁和立柱，以免造成钢筋笼变形。吊放钢筋笼及孔口接笼见图 5.2-24。

图 5.2-23 入岩冲击锤

图 5.2-24 吊放钢筋笼及孔口接笼

8. 灌注导管安放

（1）钢筋笼安放到位后，及时安放灌注导管。

（2）导管材质选用壁厚 10mm、直径 300mm 的无缝钢管，接头为法兰连接。

（3）导管使用前试拼装并试压，试验压力不小于 0.6MPa。

（4）导管安放完成后，导管底部距离孔底控制在 30～50cm。

9. 二次清孔

（1）为了确保成桩质量，严格控制孔底沉渣厚度，钢筋笼安放完成后进行二次清孔。

（2）由于有全套管跟管护壁，不存在塌孔的风险。

（3）由于成孔深度较深，二次清孔采用气举反循环工艺进行清孔，选用功率 55kW、额定排气压力 0.8MPa 的空压机，结合 1m³ 的储气罐提供安全稳定的气流，保证良好的清孔效果，气举反循环设备见图 5.2-25，气举反循环清孔见图 5.2-26。清孔完成后，会同监理工程师对沉渣厚度进行测量验收。

10. 基坑顶泵车灌注桩身混凝土

（1）二次清孔完成后，及时灌注桩身混凝土。

（2）桩身混凝土浇筑采用泵车在基坑顶进行灌注，见图 5.2-27。

图 5.2-25　反循环空压机及储气罐

图 5.2-26　气举反循环清孔

图 5.2-27　基坑顶输送泵灌注桩身混凝土

（3）由于每根桩的混凝土量比较大，平均单桩灌入量超过 $100m^3$，而低净空环境下的施工效率较低，平均每根桩的灌注时间长达 18h 左右；因此，在混凝土中添加缓凝剂，保证混凝土的初凝时间不小于 20h。

（4）初灌采用 $3m^3$ 大料斗灌注，灌注前用清水湿润料斗。采用球胆作为隔水塞，初灌前将隔水塞放入导管内，压上灌注斗内底口的盖板，然后通过基坑顶的泵车向料斗内倒入混凝土。待灌注料斗内混凝土满足初灌量时，提起料斗的盖板，此时混凝土即压住球胆灌入孔底。

（5）正常灌注时，为便于拔管操作，更换为小料灌注，通过泵车料管持续进行混凝土灌注；灌注过程中，定期测量混凝土面位置，及时进行拔管、拆管，导管埋深控制在 $2\sim6m$。

11. 边灌注边起拔套管

（1）混凝土灌注过程中分段拔出钢套管。

（2）考虑到砂层等不良地层的影响，为了保证顺利成桩，过程中加大套管内混凝土超过钢套管底的高度，一般控制在不小于 10m。

（3）边灌注边起拔套管，直至灌注完成后拔出全部钢套管。

12. 钻机移位

（1）钢套管全部拔出后，收起底盘液压平衡支撑板，恢复履带行走状态。

（2）拆除反力叉，当主机和动力站集成一体时，利用行走无线遥控系统直接操控履带式全回转钻机直接移位至下一桩孔位置。

5.2.7 机械设备配置

本工艺施工所涉及的主要机械设备见表 5.2-1。

表 5.2-1

主要机械设备配置表

名称	型号及参数	备注
自行走式全回转钻机	DTR2106HZ	
履带起重机	YTQU75B	取土钻进
冲抓斗		土层、砂层二种抓斗
冲锤	直径 1100mm	入岩钻进
装载机	ZL-12	转运桩渣土
螺杆式空压机	55SCF＋-8B	沉渣清孔
储气罐	J2020-A0641	沉渣清孔
塔式起重机	QTZ200	垂直出土

5.2.8 质量控制

1. 制度管控措施

（1）制定项目施工质量管理体系，施工过程实行"三检制"（即班组自检、值班技术员复检和专职人员核检）。

（2）为了确保现场全回转作业能安全、可靠地完成，项目部成立以项目经理为主的施工管理小组，对施工质量、安全等进行控制。

（3）施工前编制专项施工方案，明确工程的重难点以及应对措施。

2. 履带式全回转钻机成孔

（1）套管使用前，检查和校正单节套管的垂直度，对各节套管编号做好标记，按序拼装。

（2）套管检查校正后，用全回转设备开始按套管编号分节安放钢套管。

（3）控制第一、二节套管的垂直度，在压进底部钢套管时，用水平仪器检查其垂直度，待底部套管被压入一定深度（约 2m）后，再次检查套管垂直度。

（4）钢套管钻进时，在 X、Y 两个方向使用线锤校核调整套管垂直度。

（5）考虑深厚砂层以及承压水的不利影响，成孔过程中保持钢套管底部低于冲抓斗取土面不少于 6m，同时保持套管内的水处于高水位状态。

（6）由于套管内水位较高，采用专门的水下冲抓斗进行取土作业，对于入岩段更换冲锤进行破碎。如果遇到倾斜岩面，采用冲锤小冲程冲击、慢速钻进。

（7）采用气举反循环工艺进行清孔，为提高清孔作业效率，采用排量 $9.8m^3/min$ 空压机；为保证清孔气流稳定，增加 $1m^3$ 容量的储气罐。

（8）每根桩施工完毕后，对首节钢套管底部的刀头进行检查，发现磨损严重时及时更换。

3. 钢筋笼吊装

（1）由于钢筋笼整体较长，采用分段吊装、孔口焊接的工艺安放钢筋笼。

（2）焊接时，保证焊接的长度及焊缝的宽度等，焊接质量满足设计及规范要求；同时，保证接头在同一截面的搭接率不超过50%。

（3）钢筋笼搭接过程中，控制好声测管的连接质量，在安放过程中注意对声测管的保护。

4. 灌注桩身混凝土

（1）灌注桩身混凝土前，检测孔底沉渣厚度，确保气举反循环的清孔效果满足设计要求。

（2）受道路交通、场地以及基坑支撑结构的不利影响，混凝土浇筑效率较低，为了保证混凝土灌注的连续性，在混凝土中添加缓凝剂，保证混凝土的初凝时间不小于20h。

（3）混凝土灌注时，采用大方量灌注斗进行初灌，以保证初灌时的埋管深度。

（4）混凝土浇灌过程中始终保证导管的埋管深度在2～6m。

（5）为了避免砂层等不良地层的影响，混凝土灌注过程中，保证钢套管底部距离混凝土面不少于20m。

（6）灌注完成时，桩顶超灌高度不小于1.0m。

5.2.9　安全措施

1. 履带式全回转钻机成孔

（1）施工前，对场地进行硬化处理，确保全回转设备、履带起重机等大型机械作业时的安全。

（2）拆卸动力站液压系统的油管时，须先进行泄压操作确保安全后方可实施。

（3）履带式全回转钻机行走时，严禁机械碰撞立柱桩支护结构。

（4）安放套管、抓斗取土等竖向作业时，避免碰撞损坏支撑梁，对支撑梁可能受影响的局部采用废弃车轮胎进行隔离保护。

（5）抓斗取土等设备回转作业时，设置警示范围，严禁人员随意进入。

2. 钢筋笼吊装

（1）吊装作业指派信号司索工进行指挥，作业时起重机回转半径内人员全部撤离至安全范围内。

（2）吊装过程中严禁钢筋笼碰撞支护结构，以免发生钢筋笼变形，必要时可采用牵引绳进行钢筋笼辅助控制。

（3）钢筋笼孔口对接时，下一节钢筋笼未下放至孔口前，严禁人员站在设备平台上等待。

3. 灌注桩身混凝土

（1）基坑底灌注作业时，与基坑顶采用安全信号配合作业。

（2）在设备平台上灌注混凝土、支撑梁上作业时，严格做好安全防护。

第6章 潜孔锤施工新技术

6.1 深厚填石层灌注桩钢导槽潜孔锤跟管咬合引孔施工技术

6.1.1 引言

"某核电厂新增循环水监测与预过滤系统项目建安工程"位于核电厂旁边沿海填筑的防波堤，其第二道拦截设施（机械化网兜）设计采用 $\phi1800mm$、$\phi1500mm$ 的永久性钢套管灌注桩基础。场地地层由上至下分别为填石、淤泥、砂质黏土，下伏基岩为不同风化程度的花岗岩。上部填石主要由大量中等风化花岗岩碎块组成，填石粒径达 400～1200mm，填石层平均厚度23m，平均桩长约 60m，持力层为中风化桩径，设计要求桩底嵌入持力层 1 倍桩径。施工时，开始针对深厚填石层采用冲击成孔，采用泥浆护壁工艺。由于填石间孔隙大，泥浆流失严重，反复回填黏土造浆始终无法成孔，大大影响了施工进度。现场冲孔施工见图 6.1-1。

图 6.1-1 现场冲孔施工

为解决灌注桩成孔过程中泥浆漏失、塌孔的施工难题，需寻求有效的填石层钻进成孔工艺，经过现场试验、不断完善，项目组对深厚填石层灌注桩预制导槽潜孔锤跟管阵列咬合引孔钻进施工技术进行了研究，针对上部填石层，采用沿设计桩径边线引孔钻进方法，实施"$n+m$"（n 个边线孔＋m 个中心孔）潜孔锤跟管预制钢咬合导槽阵列碎石引孔，引孔后及时回填粒料置换后再拔管，最终将桩径范围内外的松散填石全部进行置换，为后续埋设护筒、成孔钻进清除了填石障碍，形成了相应的施工工法，达到了引孔速度快、成桩工效高、综合成本低的效果。

6.1.2 工艺特点

1. 引孔速度快

本工艺针对填石深厚、坚硬的特点，采用风动潜孔锤钻进引孔，利用压缩空气为动力，使潜孔锤对地层进行高频冲击，从而快速破碎坚硬填石；同时，压缩空气通过锤头通风孔将孔底沉渣沿钻杆外的间隙通道吹出，避免了钻进时对填石重复破碎，引孔速度快。

2. 成桩工效高

本工艺采用"n+m"（n 个边线孔+m 个中心孔）阵列组合将桩孔内外进行全覆盖碎石引孔，引孔时采用全套管跟管钻进，终孔后在套管内回填粒料再拔出套管，将孔内填石层逐步全部置换，有效避免了后序桩基施工时护筒埋设和钻进困难的问题，成桩工效高。

3. 综合成本低

本工艺采用 $\phi800\text{mm}$ 的潜孔锤钻头钻进，在保证引孔速度的情况下，降低了空压机组功率需求；同时，采用可重复利用的孔口预制钢导槽辅助成孔，减少了咬合引孔浇筑混凝土导槽所需耗材和时间；另外，跟管施工和地层置换有效防止了塌孔所额外耗费的工期和费用，综合施工成本低。

6.1.3　适用范围

1. 适用于不超过 50m 的深厚填石地层中潜孔锤引孔施工。
2. 针对 $\phi1500\text{mm}$、$\phi1800\text{mm}$ 的灌注桩分别采用"6+1""7+1"布孔方式引孔。
3. 对于大于 $\phi1800\text{mm}$ 的灌注桩引孔时，分别布置 n 个边线孔和 m 个中心孔，其中 n 和 m 的取值需保证设计桩孔范围内外均被置换。

6.1.4　工艺原理

本工艺主要涉及深厚填石层灌注桩引孔钻进施工，其关键技术主要包括四部分：一是深厚填石层潜孔锤钻进技术；二是阵列咬合式钻进技术；三是潜孔锤全套管跟管钻进、引孔置换技术；四是预制钢导槽辅助引孔技术。

1. 深厚填石层潜孔锤钻进原理

本工艺针对场地内深厚坚硬中、微风化填石层钻进，选择采用风动潜孔锤钻进工艺引孔，潜孔锤是以压缩空气为动力，压缩空气由空气压缩机组提供，经钻机、钻杆进入潜孔冲击器推动潜孔锤工作，利用潜孔锤对填石的往复冲击作用达到破碎的目的，被破碎的岩屑随潜孔锤工作后从通风孔排出的废气沿钻杆外部间隙携带至地表。由于冲击频率高（可达到 60Hz）、冲程低，破碎的岩屑颗粒小，便于压缩空气携带，孔底干净，岩屑在上升过程中不容易形成堵塞，整体工作效率高。

本工艺充分发挥潜孔锤引孔的优势，大大提高了填石层内的施工效率。潜孔锤钻头结构见图 6.1-2，潜孔锤引孔示意见图 6.1-3。

2. 阵列咬合式钻进原理

为达到填石层引孔效果，需对大于设计桩径的范围进行引孔。为此，本工艺沿设计桩径边线及其内部布置多个小直径潜孔锤阵列钻孔。在阵列布孔方式及潜孔锤钻头大小选择方面，考虑到引孔速度及为破石钻进提供动力的空压机组需求等效率经济指标，通过综合优化比选，拟采用 $\phi800\text{mm}$ 的潜孔锤进行阵列咬合布孔，其在引孔速度、经济性方面的优势表现最为突出。

按照上述布孔原则，对 $\phi1500\text{mm}$ 的灌注桩采用"6+1"引孔，即沿桩孔边线布置 6 孔+中心 1 孔；对 $\phi1800\text{mm}$ 的灌注桩采用"7+1"引孔，即沿桩孔边线布置 7 孔+中心 1 孔。复合式阵列咬合布孔方式见图 6.1-4。

图 6.1-2　潜孔锤钻头结构

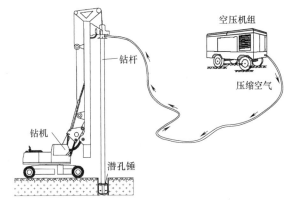

图 6.1-3　潜孔锤引孔示意图

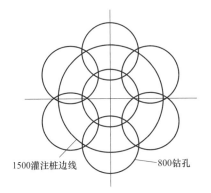

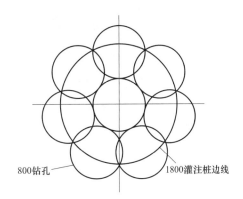

图 6.1-4　复合式阵列咬合布孔方式

3. 潜孔锤全套管跟管钻进、引孔置换原理

为确保引孔效果，本工艺采用潜孔锤跟管钻进引孔，即通过跟管钻头与跟管套管端部设置的管靴配合实现。潜孔锤跟管钻头设有 4 个可伸缩冲击滑块，钻进时冲击滑块能沿滑槽向外伸出冲击破碎填石实现扩孔，有利于跟管钻进。管靴外径与套管相同，二者通过焊接连接，其内壁加工有凸出结构，潜孔锤钻具工作时，钻头外部的凸出结构对管靴凸出结构进行冲击，从而带动套管跟进。由于本项目引孔数量多、进尺量大，为保护钻头耐久性，钻头与管靴之间设有可更换的耐磨环，耐磨环置于钻头凸出结构下方的环形槽内，跟管钻进时使耐磨环与管靴直接冲击，以提高钻头本体的使用寿命。

跟管施工既可以防止塌孔，又有利于引孔后的地层置换。每个阵列孔成孔后，及时在套管内填入粒料，拔管后该孔的填石层被置换；继续下一阵列孔的钻进、回填，直至整个桩孔松散填石被完全置换。

潜孔锤跟管钻头见图 6.1-5，套管管靴及跟管钻具见图 6.1-6，潜孔锤跟管钻进原理见图 6.1-7。

4. 预制钢导槽辅助引孔原理

区别于一般咬合排桩采用现浇混凝土导槽，由于灌注桩之间位置不相连，采用混凝土导槽容易产生浪费，经济性差，且需要较长的养护时间。因此，本工艺阵列引孔采用相应的预制咬合式钢导槽辅助钻孔定位。导槽为钢板和槽钢组成的高 200mm 的箱式结构，具

图 6.1-5 潜孔锤跟管钻头

图 6.1-6 套管管靴（左）及跟管钻具

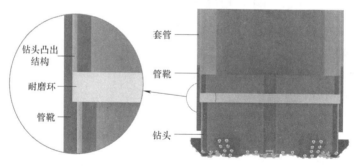

图 6.1-7 潜孔锤跟管钻进原理示意图

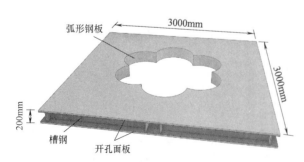

图 6.1-8 灌注桩预制咬合式导槽结构

有两块长 3000mm、宽 3000mm、厚 20mm 的钢制面板，中间开孔大小和位置根据阵列布孔确定，在工厂预制后运至现场。阵列引孔时根据桩孔位置预埋导槽，利用导槽开孔确定潜孔锤阵列钻进位置，预制导槽可重复利用。灌注桩预制咬合式导槽结构（以对应 ϕ1500mm 灌注桩的预制导槽为例）见图 6.1-8。

154

6.1.5 施工工艺流程

填石层预制导槽潜孔锤跟管阵列咬合引孔施工工艺流程见图 6.1-9，操作流程示意见图 6.1-10。

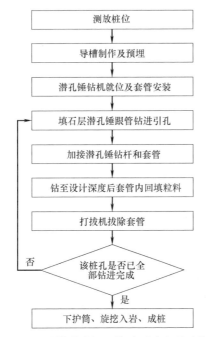

图 6.1-9 填石层预制导槽潜孔锤跟管阵列咬合引孔施工工艺流程图

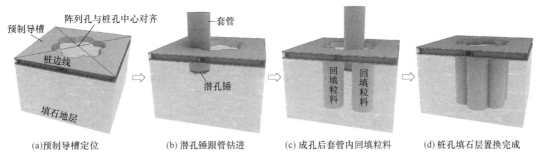

图 6.1-10 填石层灌注桩预制导槽潜孔锤跟管咬合引孔钻进操作流程示意图

6.1.6 工序操作要点

1. 平整场地、测放桩位

（1）场地处理平整坚实，根据施工图及测量控制资料，使用全站仪测放桩位，并引出十字交叉定位线。

（2）放样完成后，对桩轴线、桩位进行测量复核。

2. 预制钢导槽制作及现场埋设

（1）工厂预制导槽，保证开孔尺寸和位置、面板平整度符合设计要求，钢板与槽钢之间焊接牢靠。工厂预制导槽见图 6.1-11。

图 6.1-11　工厂预制导槽

图 6.1-12　现场埋设导槽

（2）在桩位处埋设导槽，就位时将导槽开孔中心点与桩孔十字交叉中心对齐，埋设后使导槽保持水平。现场埋设导槽见图 6.1-12。

3. 潜孔锤钻机就位及套管安装

（1）钻机移至孔位，用起重机将事先组合好的套管、跟管管靴和潜孔锤钻具吊至孔位，调整桩架位置，确保套管中心点、潜孔锤中心点和阵列孔中心点"三点一线"。起吊、安装套管和潜孔锤钻具安装见图 6.1-13、图 6.1-14。

图 6.1-13　起吊套管和钻具

图 6.1-14　潜孔锤钻具安装

（2）套管就位采用测量仪器控制垂直度，利用相互垂直的两个方向吊垂直线校正。

（3）潜孔锤钻头吊放前，进行表面清理，防止通风孔被堵塞。

4. 填石层潜孔锤跟管钻进引孔

（1）开钻前，确保钻头对准待钻的阵列孔位，检验套管垂直度，合格后即可开始钻进作业。

（2）开动空压机和钻具上方的回转电机，待套管口出风时，将钻具轻放至孔口，开始潜孔锤钻进作业；为满足破石的需求，采用 4 台空压机共同作用，包含 XHP1170 型 2 台、XHP900 型和 XRS451 型各 1 台，总风压不小于 100m³。施工所用 3 种型号空压机主要参数见表 6.1-1，空压机组见图 6.1-15。

系列空压机技术参数表　　　　　　　　　　　　　　　　　表 6.1-1

参数	空压机机型		
	XHP900	XHP1170	XRS451
排气量（m³/min）	25.5	30.3	20.0
压力范围（MPa）	1.03～2.58	1.03～2.58	1.03～2.30
排气口尺寸（mm）	76.2	76.2	76.2

图 6.1-15　空压机组

（3）潜孔锤启动后，其底部钻头的 4 个可伸缩冲击滑块外扩并超出套管直径，随着破碎的渣土或岩屑吹出孔外，套管紧跟潜孔锤进行有效护壁，潜孔锤全套管跟管钻进见图 6.1-16。钻进过程中，从套管与钻具之间间隙返出大量钻渣，并堆积在平台孔口附近，当堆积高度大于 30cm 时，及时进行清理。

5. 加接潜孔锤钻杆和套管

（1）当潜孔锤持续破石钻进、套管跟管下沉至孔口约 1.0m 时，加接钻杆和套管。

（2）钻杆接头采用六方键槽套接连接，当上下两节钻杆套接到位后，再插入定位销固定，连接钻杆时控制钻杆长度始终高出套管顶。钻杆六方键槽套见图 6.1-17。

（3）钻杆接长后，将下一节套管吊起置于已接长的钻杆外的前一节套管处，对接平齐，将上下两节套管用丝扣连接。

（4）重复跟管钻进和加接钻杆、套管作业，直至钻进至要求的钻孔深度。加接套管及套管丝扣连接见图 6.1-18。

图 6.1-16　潜孔锤全套管跟管钻进

6. 钻至设计深度后套管内回填粒料、拔除套管

（1）钻进至设计深度后，使套管就位后上提并逐节拆卸钻杆，护壁套管留在孔内。

（2）潜孔锤拔出后，及时向套管内回填粒料，回填所用的粒料以粗砂、石粉为主，最大粒径不超过 15mm。

（3）继续隔孔进行阵列钻进，钻进至设计深度后将钻具拔出，再向套管内回填粒料。套管内回填粒料见图 6.1-19；套管内回填完成后，采用打拔机拔除套管，起拔套管见图 6.1-20。

（4）重复阵列钻进、回填粒料和拔除套管，直至整个桩孔填石层全部被粒料置换。

图 6.1-17　钻杆六方键槽套

定位销插槽

图 6.1-18　加接套管及套管丝扣连接

7. 移除钢导槽、埋设护筒、旋挖入岩、成桩

（1）采用起重机将预制钢导槽从孔口移除，并平整桩孔周围地面。

图 6.1-19 套管内回填粒料

图 6.1-20 起拔套管

（2）使用全套管全回转钻机下入护筒，用冲抓斗在全套管内反复抓土配合护筒下放至岩面，直至护筒下至岩面，然后用全套管全回转钻机安放永久性钢套管。

（3）采用旋挖钻机分级扩孔入岩，直至设计深度。

（4）清孔后下放钢筋笼、安放导管、灌注桩身混凝土成桩。

6.1.7 机械设备配置

本工艺现场施工所涉及的主要机械设备见表 6.1-2。

主要机械设备配置表　　　　　　　　　　表 6.1-2

名称	型号及参数	备注
潜孔锤桩机	SH-180	机架高 17m
起重机	135t 汽车起重机	吊装钻头、套管、导槽等
空压机	XHP900、XHP1170、XRS451	配置 4 台，单机 25.5～30.3m³/min
打拔机	SK450	起拔套管

6.1.8 质量控制

1. 定位导槽预制及埋设

（1）制作导槽所用钢制面板、槽钢等尺寸的选用，满足埋设及辅助钻进时的刚度和稳定性要求。

（2）导槽面板上切割钢板开孔的尺寸及位置满足定位精度要求，焊接时上下面板对齐。

（3）导槽上的定位标识位置标记准确，预埋时使标识交叉点严格对准桩位中心。

（4）引孔钻进过程中，定期检查导槽是否发生移位，确保引孔效果。

2. 潜孔锤跟管钻进置换引孔

（1）套管进场时进行垂直度检测，不使用垂直度不合格的套管。

（2）加接套管后用水平尺或吊垂线检查套管竖直度，并在跟管钻进时实时监测。

（3）回填粒料以粗砂、石粉为主，所含最大粒径不超过 15cm。

6.1.9 安全措施

1. 定位导槽预制及埋设

（1）导槽制作时，切割、焊接人员经过专门培训并持证上岗。

（2）导槽按设计图纸进行制作，焊接牢靠。

（3）导槽吊装时，严格按照起重作业规定操作，吊装重物下方严禁站人。

2. 潜孔锤跟管钻进置换引孔

（1）钻机置于压实地面作业，必要时钻机履带底部铺设钢板。

（2）潜孔锤钻进施工时，桩孔周围不站人，防止孔内高风压冲出的钻渣飞溅伤人。

（3）空压机派专人管理，定期检查空压机风管的连接端坚固情况，防止松动后飞甩伤人。

（4）潜孔锤加接钻杆时，做好高空作业安全措施。

6.2 填石层微型钢管桩潜孔锤跟管钻进及一体砂浆机注浆成桩技术

6.2.1 引言

广西巴马滨湖大道项目位于赐福湖沿岸，该项目沿河岸将道路拓宽，并在河岸边新建挡土墙。挡土墙下地层主要为填石、填土、中风化灰岩。挡土墙地基设计采用微型钢管桩加固，钢管设计直径 159mm，平均桩长 13.0m，持力层为中风化灰岩，入岩深度 2.0m，在微型钢管中灌注 M30 水泥砂浆成桩。

项目开始施工时，采用常用的普通履带式潜孔锤钻机跟管钻进，履带式钻机桩架高度不足 6m（图 6.2-1），钻进时采用标准单节长 3m 钢管和钻杆，在孔口需多次接长钢管和钻杆，具体见图 6.2-2；一根长 14m 钢管桩，需要在孔口焊接钢管 3 次，造成施工进度缓慢，具体见图 6.2-3；注浆时采用传统活塞式注浆泵，其泵压不足，难以泵送高浓度砂浆，具体见图 6.2-4；拆卸钻杆时，由于钻杆持续旋转，钻杆圆形丝扣接头越来越紧，导致钻杆难以拆卸，圆形丝扣接头见图 6.2-5；钻杆为标准件，其壁厚仅 9mm，由于长细比较大，施工过程中容易弯曲，具体见图 6.2-6。

图 6.2-1　履带式低桩架钻机

图 6.2-2　孔口接长钻杆和钢管

图 6.2-3　孔口焊接钢管

图 6.2-4　活塞式注浆泵

图 6.2-5　圆形丝扣接头

图 6.2-6　钻杆弯曲

针对上述问题，综合项目实际条件及施工特点，项目组对填石层微型钢管桩施工方法展开研究，经过现场试验、优化改进，形成了填石层微型钢管桩高桩架潜孔锤跟管钻进及一体砂浆机注浆成桩施工新技术。本技术在填石层采用偏心潜孔锤钻进，钻杆采用小直径六方接头钻杆，钻进时利用钢管底部管靴同步沉入钢管；配置高桩架潜孔锤钻机，整根钢管和钻杆一次性安装到位，免除了钻进过程中的焊接接长操作；注浆采用螺杆式搅拌、注浆一体机进行高压注浆，该机型能稳定泵送高浓度砂浆，保证了注浆效果。本工艺经过多个项目实践，形成了完整的施工工艺流程、技术标准、工序操作规程，达到了成孔高效、质量可靠、综合成本低的效果。

6.2.2　工艺特点

1. 成孔高效

本工艺在填石中采用潜孔锤钻进，通过潜孔锤高频往复冲击，破岩效率高；同时，高压风携带钻渣出孔，避免重复破碎，钻进速度快；此外，利用高桩架潜孔锤钻机成孔，一次性下入全长钢管和钻杆，避免了多次接长钢管和钻杆耗费的辅助作业时间，成孔效率高。

2. 成桩质量好

本工艺成孔时采用潜孔锤同步跟管钻进，有效避免了填石层钻进过程中的塌孔；采用搅拌、注浆一体的螺杆式砂浆机进行钢管内高压注浆，水泥砂浆通过钢管底口和底部开设的注浆孔扩散，在钢管底部形成一定范围的扩大头，注浆桩体质量可靠。

3. 综合成本低

本工艺采用高桩架钻机成孔，免除了孔口钢管多次焊接接长和钻杆接长的辅助作业时间；在填石层钻进时，偏心潜孔锤破岩效率高，一体化砂浆机注浆连续稳定，每天成桩根数接近传统方法的 2 倍，有效提高了施工效率，加快了工程进度，综合成本低。

6.2.3　适用范围

1. 适用于填石层或硬岩地层的微型钢管桩偏心潜孔锤跟管施工。
2. 适用于钻孔及跟管深度不大于 25m，孔径不大于 200mm 的微型钢管桩施工。
3. 适用于钢管内灌注水泥砂浆的微型钢管桩施工。

6.2.4　工艺原理

本工艺针对深厚填石层微型钢管桩施工，采用偏心潜孔锤钻头破岩钻进，利用管靴同步沉入钢管，借助高桩架潜孔锤钻机一次性跟管到位，注浆时采用螺杆式砂浆一体机灌注高浓度砂浆，其关键技术包括五部分：一是填石层潜孔锤破岩钻进；二是偏心潜孔锤跟管钻进；三是高桩架潜孔锤连续跟管钻进；四是小直径潜孔锤六方接头钻杆连接技术；五是砂浆搅拌、高压注浆一体机泵压注浆技术。

1. 填石层潜孔锤破岩钻进技术

潜孔锤是以压缩空气作为动力，压缩空气由空气压缩机提供，高压风经储气瓶、钻机、钻杆进入潜孔冲击器并推动潜孔锤工作；钻进时，利用潜孔锤冲击器对钻头的往复冲击作用实现破岩，通过钻杆的回转驱动形成对岩石的连续破碎；同时，高风压携带岩渣进入钢管与钻杆之间的空隙，直至将其吹出孔外。潜孔锤钻进时，由于冲击频率高（可达 30Hz）、冲程低，破碎的岩屑颗粒小，便于高压风携带，孔底干净，岩屑在钻杆与钢管的间隙中上升时不易发生堵塞，整体工作效率高。填石层潜孔锤破岩钻进工作原理见图 6.2-7。

2. 偏心潜孔锤跟管钻进技术

为防止在钻进过程中塌孔，保证钢管桩成孔质量，本工艺采用偏心潜孔锤跟管钻进成孔，设计采用偏心潜孔锤和管靴相

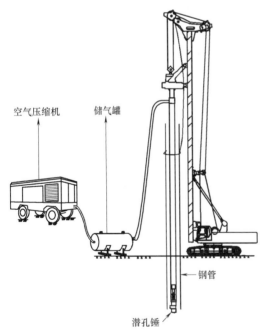

空气压缩机　　储气罐

钢管

潜孔锤

图 6.2-7　填石层潜孔锤破岩
钻进工作原理示意图

配合的方式，保证钻进时钢管同步护壁。

（1）套管管靴

钢管同步跟进技术通过钢管底部专门设计的管靴与潜孔锤钻头的凸出结构相配合来实现。

管靴高 60mm，壁厚 11mm，外径与钢管相同，均为 159mm。管靴内侧为凸出结构，其宽度为 5mm，外侧与钢管接触的环面设计为坡口，坡口为倾斜面，管靴与钢管在坡口处堆焊连接。钢管底部管靴剖面见图 6.2-8，管靴实物见图 6.2-9。

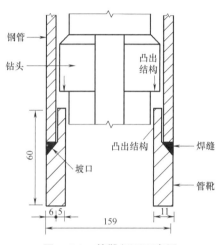

图 6.2-8　管靴剖面示意图

图 6.2-9　管靴

（2）偏心潜孔锤跟管钻进

偏心潜孔锤钻头外径 134mm，小于钢管外径 159mm，钻头从钢管上口进入，此时偏心钻头处于收拢状态，具体见图 6.2-10（a）；当钻头从钢管底部伸出后，其表面凸出结构与管靴内侧凸出部分接触，见图 6.2-10（b）；钻进时，启动空压机，偏心潜孔锤开始破岩钻进，此时底部潜孔锤连同扩出的偏心潜孔锤部分同时工作，偏心钻头在钢管底部会钻出大于钢管外径的孔，扩孔直径达到 183mm，具体见图 6.2-10（c）。潜孔锤钻头通过凸出结构向钢管传递冲击力，从而实现钻进时同步下入钢管；偏心钻头钻出的实际孔径大于钢管外径，减少了钢管同步跟进时的阻力，偏心潜孔锤钻头实物见图 6.2-11。

3. 高桩架潜孔锤连续跟管钻进技术

高桩架潜孔锤钻机由旋挖钻机改制而成，桩架高 22m，动力头提供钻杆回转扭矩，主卷扬用于提升动力头，副卷扬主要用于提升钢管，钻机采用履带式行走。

由于动力头最大提升高度有限，为了便于安装钻杆和钢管，在桩位孔附近钻一个大于钢管外径的工艺孔，将钻杆放入工艺孔，逐节安装钻杆直至长度满足连续钻进要求；钻杆安装后，将钢管、钻杆依次放入工艺孔内，再同时提升钢管和钻杆，即将钻杆穿入钢管。由于一次性将整根钻杆和钢管安装到位，在钻进时可实现连续跟管钻进。高桩架潜孔锤钻机结构及实物见图 6.2-12。

4. 小直径潜孔锤六方接头钻杆连接技术

为解决钻杆丝扣连接拆卸难和钻杆时易弯的问题，本工艺设计使用小直径潜孔锤六方接头钻杆，钻杆接头处由方头、方筒套接组成，方头呈正六边形，在相对的两个面上设有

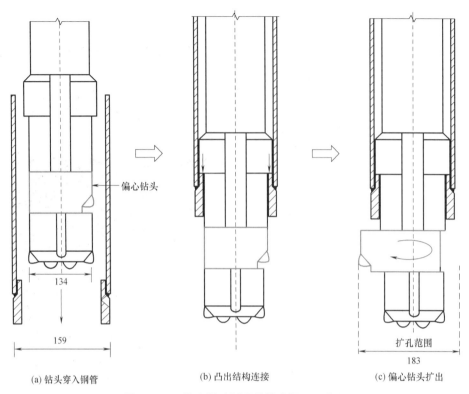

(a) 钻头穿入钢管   (b) 凸出结构连接   (c) 偏心钻头扩出

图 6.2-10 偏心潜孔锤跟管钻进原理示意图

图 6.2-11 偏心潜孔锤钻头

上下两个销孔，方筒在对应位置同样开设对穿孔洞。接长钻杆时，将方头插入方筒，插销通过方筒的孔洞插入方头的销孔，再插入保险销即可将二者连接固定，具体见图 6.2-13。同时，六方接头钻杆采用加强设计，钻杆外径由标准钻杆的 76mm 加大至 106mm，钻杆的壁厚由标准钻杆的 9mm 加大至 25mm，增强了抗弯能力。

5. 砂浆搅拌、高压注浆一体机泵压注浆技术

本工艺采用 WD5000 型螺杆式砂浆一体机，该机兼具搅拌、注浆两种功能，主要由

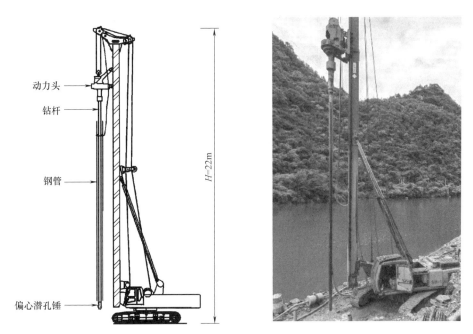

图 6.2-12 高桩架潜孔锤钻机结构及实物

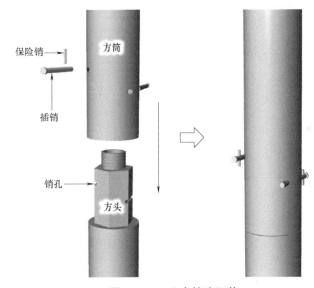

图 6.2-13 六方接头组装

搅拌筒、储存料斗和螺杆泵三部分组成。搅拌筒用于水泥砂浆拌制，其内部带有搅拌器，可自动搅拌物料；料斗位于搅拌筒下方，用于临时储存水泥砂浆；螺杆泵通过挤压的方式赋予砂浆压力，砂浆在泵体内连续流动，因此出浆连续稳定，无脉冲；压力表与螺杆泵连通，其作用是测量注浆压力。

注浆时，搅拌筒内拌制完成的砂浆通过出浆孔进入料斗，螺杆泵启动后，砂浆从料斗内被吸入螺杆泵，经螺杆泵加压后被挤出至高压胶管，再经高压胶管输送后注入钢管。螺杆式砂浆一体机实物见图 6.2-14，一体机高压注浆示意见图 6.2-15。

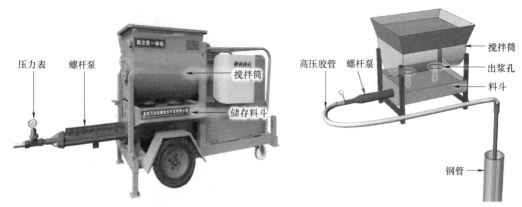

图 6.2-14　螺杆式砂浆一体机实物

图 6.2-15　一体机高压注浆示意图

6.2.5　施工工艺流程

填石层钢管桩高桩架潜孔锤跟管钻进及注浆成桩施工工艺流程见图 6.2-16。

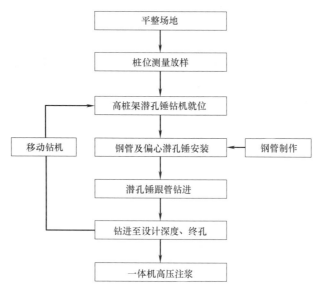

图 6.2-16　填石层钢管桩高桩架潜孔锤跟管钻进及注浆成桩施工工艺流程图

6.2.6　工序操作要点

1. 平整场地

（1）施工前，用挖掘机对施工场地进行平整，保持桩位边线距河岸边线不小于 6m，确保桩机就位和行走安全，场地平整见图 6.2-17。

（2）对局部软弱部位换填、压实，确保潜孔锤钻机作业产生振动后不发生偏斜。

2. 桩位测量放样

（1）按照设计图纸对桩位进行现场放样，在桩位处插定位钢筋，并对桩位编号，具体见图 6.2-18。

（2）在场地内布置定位轴线，以防施工中部分桩位标记被扰动后，快速重新确定桩位。

图 6.2-17 平整场地、压实

图 6.2-18 桩位放样

3. 高桩架潜孔锤钻机就位

（1）本工艺采用的高桩架潜孔锤钻机由旋挖钻机改制而成，履带式行走；桩架高度 22m，动力头最高可提升 15m 钻杆，具体见图 6.2-19。

（2）桩机移动时派专人指挥，慢速行走，行走至钻孔位置后校核桩位。

4. 钢管制作

（1）按照设计桩长制作全长钢管，钢管外径 159mm、壁厚 6mm，在钢管底部 1m 范围内开设 6 个直径 20mm 的注浆孔，跟管钢管见图 6.2-20，注浆孔见图 6.2-21。

（2）选择外径为 159mm 的钢管管靴，管靴坡口倾斜角不小于 45°。清除管靴与钢管焊接面上的杂物，将管靴套入钢管后进行堆焊。焊接管靴过程见图 6.2-22～图 6.2-24。

5. 偏心潜孔锤及钢管安装

（1）由于钻杆和钢管都为一次性连续钻进，受桩架高度影响，需钻一个直径大于钢管外径的工艺孔，将钻杆或钢管放入其中以降低其标高。工艺孔设置在桩位孔附近，直径 200mm，孔深 13m；工艺孔施工同样采用本工艺成孔方式，其孔深根据动力头最大提升高度确定。

图 6.2-19　高桩架钻机就位

图 6.2-20　跟管钢管

图 6.2-21　钢管底部注浆孔

图 6.2-22　管靴插入钢管底口

图 6.2-23　堆焊连接

图 6.2-24　管靴焊接完成

（2）在钻杆底部安装冲击器和潜孔锤钻头，并将钻杆吊入工艺孔内，在孔口用钻杆夹持器将孔内钻杆固定，副卷扬分节起吊钻杆，将其吊至孔口进行接长。对接时，将接头处的方头插入方筒，随后插入插销，用铁锤击打插销使其紧固，再用保险销固定插销，确保接头连接牢固，具体见图 6.2-25～图 6.2-27，潜孔锤钻头及钻杆就位见图 6.2-28。

图 6.2-25 方头插入方筒

图 6.2-26 插入插销

图 6.2-27 紧固插销

（3）用麻绳带将整根钢管绑紧，钻机副卷扬吊钩勾住绳带，随后起吊钢管，将其放入工艺孔内，具体见图 6.2-29。

图 6.2-28 潜孔锤钻头及钻杆就位

图 6.2-29 钢管放入工艺孔

（4）将安装完成的潜孔锤钻头和钻杆对准工艺孔，随后将钻杆放入钢管内；将钻机副卷扬吊钩与钢管麻绳带连接，再起吊钢管，同时将钻杆从工艺孔内取出，具体见图 6.2-30～图 6.2-32。

6. 潜孔锤跟管钻进

（1）将钻杆和钢管从工艺孔内吊出后，潜孔锤钻机移动至桩位处，具体见图 6.2-33。

图 6.2-30　钻杆对准工艺孔

图 6.2-31　钻杆放入钢管内

图 6.2-32　同步提升钻杆和钢管

（2）潜孔锤钻进前，检查偏心潜孔锤钻头，确保其可以正常扩出；调整桩架位置，用吊垂直线的方式校核钻杆垂直度，确保钻杆垂直，见图 6.2-34。

图 6.2-33　钻机移动至桩位

图 6.2-34　校核钻杆垂直度

（3）潜孔锤钻进配备的空压机选择特沃特 TWD850D-24F，排风量 $24m^3/min$，工作压力 2.4MPa。将空压机风管连接储气罐，再接入钻机，现场连接具体见图 6.2-35～图 6.2-37。

图 6.2-35　空压机

图 6.2-36　储气罐

图 6.2-37　风管接入钻杆

（4）潜孔锤工作时，启动空压机，待钻头底部出风时，将钻具缓慢放至地面即可开始钻进；钻进过程中，动力头带动钻杆顺时针旋转，偏心潜孔锤钻头高频振动破岩，钢管同步沉入护壁，高压风将钻渣从钢管中吹出，具体见图 6.2-38。

图 6.2-38　潜孔锤跟管钻进

（5）潜孔锤钻机桅杆上装有测斜仪，钻杆的垂直度在驾驶舱内配套电子屏实时显示，机手在钻进过程中可进行实时纠偏，测斜仪见图 6.2-39，驾驶舱电子显示屏见图 6.2-40。

图 6.2-39　测斜仪　　　　　　　　　　**图 6.2-40　驾驶舱电子显示屏**

7. 钻进至设计深度、终孔

（1）钻进至持力层岩面后，测量入岩深度，并根据返出孔口的岩渣性质判断终孔。

（2）终孔后，逆时针转动钻杆将偏心钻头收拢，之后提升动力头将钻具提出孔外；在施工下一根桩之前，清除潜孔锤表面渣土，防止出风口被堵塞，具体见图 6.2-41。

（3）桩机采用退打的方式分批次钻进成孔，具体见图 6.2-42；成孔后，注浆前在孔口做好覆盖措施，防止杂物掉入。

8. 一体机高压注浆

（1）用 WD5000 螺杆式砂浆一体机拌制砂浆，先将注浆管与砂浆机连接，向料斗内加入一定量的清水以湿润料斗，启动砂浆机，空运转 10s，运转正常后将料斗内清水排净，具体见图 6.2-43。

图 6.2-41　清理偏心潜孔锤锤头　　图 6.2-42　退打成孔　　图 6.2-43　清水湿润料斗

（2）水泥采用 P·O42.5R 普通硅酸盐水泥，将水泥、砂、膨胀剂、水依次加入搅拌筒，按照水泥：水：细砂＝1：0.5：3.4 的配合比拌制水泥砂浆，膨胀剂添加量为水泥用量的 10％，搅拌筒上料和搅拌见图 6.2-44、图 6.2-45；充分搅拌 5min 后，通过出浆孔向料斗内放料，具体见图 6.2-46。

图 6.2-44　上料　　图 6.2-45　搅拌筒搅拌　　图 6.2-46　搅拌后料斗放料

（3）注浆管采用 DIN EN853 型 38mm 直径高压胶管，其末端连接 2m 长镀锌管以增加重量便于下放入孔；将镀锌管连同高压胶管放入钢管内，下放至距孔底 20cm 处，在孔口将高压胶管位置固定，安放注浆管见图 6.2-47。

（4）启动砂浆机开始注浆，注浆初期孔口冒出被替换的清水，具体见图 6.2-48；持续注浆后，浆液将孔底岩渣、泥渣置换出孔外，具体见图 6.2-49；注浆保持连续进行，直至孔口返出浆液与注入浆液相同，具体见图 6.2-50。

| 图 6.2-47　安放注浆管 | 图 6.2-48　孔口替换出清水 |

（5）注浆过程中，注浆压力逐渐上升，最终保持在 1.5～2.0MPa。当注浆时出现地层漏浆严重、注浆压力低时，采用间歇式二次注浆，或先将底部易渗漏段封堵，再进行全孔注浆，直至满足注浆要求。注浆后钢管内砂浆具体硬化情况见图 6.2-51。

| 图 6.2-49　孔口返渣返泥 | 图 6.2-50　孔口返出浓浆 | 图 6.2-51　砂浆硬化 |

6.2.7　机械设备配置

本工艺现场施工所涉及的主要机械设备见表 6.2-1。

主要机械设备配置表　　　　　　　　　表 6.2-1

名称	型号及参数	备注
潜孔锤钻机	塔架高 22m，动力头最大提升高度 15m	成孔施工
螺杆式砂浆一体机	WD5000 型，最大流量 7m³/h，最大输送距离 60m	注浆
空压机	特沃特 TWD850D-24F	提供潜孔锤动力
储气罐	Y180M-4	储压送风
高压注浆管	DIN EN853，直径 38mm，管道长度 60m	注浆
电焊机	LGK-120	钢管管靴焊接

173

6.2.8　质量控制

1. 钢管制作

（1）钢管底部开设注浆孔时，沿管周身均匀开设，不可只开一侧。

（2）焊接工艺采用气体保护焊，焊接时避免烧穿管壁。

2. 潜孔锤跟管钻进

（1）钻机就位时，调整钻机位置，保证桩位偏差不超过 20mm。

（2）钻进前，检查钻杆六方接头处的插销和保险销是否损坏或者松动，如果连接不牢固，则及时更换。

（3）当发现钻杆弯曲或者钻杆表面出现裂纹时，及时更换钻杆。

（4）检查空压机风管及钻杆内腔中是否有杂物，发现杂物及时将其清除，防止堵塞送风通道。

（5）钻进过程中实时纠偏，保证桩身垂直度偏差不超过 1%。

（6）钻进时，如发现钻杆与动力头连接处漏风，及时更换接头处密封圈。

3. 高压注浆

（1）注浆前连接高压注浆管，砂浆机与桩孔之间的输送长度不可超过最大输送距离 50m，避免注浆压力损耗后影响注浆效果。

（2）当孔口返出正常浓度水泥砂浆时，开始缓慢上拔注浆管，同时持续注浆，防止液面下降。

（3）砂浆机料斗每次装料不得超过料斗高度的 2/3，注浆时密切注意料斗内浆液余量，搅拌筒适时向料斗内补充砂浆，以保持注浆的连续性。

（4）每次注浆完毕后，彻底清洗料斗和注浆管内残留浆液；向料斗内加入清水，启动砂浆机，直到注浆管出口冒出清水为止，防止浆液凝固后影响使用。

6.2.9　安全措施

1. 潜孔锤跟管钻进

（1）潜孔锤钻机副卷扬起吊套管和钻杆时，所使用的吊带起吊前系牢扎紧，防止起吊过程中松脱伤人。

（2）空压机接头采用专门的风管接头，同时将待连接的风管用钢丝相连，以防风管冲开后摆动伤人。

（3）潜孔锤作业时，钢管口高速喷出岩渣，周边工作人员佩戴护目镜，防止岩屑损伤眼睛。

（4）钢管集中堆放地，设置临时支挡结构，防止钢管滚动撞人。

（5）钻进时，在河岸边设立安全警戒线。

2. 高压注浆

（1）一体机注浆泵由专人负责操作，作业时不可用手接触料斗或搅拌筒进行取样观察。

（2）确保注浆管路连接牢固，防止脱开伤人。

（3）注浆过程中，如果需要停机处理机械故障，先卸压 5s 后再停机。

第7章　大直径沉管灌注桩施工新技术

7.1　沉管灌注桩冲击沉管成孔与振动拔管一体化成桩技术

7.1.1　引言

厦门翔安新机场位于厦门市翔安区，航站楼平面采用"主楼＋六指廊构型"布局，主楼面宽约 468m，进深约 354m，指廊最宽 46m，场地地层分布由上至下主要为：填砂、淤泥质土、粉质黏土、中砂、砂质黏性土、全风化花岗岩、散体状强风化花岗岩、碎裂状强风化花岗岩、中—微风化花岗岩。航站楼、指廊地基处理主要采用沉管灌注桩，设计桩径为 700mm，以散体状强风化花岗岩为持力层。灌注桩的平均桩长 30m，最大桩长达 40m。

本项目沉管灌注桩设计桩径大、沉管深度超长，为了保证施工满足设计要求，现场分别使用液压打桩锤沉管、振动锤拔管成桩工艺，具体见图 7.1-1、图 7.1-2；成孔时，利用高桩架固定长套管，采用起吊液压锤冲击沉管，并配备液压动力站将套管沉入至设计标高；在套管内吊放钢筋笼及吊灌混凝土后，起吊振动锤（配套液压动力站）进行振动拔管成桩。使用该方法沉管与拔管施工无法连续作业、工序转换时间过长、使用设备类型和数量多、现场管理难度大，既影响施工进度，又造成施工成本的增加。

图 7.1-1　液压打桩锤沉管

图 7.1-2　振动锤拔管

为解决以上施工工序复杂、施工机械使用费高、现场管理难度大的问题，项目组对沉管灌注桩冲击沉管成孔与振动拔管一体化成桩施工技术进行了研究，经过现场试验、优化，总结出一种高效的大桩径、深桩长的沉管灌注桩施工方法，即将液压冲击锤和拔管振动锤集成安装至打桩架上，形成一体连续进行灌注桩沉管、拔管的施工；在冲击沉管成孔时，采用液压冲击锤的冲击使套管快速贯入土体，当沉管至设计标高时，停止冲击并提升冲击锤；在拔管成桩时，利用振动锤对套管进行起拔。本工艺经多个项目实际应用，在满足施工要求的同时，节省了工序转换及辅助作业时间和机械使用成本，达到便捷、高效、经济的效果，为沉管灌注桩施工提供了一种新的工艺方法。

7.1.2　工艺特点

1. 有效提高成桩效率

本工艺采用液压冲击锤对套管施加冲击，穿透力强，沉管速度快；采用振动锤对套管进行振动起拔，拉拔力大，拔管稳定性好，实现沉管、拔管一体化高效施工，显著提升灌注桩成桩效率。

2. 优化现场管理

本工艺将液压冲击锤和弹簧振动锤安装至桩架上集成一体进行施工，沉管、拔管均在一体化机架中完成，施工工序连续紧凑，优化了施工现场的管理。

3. 绿色环保

本工艺所使用的液压冲击锤为环保型液压冲击锤，对比柴油冲击锤施工噪声更低、冲击力更大、无烟尘污染环境、环保高效。

4. 综合成本低

本工艺采用沉管、拔管一体化施工，利用冲击沉管成孔、振动拔管成桩，工序施工连续进行，提高了成桩效率，减少了施工机械投入，有效降低了施工综合成本。

7.1.3　适用范围

1. 适用于在一般黏性土、淤泥、淤泥质土、粉土、湿陷性黄土、稍密及松散的砂土及填土中沉管灌注桩施工。

2. 适用于桩径 700mm 及以下、沉管深度不超过 40m 的沉管灌注桩施工。

3. 适用于冲击沉管、振动拔管一体化连续施工。

7.1.4　工艺原理

本工艺以厦门翔安新机场基础工程项目为例，项目地基处理采用沉管灌注桩，设计桩径 700mm，以散体状强风化花岗岩为持力层，平均桩长 30m，最大桩长 40m。

1. 冲击沉管成孔与振动拔管成桩一体化施工原理

一体化施工是将液压冲击锤和振动锤在打桩架集成一体，使用液压冲击锤沉管、振动锤拔管施工，通过调整双锤在打桩架上的高度，即可完成沉管、拔管工序间的转换，实现连续施工，快速成桩。

打桩架采用 JB-188B 型号步履式全液压三支点打桩架体，其主要组成有底盘、立柱、卷扬机、拉索、液压控制系统，可悬挂各种基础施工设备。本工艺将液压冲击锤和弹簧振动锤集成安装在打桩架立柱的滑道上，并使用拉索牵拉，液压冲击锤始终位于弹簧振动锤的上方，通过液压系统可控制卷扬机和滑轮组调整液压冲击锤和弹簧振动锤的高度来配合施工，液压冲击锤和弹簧振动锤的动力站皆安放于打桩架的底盘平台上。一体化整机功率

300kW，可保证机械各部件的正常运行，总高度达60m的打桩架立柱，配合液压冲击锤和弹簧振动锤可满足大桩径、深桩长的灌注桩施工要求。一体化机架示意见图7.1-3、实物见图7.1-4。

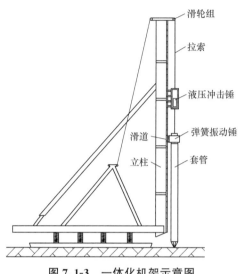

图7.1-3　一体化机架示意图

图7.1-4　一体化机架实物

2. 沉管灌注桩冲击沉管成孔工作原理

本项目灌注桩需巨大的冲击力方能将套管沉至指定深度，本工艺采用的HDY-16型号液压冲击锤锤体由液压油缸、活塞杆、连轴、锤芯和桩帽组成，液压冲击锤示意图和模型见图7.1-5。液压冲击锤锤芯重量达16t，最大行程1.5m，锤芯通过液压系统被提升到预定高度后快速释放，作自由落体运动冲击套管，其最大击打能量可达240kN·m。本项目施工时将落锤高度设置为0.75m，其击打能量可使套管顺利贯入至设计桩长，满足施工要求，液压冲击锤现场情况见图7.1-6。

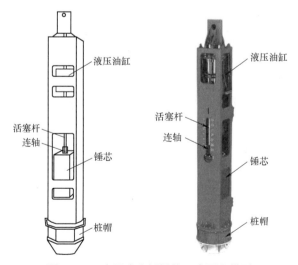

图7.1-5　液压冲击锤锤体示意图和模型

图7.1-6　现场液压冲击锤

177

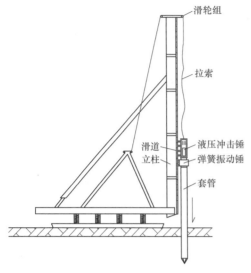

图 7.1-7　冲击沉管成孔示意图

现场实际施工时，将液压冲击锤沿立柱滑道下降，直至桩帽完全罩住套管顶端，启动液压冲击锤。液压冲击锤的锤壳将本体上的液压油缸固定在壳体上，油缸活塞杆通过连轴与锤芯相连，构成了液压冲击锤的驱动装置，锤芯可随着连轴和活塞杆被带动，沉管过程主要依靠液压系统将锤芯提升一定高度，然后快速排油使锤芯自由落下而形成的冲击能量作用套管，使套管快速贯入土体，套管在贯入过程中与安装在套管底部的桩靴配合挤压周边土体，从而形成桩孔；重复提升、释放锤芯，反复冲击使套管贯入至设计标高，冲击沉管成孔可见图 7.1-7。

3. 沉管灌注桩振动拔管成桩工作原理

本工艺采用 DH-45 型弹簧振动锤拔管，其主要由振动器、电机、工作弹簧、夹具等组成，使用双 110kW 电机，其激振力达 140t，配合打桩架卷扬机，弹簧振动锤最大拉拔力可达 196t，可将贯入土体深处的套管稳定高效地拔起，弹簧振动锤示意图和实物见图 7.1-8，现场情况见图 7.1-9。

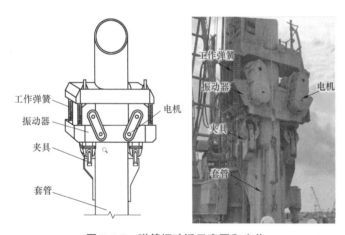

图 7.1-8　弹簧振动锤示意图和实物

图 7.1-9　现场弹簧振动锤

　　工作时，弹簧振动锤左右两台电动机通过三角皮带分别带动振动器的两个偏心轴反向旋转，该两轴上一对齿轮保证相互反向同步，使振动器作垂直振动，工作弹簧可使振动器振幅加大、速度加快；振动器的垂直振动传递给套管，导致套管周围的土体结构因振动发生变化，强度降低，土体液化，减少套管与土体的摩擦阻力。由于卷扬机提拉和弹簧振动锤激振力作用，贯入土体深处的套管被缓缓拔出。而在振动拔管过程中，随着套管被拔起和振动作用，原本灌满在套管内的混凝土，慢慢地填满桩孔，待套管全部拔出后灌注桩成型。

7.1.5　施工工艺流程

沉管灌注桩冲击沉管成孔与振动拔管成桩一体化施工工艺流程见图 7.1-10。

7.1.6　工序操作要点

1. 场地平整

（1）使用挖掘机平整场地，清除地下障碍物，对不利于机架运行的松软土进行换填处理并压实。

（2）一体化机架底盘长 13m、宽 10.45m，场地平整时预留底盘尺寸外加横纵向延伸 2m 以上的有效工作面，现场场地平整压实见图 7.1-11。

2. 桩位测量放线及桩靴埋设

（1）使用全站仪测量桩位并放线，引出桩位中心基点。

（2）将预制桩靴尖端居中对准桩位中心基点进行埋设，对中后对称回填并压实。

（3）预制桩靴外径 800mm，桩靴经过改造，其内部设置"7"字钩形钢筋，桩靴的"7"字钩形钢筋会钩住钢筋笼底部，可有效避免钢筋笼上浮和在拔管过程中被套管挟带出桩顶。桩靴对位及桩靴大样见图 7.1-12。

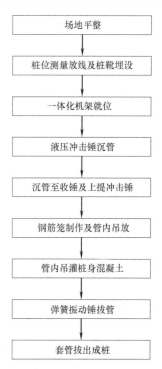

| 场地平整 |
| 桩位测量放线及桩靴埋设 |
| 一体化机架就位 |
| 液压冲击锤沉管 |
| 沉管至收锤及上提冲击锤 |
| 钢筋笼制作及管内吊放 |
| 管内吊灌桩身混凝土 |
| 弹簧振动锤拔管 |
| 套管拔出成桩 |

图 7.1-10　沉管灌注桩冲击沉管成孔与振动拔管成桩一体化施工工艺流程图

图 7.1-11　场地平整和压实

图 7.1-12　桩靴对位及桩靴大样

图 7.1-13　一体化桩机就位

3. 一体化机架就位

（1）一体化机架底盘设有纵横步履，通过液压控制系统实现整机履带行走至桩位处，并在机架施工影响范围内设立防护栏和警戒线，桩机就位见图 7.1-13。

（2）起吊套管使其穿过弹簧振动锤中间空洞，并突出一定长度，弹簧振动锤夹具夹持套管。

（3）一体化机架就位时，垂直、平稳架设在沉桩部位，将套管对准在桩位上的预制桩靴，

放松卷扬机拉索，利用弹簧振动锤及套管自重把桩靴沉入土中，具体见图 7.1-14。

图 7.1-14　一体化机架就位

4. 液压冲击锤沉管

（1）施打前，将液压冲击锤下移至弹簧振动锤夹持的套管顶端，松开卷扬机拉索，确保在施打过程中液压冲击锤下部桩帽罩住套管顶端。

（2）启动液压冲击锤冲击套管进行施打，具体见图 7.1-15；开始施打时，控制锤芯以小行程低锤轻击套管，入土至一定深度，待套管稳定后再将行程调整至要求的高度正常

图 7.1-15　液压冲击锤冲击套管

施打，行程可通过行程调节旋钮和发动机转速进行调节。

（3）从正面和侧面两个呈 90°方向吊垂直线，观察套管垂直度，确保套管垂直度无偏斜后方可开始施打沉管。

5. 沉管至收锤及上提冲击锤

（1）收锤标准以设计桩端持力层和经试桩确定的最后 3 阵贯入度控制，每阵 10 锤的贯入度不大于 100mm，且每阵 10 锤贯入度值不递增为标准。现场贯入度检查见图 7.1-16。

（2）当沉管达到收锤标准后，关停液压冲击锤，并将液压冲击锤上提至一定高度，为后续下放钢筋笼、浇筑混凝土和振动拔管预留工作面，见图 7.1-17。

（3）检查终孔孔深、孔径、孔斜度，成孔后经监理进行验收（图 7.1-18）后进行钢筋下放、吊灌混凝土等后续施工流程。

图 7.1-16　检查贯入度　　　　图 7.1-17　上提液压冲击锤　　　　图 7.1-18　成孔验收

6. 钢筋笼制作

（1）桩身主筋和加劲筋采用 HRB400 级钢，加劲箍筋每隔 2m 布置，桩头抗压钢筋网片和螺旋箍均采用 HPB300 级钢。

（2）桩身主筋保护层厚度为 70mm，最外层钢筋保护层不小于 55mm，钢筋笼保护层垫块每隔 2m 均匀地布置 4 个焊在主钢筋上，见图 7.1-19。

（3）钢筋笼接长时上下两节钢筋笼在同一竖直线上，主筋搭接采用单面搭接焊；焊接前，使上下对接钢筋顺直。

（4）钢筋笼底部加设网状钢筋，当钢筋笼下放到套管内时，与改装后的桩靴相互钩住，形成防浮笼措施，见图 7.1-20。

7. 管内吊放钢筋笼

（1）钢筋笼长度根据成孔最后深度确定，本项目灌注桩平均桩长为 30m，事前预先制作每节长为 12m 的钢筋笼，最后根据成孔深度确定钢筋笼长度，进行相应的接长处理。

（2）吊放前先确定起吊点，吊点处设置 U 形加强筋；起吊前进行试吊，检查钢筋笼起吊时是否平稳。

（3）起吊时使用起重机多吊点同时平吊，将钢筋笼起吊至离地面 0.3～0.5m，检查平稳

图 7.1-19　钢筋笼保护层垫块

图 7.1-20　防浮钢筋笼

后，慢慢起吊，钢筋笼吊起后，主吊点慢慢起钩提升，副吊配合，保持钢筋笼距地面距离，最终使钢筋笼垂直于地面，副吊点卸钩。

（4）下放钢筋笼时对准套管中心，垂直缓慢下降，避免碰撞管壁，现场钢筋笼吊放见图 7.1-21。

8. 管内吊灌桩身混凝土

（1）桩身混凝土强度等级均为 C40，采用高性能的耐久性混凝土，抗渗等级不低于 P10，混凝土坍落度为 140～160mm。

（2）使用混凝土灌注斗进行吊灌，斗内设置一根竖直的吊杆，该吊杆底部为圆盘形阀门，位于出料口外侧，其直径较出料口大，吊起竖杆时，灌注斗出料口闭合；起重机放下竖杆，出料口阀门打开，混凝土因自重灌入套管中，吊杆式阀门灌注斗见图 7.1-22，吊灌过程见图 7.1-23、图 7.1-24。

图 7.1-21　吊放钢筋笼

图 7.1-22　吊杆式阀门灌注斗

（3）终孔直径较套管大，拔管时管内混凝土会扩散填充该间隙，灌注前计算该额外混凝土量，施工时灌注足量的混凝土，且保证混凝土充盈系数大于 1.0。

（4）混凝土的浇灌高度保持超过桩顶设计标高不少于 0.5m，保证桩顶设计标高及混凝土质量。

图 7.1-23 吊灌混凝土

图 7.1-24 混凝土灌入套管

9. 弹簧振动锤拔管

（1）套管内灌入混凝土满足桩身灌注要求后，开始启动弹簧振动锤，等待振幅稳定后开始拔管作业。

（2）正式拔管前，弹簧振动锤先振动 5～10s，再开始拔管，边振边拔；每拔 0.5～1.0m 停止拔管，保持振动 5～10s 后再继续拔管；如此反复，直至套管全部拔出，拔管过程见图 7.1-25。

图 7.1-25 振动拔管

（3）振动拔管时，除在淤泥质土层拔管速度控制在 0.6～0.8m/min 外，其他土层拔管速度为 1.0～1.2m/min。

（4）当套管底端接近地面标高 2～3m 时，敲击套管外壁，通过响声判断桩身内混凝土是否充足；若响声脆响，则说明管内混凝土不足，及时补灌混凝土。

10. 套管拔成桩

（1）套管拔出后，检查桩头直径、桩顶混凝土标高情况。

（2）检查钢筋笼是否上浮，若上浮将其割除，并及时报监理、设计单位进行处理。

7.1.7　机械设备配置

本工艺现场施工所涉及的主要机械设备见表 7.1-1。

主要机械设备配置　　　　　　　　　　　　　　　　表 7. 1-1

名称	型号	备注
步履式全液压三支点打桩架	JB-188B	支持桩身和桩锤
液压冲击锤	HDY16	冲击沉管成孔
弹簧振动锤	DH-45	振动拔管成桩
起重机	SCC550E	吊装灌注斗、钢筋笼等
挖掘机	PC200	平整场地并压实
吊杆式阀门灌注斗	自制 1.5m³	吊灌混凝土
全站仪	NIROPTS	桩位测量

7.1.8　质量控制

1. 冲击沉管成孔

（1）一体化机架就位时，套管在垂直状态下对准并垂直套入已定位预埋的桩靴，打桩架底座呈水平状态及稳固定位，桩架垂直度允许偏差不大于 0.5%。

（2）一体化机架桩架高度满足临时加长桩长的要求。

（3）桩靴埋设后重新复核桩位，清扫干净桩靴顶面，确保桩靴无损坏、套管底部和桩靴边沿处无变形、套管和桩靴能紧密相连，以保证冲击沉管成孔质量。

（4）桩管垂直度无偏斜后施打，采用从正面和侧面两个呈 90°方向吊垂直线进行检查，施打过程中保持垂直度的监控。

（5）冲击沉管开始时，首先低锤轻打套管，待套管入土至一定深度稳定后，开始正式施打，连续不间断冲击，直至套管沉入到设计深度。

（6）正式施工前按要求进行 3 根试桩，以确定沉管贯入度控制标准。

2. 振动拔管成桩

（1）检查钢筋笼直径尺寸，钢筋笼外形是否变形。

（2）吊放钢筋笼之前，检查套管内有无进泥、进水，少量水（小于 200mm）可不处理。

（3）将钢筋笼吊放到套管底部后，轻提钢筋笼，若发现钢筋笼底部网状钢筋被桩靴的"7"字钩形钢筋钩住，形成了防浮笼措施，则完成钢筋笼的吊放；若轻提钢筋笼无额外阻力，可通过转动钢筋笼，再重复以上检验操作，保证钢筋笼被桩靴钩住后，平稳下放钢筋笼，完成吊放。

（4）确保混凝土坍落度满足要求且和易性良好，避免振动拔管时产生堵管现象。

（5）混凝土浇筑的充盈系数大于 1.0。

（6）拔管时，先振动 5~10s，再开始拔管，边振边拔，拔出 0.5~1.0m，停拔，振动 5~10s；如此反复，直至套管全部拔出。

（7）根据地层软硬程度，合理控制拔管速度，在淤泥质土层减缓拔管速度，控制为 0.6～0.8m/min。

（8）合理安排打桩顺序，采取跳打方式，以避免成桩桩体初凝后强度较低，再受邻桩施工挤土影响造成断桩。

7.1.9 安全措施

1. 一体化机架运转

（1）一体化机架停放在坚实地面上，检查仪表、温度、制动等各项工作正常方可作业。

（2）若一体化机架上方有架空电线，桩架与架空电线的安全距离视其电压大小按现行的相关标准规定执行。

（3）检查液压冲击锤、油管的运行状态有无卡阻，防止钢丝绳碰坏锤上附属件；检查弹簧振动锤夹具、各连接螺栓螺母的紧固性，不得在紧固性不足的状态下启动。

（4）一体化机架立柱高度 60m，底盘长 13m、宽 10.45m，体型庞大，行走、回转、对桩位时设专人指挥。

（5）灌注完成后，及时对桩顶部分进行回填，以便于一体机架移位。

2. 液压冲击锤沉管成孔

（1）沉管过程中，遇有施工地面隆起或下沉时，将一体化机架垫平，调直打桩架。

（2）沉管过程中，经常注意一体化机架的运转情况，发现异常情况立即停止，并及时纠正后方可继续进行。

（3）冲击沉管时，禁止任何人在桩架下面站立停留或通行。

（4）成孔后，对暂时不进行下道工序的终孔设安全防护设施，并设专人看守。

（5）遇雷雨、雾和风速六级以上气候时，停止作业。必要时，将打桩架放倒。一体化机架采取防雷措施，遇雷电时，人员远离机器。

3. 吊放钢筋笼

（1）钢筋笼吊放前，检查吊具、钢丝绳、钢筋笼吊点等是否牢靠。

（2）钢筋笼吊放时，派专人指挥；晚上作业时设足够的照明，钢筋笼吊装结束摘钢丝绳时禁止一端摘掉，另一端通过起重机加力拽出，需由人工取出，取钢丝绳时用力均匀，防止钢丝绳弹出伤人。

（3）钢筋笼吊放区域，非操作人员禁止入内。

（4）大风时禁止吊放，起吊时设专人统一指挥。

4. 吊灌混凝土

（1）混凝土灌注斗被吊起时，其下方严禁人员站立或通过。

（2）灌注斗起吊时，专人指挥，严禁灌注斗碰撞沉管。

5. 弹簧振动锤拔管成桩

（1）弹簧振动锤夹持套管时，将套管突出一定长度，以保证夹持稳固。

（2）拔管时，上拔力不得超过允许极限。

（3）拔管过程中，任何人员远离弹簧振动锤一定的水平距离。

7.2　沉管灌注桩桩靴与笼底钩网固定防浮笼施工技术

7.2.1　引言

沉管灌注桩通常采用与设计桩径相配套的套管和预制桩靴，套管端部套入预制桩靴后将套管沉入地层中；当套管达到设计标高后，再在套管内吊放钢筋笼、灌注桩身混凝土，最后拔出套管成桩。

图 7.2-1　套管拔出后钢筋笼出现上浮

在施工过程中，由于套管内钢筋笼质量较轻，受混凝土灌注时的向上回顶作用，以及拔管时套管底边起刃内卷挂笼等因素影响，在桩身混凝土灌注及拔管时，当套管内的钢筋笼受到向上的力大于向下的力时，在拔出套管时易出现钢筋笼上浮情况，具体见图 7.2-1。钢筋笼出现上浮后，通常将上浮部分切割，此时桩身配筋结构发生变化，影响桩身质量，造成修改设计方案，或报废后进行补桩处理。

为了解决沉管灌注桩施工中存在的钢筋笼上浮问题，项目组对沉管灌注桩桩靴与笼底钩网固定防浮笼施工技术进行了研究，通过采用在预制桩靴内加焊 3 根呈三角布置的"7"字钢筋倒钩，并在下入的钢筋笼底增加钢网格架，在安放钢筋笼时使钢筋笼底网格架与桩靴上的钢筋倒钩相勾连，一旦出现钢筋笼上浮情况时，套管底的桩靴通过倒钩将钢筋笼牢固钩挂，桩靴对钢筋笼的下拉力完全抵消钢筋笼出现的顶托力，可有效防止钢筋笼上浮。

7.2.2　工艺特点

1. 制作安装便捷

本工艺所研发的桩靴倒钩和笼底网格架结构设计合理，制作方便，均在施工现场加工场内完成，制作安装便捷。

2. 钩网结构可靠

本工艺所使用的桩靴倒钩与笼底网格架结构采用钢筋制作，"7"字倒钩与网格架钩挂可靠，预制桩靴通过倒钩钩挂笼底网格架实现对钢筋笼钩网固定，防浮笼效果好。

3. 经济效益好

本工艺通过采用桩靴倒钩和笼底网格架结构，有效地减少钢筋笼上浮问题的发生，使成桩质量更有保证，减少了质量问题的发生，大大降低缺陷桩的处理成本，经济效益显著。

7.2.3　适用范围

适用于使用预制钢桩靴的沉管灌注桩；适用于桩身通长钢筋笼配制的沉管灌注桩。

7.2.4 工艺原理

本工艺通过采用桩靴倒钩与笼底网格架结构实现钩网固定钢筋笼，达到防止钢筋笼上浮的效果。以外径 800mm 的桩靴和设计桩径 700mm 的沉管灌注桩为例说明。

1. 桩靴倒钩与笼底网格架设置

（1）桩靴倒钩

桩靴倒钩由长度为 560mm 的 $\phi12$ 螺纹钢筋弯曲加工而成。为了钩挂笼底网格架，上端取 90mm 向左弯曲 135°呈 "7" 字形倒钩设计，起钩挂钢筋笼底网格架的作用。为了便于倒钩与桩靴内部连接，下端取 50mm 向右弯曲 50°，弯曲角度与桩靴内部斜度一致，以便倒钩与桩靴焊接牢靠；中间部分长为 420mm。3 根桩靴倒钩呈三角布置焊接在预制桩靴内中心位置，且每根倒钩之间的距离约为 150mm，通过分析得出倒钩最大能钩挂长约 270mm 的网格架。桩靴倒钩具体尺寸与实物见图 7.2-2。

图 7.2-2　桩靴倒钩结构与实物

（2）钢筋笼底网格架

钢筋笼底网格架由 4 根长度为 650mm 的 $\phi12$ 螺纹钢筋组成，在钢筋笼笼底按中心对称布置成 "井" 字形网格架，其中心网格呈正方形，边长约 240mm。钢筋笼底网格架具体尺寸与实物见图 7.2-3。

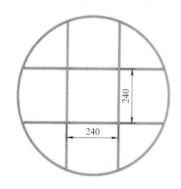

图 7.2-3　钢筋笼底网格架具体尺寸与实物

2. 钩网固定工作原理

在吊装钢筋笼施工过程中，当钢筋笼底网格架与桩靴倒钩接触时，钢筋笼的自重使桩靴倒钩发生弹性变形，钢筋笼底网格架沿着桩靴倒钩下滑至桩靴处就位，此时将钢筋笼再次提升以检验倒钩是否钩挂笼底网格架，具体见图 7.2-4。

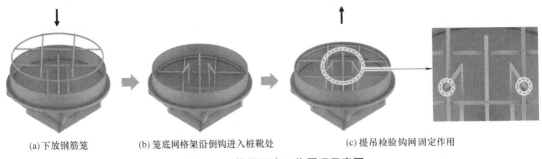

(a) 下放钢筋笼　　　　(b) 笼底网格架沿倒钩进入桩靴处　　　　(c) 提吊检验钩网固定作用

图 7.2-4　钩网固定工作原理示意图

7.2.5　施工工艺流程

沉管灌注桩桩靴与笼底钩网固定施工工艺流程见图 7.2-5。

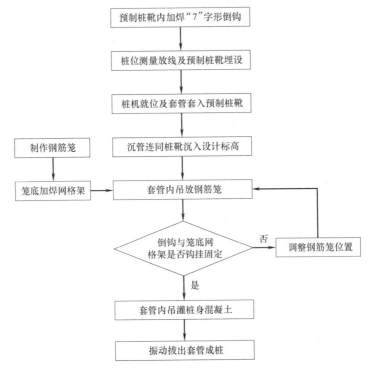

图 7.2-5　沉管灌注桩桩靴与笼底钩网固定施工工艺流程图

7.2.6　工序操作要点

1. 预制桩靴内加焊 "7" 字形倒钩

（1）预制桩靴采用专业单位订制，外径 800mm，具体见图 7.2-6。

（2）准备好 3 根长度为 560mm 的 $\phi12$ 带肋钢筋，使用钢筋弯曲机按设计要求加工成 "7" 字形倒钩，将 3 根倒钩呈正三角焊接在预制桩靴内部中心位置，且每根倒钩之间距离为 150mm，具体见图 7.2-7。

（3）焊接前清除预制桩靴内杂物，采用满焊方式以确保桩靴倒钩结构焊接牢靠。

图 7.2-6　预制桩靴

图 7.2-7　桩靴内加焊倒钩

图 7.2-8　测量确定桩点位置

2. 桩位测量放线及预制桩靴埋设

（1）使用全站仪确定好桩点位置并进行定位标识，报监理复测确认，具体见图 7.2-8。

（2）采用起重机将预制桩靴吊送至桩点指定位置，操作过程中注意保护预制桩靴内倒钩结构，预制桩靴就位后预埋，并回填压实；埋设完成后，用全站仪和卷尺对预制桩靴的轴线尺寸和桩点位置进行复核，具体见图 7.2-9。

3. 桩机就位及套管套入预制桩靴

（1）预应力管桩机夹持套管行走至桩点位处，将直径 700mm 的套管中心对准桩靴，具体见图 7.2-10。

图 7.2-9　桩靴吊送与埋设定位

（2）采用两个吊锤从套管的正面和侧面呈 90°方向检查套管垂线度，在套管垂直度满足要求后，将套管对准预制桩靴放松卷扬机钢丝绳，利用套管自重把桩靴垂直压入土中，具体见图 7.2-11。

图 7.2-10　桩机夹持套管就位

图 7.2-11　套管套入桩靴

4. 沉管连同桩靴沉入设计标高

（1）采用液压锤锤击沉入套管，沉入过程中呈垂直两个方向吊铅垂线观测套管垂直度，如发现套管倾斜则立即调整，确保套管成桩后的垂直度偏差不大于规范要求，具体见图 7.2-12。

（2）收锤标准以设计桩端持力层和经试桩确定的最后 3 阵贯入度控制，每阵 10 锤的贯入度不大于 100mm，且以每阵 10 锤贯入度值不递增为标准，现场贯入度检查具体见图 7.2-13。

图 7.2-12　锤击沉入套管

图 7.2-13　现场贯入度检查

5. 钢筋笼制作

（1）桩身主筋和加劲筋均采用 HRB400 级钢，加劲箍筋每隔 2m 布置；桩头抗压钢筋网片和螺旋箍均采用 HPB300 级钢，严格按照设计图纸加工制作钢筋笼，并进行隐蔽工程验收，验收合格后方可投入使用。

（2）桩身主筋保护层厚度为 70mm，最外层钢筋保护层不小于 55mm，混凝土保护层垫块每隔 2m 均匀地布置 4 个焊在主筋上，具体见图 7.2-14。

6. 笼底加焊网格架

（1）准备好 4 根长度为 640mm 的 $\phi12$ 带肋钢筋，在钢筋笼笼底布置成网格架，其中中心网格为正方形且尺寸为不大于 240mm。

（2）检查核对网格架尺寸布置无误后，采用单面焊接方式加焊网格架，具体见图 7.2-15。

图 7.2-14　设置主筋保护层垫块

图 7.2-15　笼底焊接网格架

7. 套管内吊放钢筋笼

（1）采用起重机吊放钢筋笼，起吊时使吊钩中心与钢筋笼中心重合，将钢筋笼吊直且平稳运行至套管口处，工人将钢筋笼对准套管，扶稳缓慢下放，避免摇晃碰撞套管壁，具体见图 7.2-16。

（2）待钢筋笼下放至套管底桩靴处后，缓慢上提钢筋笼，若发现钢筋笼上移后不继续上移时，视为桩靴倒钩成功钩挂住笼底网格架；未钩挂住时，缓慢上提钢筋笼，旋转改变钢筋笼的方向位置后，继续下放钢筋笼且再次提吊判断，直至钩挂固定成功后再缓慢下放。

8. 套管内吊灌桩身混凝土

（1）灌注前检查混凝土质量，确保满足规范要求，桩身混凝土强度等级为 C40，混凝土坍落度为 140～160mm。

（2）混凝土运输车就位后，采用规格为 1.5m³ 的灌注斗吊灌桩身混凝土，吊灌过程中尽量减少间隔时间，桩顶混凝土超灌高度不少于 0.5m，以保证桩顶设计标高及混凝土质量，具体灌注过程见图 7.2-17、图 7.2-18。

图 7.2-16　吊放钢筋笼

图 7.2-17　灌注斗装料

9. 振动拔出套管成桩

（1）采用振动锤沿着桩架滑套边振动边拔出套管，拔管时先振动 5～10s，再开始拔桩管。

191

（2）拔管时边振边拔，每提升 0.5～1.0m，振动 5～10s，如此反复直至将套管拔出，具体见图 7.2-19。

图 7.2-18　吊灌混凝土　　　　　　　图 7.2-19　振动锤上拔套管

7.2.7　机械设备配置

本工艺现场施工所涉及的主要机械设备见表 7.2-1。

主要机械设备配置表

表 7.2-1

名称	型号	备注
钢筋切断机	GQ-40	桩靴倒钩、钢筋笼底网格架加工
钢筋弯曲机	GW-40	桩靴倒钩加工
电焊机	BX3-300	桩靴倒钩、钢筋笼底网格架焊接

7.2.8　质量控制

1. 桩靴倒钩与笼底网格架制作

（1）清理预制桩靴内部杂物，以保证桩靴倒钩焊接强度，注意保护桩靴内倒钩，若桩靴倒钩变形及时复原或者重新焊接制作。

（2）制作完成后，对桩靴倒钩和钢筋笼底网格架按照要求进行检查验收。

2. 钢筋笼吊放与固定

（1）套管套入预制桩靴前，检查套管管底边起刃内卷情况，并对起刃内卷部分进行切割处理，以防拔管时套管挂笼。

（2）吊装钢筋笼过程中，将钢筋笼下放至套管底部桩靴处，采用上提钢筋笼检验预制桩靴是否与钢筋笼钩挂住，直到保证桩靴与钢筋笼有效钩挂固定。

7.2.9　安全措施

1. 桩靴倒钩与笼底网格架制作

（1）使用钢筋切割机需安装防护罩，操作人员佩戴护目镜。

（2）倒钩、钢筋笼及笼底网格架制作时，焊接作业人员按要求佩戴专门的防护用具（如焊帽、防护罩、护目镜、防护手套等绝缘用具），并按照相关操作规程进行焊接作业。

（3）电焊机外壳接零接地良好，其电源的拆装由专业电工进行，现场使用的电焊机需设有可防雨、防潮、防晒的机棚，并备有消防器材。

2. 钢筋笼吊放与固定

（1）起吊钢筋笼时，司索工指挥，所使用的吊具稳固可靠，严格按照吊装要求作业，在其工作范围内不得站人。

（2）钢筋笼采用多点起吊，钢筋笼长度超过 35m 时，采用两台起重机抬吊，以防止钢筋笼变形。

（3）当确认钢筋无钩挂住桩靴后，不再转动钢筋笼，并在孔口固定。

7.3 沉管灌注桩套管顶吊杆式阀门斗桩身混凝土灌注施工技术

7.3.1 引言

沉管灌注桩通常采用与设计桩径相配套的套管和桩尖，套管端部套入桩尖后将套管沉入地层中；当套管达到设计标高后，再在套管内吊放钢筋笼、灌注桩身混凝土，最后拔出套管成桩。

沉管灌注桩桩身混凝土灌注时，常采用灌注斗吊送混凝土，即在混凝土运输车就位后，起重机的主、副吊钩分别控制灌注斗和灌注斗与导管连接部位的阀门盖板，通过主、副吊钩配合作业完成混凝土吊运，具体见图 7.3-1。

| (a) 灌注斗装料 | (b) 主吊吊运灌注斗 | (c) 副吊上提盖板灌注混凝土 |

图 7.3-1 沉管灌注桩桩身混凝土普通灌注斗灌注过程

在使用普通的灌注斗作业时，灌注斗在每次装料前，工人需手动将阀门盖板安放在灌注斗底将出料口封堵（图 7.3-2），待灌注斗装料后，需要通过上提副吊钩打开阀门盖板开始灌注，由于桩身混凝土灌注往往需要多次吊送混凝土，工人手动安放阀门盖板操作繁

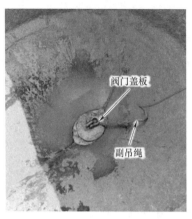

图 7.3-2　灌注斗内部结构示意图

琐，大大降低了灌注效率。

为了解决上述沉管灌注桩普通灌注斗灌注混凝土不便等难题，项目组对"沉管灌注桩套管顶吊杆式阀门斗混凝土灌注施工技术"进行了研究，经过现场试验、优化，总结出一种高效的沉管灌注桩套管顶吊杆式阀门斗桩身混凝土灌注施工工艺，即采用自主设计的吊杆式阀门灌注斗，显著提高混凝土灌注效率，保证了成桩质量。本工艺经多个项目实际应用，在满足施工要求的同时，节省了施工时间和施工机械设备的投入，达到便捷、高效、经济的效果，为沉管灌注桩灌注混凝土施工提供了一种新的工艺方法。

7.3.2　工艺特点

1. 操作便捷高效

本工艺在混凝土灌注过程中，仅通过起重机的主吊就能快速完成装料、卸料，工人无需手动安放阀门盖板，节省了时间，大大提高了灌注效率。

2. 安全可靠

本工艺在吊运灌注斗过程中，上提灌注斗时在混凝土与灌注斗的重力作用下使出料口紧闭，当吊至套管顶就位后松开吊绳即打开出料口，无需人员辅助作业，吊运和灌注过程安全可靠。

3. 成本经济

本工艺所使用吊杆式阀门灌注斗可通过普通灌注斗在施工现场通过加工制作，制作和使用成本低，可重复使用，经济性好。

7.3.3　适用范围

适用于沉管灌注桩套管顶口的吊杆式阀门灌注斗桩身混凝土灌注。

7.3.4　工艺原理

本工艺灌注混凝土时采用专门研制的吊杆式阀门灌注斗实施灌注，现场只需起重机配合装、卸混凝土，有效提升施工效率。

1. 吊杆式阀门灌注斗整体组成

吊杆式阀门灌注斗主要包括斗体、吊杆式阀门和定位板三部分，吊杆式阀门灌注斗整体结构及实物具体见图 7.3-3。

2. 吊杆式阀门灌注斗结构设计

（1）斗体

斗体主要用于装运混凝土，采用厚度 30mm 的钢板制作。为了使斗体平稳安放在套管顶，斗体下部分采用锥形结构设计。斗体的规格为 1.5m³，入料口的直径为 1400mm，出料口的直径为 200mm，斗体的整体高度为 1310mm，斗体具体见图 7.3-4。

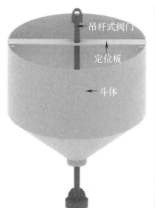

图 7.3-3 吊杆式阀门灌注斗整体结构及实物

（2）吊杆式阀门

吊杆式阀门由圆杆、阀门以及吊耳三部分组成，各部分采用焊接连接成一整体。

为了满足强度要求，圆杆采用直径为 60mm 的 310S 不锈钢圆钢，长度为 2000mm，圆杆主要起连接和定位作用。通过圆杆将阀门与吊耳连接，通过定位板使吊杆式阀门定位于斗体的中心位置。

圆杆的一端连接阀门，阀门直径为 240mm，略大于出料口，由 40mm 厚钢板制成，起控制出料的作用；阀门与圆杆焊接时增加 4 块连接块，主要起增加焊接强度的作用，以保证吊杆式阀门结构可靠；圆杆的另一端连接吊耳，主要起吊运作用。

吊杆式阀门尺寸具体见图 7.3-5，吊杆式阀门实物具体见图 7.3-6。

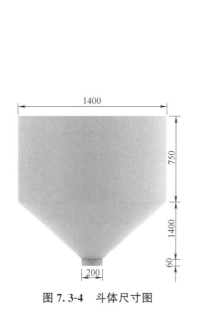

图 7.3-4 斗体尺寸图

图 7.3-5 吊杆式阀门尺寸图

195

图 7.3-6　吊杆式阀门实物

（3）定位板

定位板长为 1340mm，宽为 140mm，用 30mm 厚钢板制成，焊接在斗体内侧的入料口处，与斗体连接处设有"L"形连接块，主要起增加焊接强度保证定位板结构牢固的作用。定位板的中心位置设有定位孔，定位孔的直径为 63mm，略大于圆杆的直径，定位孔位于钢板中心且与斗体中心在一条线上重合，主要起将吊杆式阀门定位于灌注斗中心的作用，具体见图 7.3-7、图 7.3-8。

图 7.3-7　定位板尺寸图

图 7.3-8　灌注斗定位板实物

3. 吊杆式阀门灌注斗工作原理

采用吊杆式阀门灌注斗灌注混凝土时，当起重机上提灌注斗吊杆，吊钩对吊杆式阀门产生上拉力，通过定位板的定位作用，使吊钩位于斗体中心位置；由于阀门的直径略大于斗体下端出料口的直径，而斗体受向下的重力作用，此时灌注斗出料口处于紧闭状态。

灌注斗吊送至混凝土罐车出料口处进行装料过程中，随着混凝土进入灌注斗内，出料口阀门越来越紧闭；待灌注斗装料结束，将灌注斗吊运至套管顶上方，调整灌注斗使其居中对准套管下放，在这个吊运过程中始终保持吊钩紧拉吊杆状态，以防出料口被打开。

当灌注斗在套管顶放平稳，料斗承受混凝土重力时，吊钩迅速下放约 40cm；由于套管对灌注斗的斗体有支撑固定作用，而吊杆随着吊钩下放，此时灌注斗出料口开启，灌注斗内的混凝土在重力作用下，顺着出料口快速进入套管内；待灌注斗内的混凝土全部卸料后，上提吊杆将灌注斗吊移套管口，吊送至混凝土运输车旁重新装料，再次循环作业直至完成桩身混凝土灌注。

吊杆式阀门灌注斗工作原理见图 7.3-9。

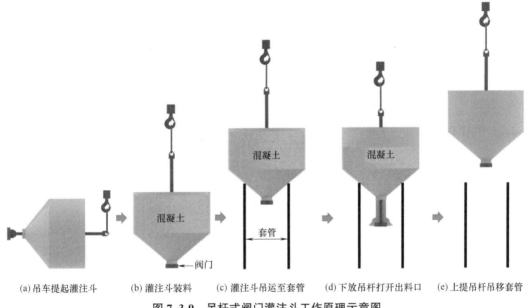

(a)吊车提起灌注斗　(b)灌注斗装料　(c)灌注斗吊至套管　(d)下放吊杆打开出料口　(e)上提吊杆吊移套管

图 7.3-9　吊杆式阀门灌注斗工作原理示意图

7.3.5　施工工艺流程

沉管灌注桩套管顶吊杆式阀门斗桩身混凝土灌注工艺流程见图 7.3-10。

7.3.6　工序操作要点

本工艺工序操作以沉管灌注桩设计桩径 700mm，以散体状强风化花岗岩为持力层，平均桩长 30mm 为例。

1. 灌注前准备工作

（1）准备好规格为 1.5m^3 的吊杆式阀门灌注斗，采用钢丝吊绳将灌注斗与吊钩连接。

（2）检查阀门与斗体关闭时的密封性、吊杆有无变形等，确保灌注时正常使用，具体见图 7.3-11。吊杆式阀门灌注斗装料前，清除灌注斗内杂物，对灌注斗清洗润湿，具体见图 7.3-12。

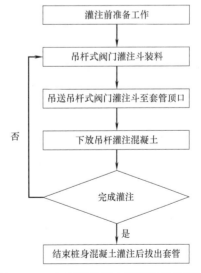

图 7.3-10　沉管灌注桩套管顶吊杆式阀门斗桩身混凝土灌注工艺流程图

图 7.3-11   检查斗密封性

图 7.3-12   灌注斗润湿

2. 吊杆式阀门灌注斗装料

（1）为了满足混凝土运输车直接卸料，将灌注斗放入深约 1m 的坑内，使混凝土直接卸入灌注斗内。

（2）在吊杆式阀门灌注斗装料过程中，起重机始终保持紧拉吊钩状态，保证出料口紧闭；装料时，注意观察灌注斗内混凝土液面高度情况，控制好混凝土运输车放料速度，防止混凝土溢出，具体见图 7.3-13。

3. 吊送吊杆式阀门灌注斗至套管顶口

（1）采用起重机吊送吊杆式阀门灌注斗，将灌注斗锥形段放置于套管顶口内，使灌注斗与套管顶对接，具体见图 7.3-14。

图 7.3-13   灌注斗装料

图 7.3-14   吊运灌注斗

（2）调整灌注斗与套管的位置，使其居中对准套管并放稳，此时起重机始终保持提吊状态，具体见图 7.3-15。

4. 下放吊杆灌注混凝土

（1）吊杆式阀门灌注斗在套管顶安放平稳后，由司索工指挥起重机将吊杆下放，此时出料口随即打开，混凝土在重力作用下顺着出料口快速进入套管内；操作时，吊杆下放位置不大于40cm，以防止吊杆下压定位板使其变形。

（2）待灌注斗内混凝土全部卸料结束，上提灌注斗与套管顶分离，吊送至混凝土运输车旁再次装料、灌注，循环作业直至完成桩身混凝土灌注。套管顶灌注斗作业具体见图7.3-16。

5. 结束桩身混凝土灌注后拔出套管

（1）采用振动锤沿着桩架滑套边振动边拔出套管，拔管时先振动5～10s，再开始拔桩管。

（2）拔管时边振边拔，每提升0.5～1.0m，振动5～10s，如此反复直至将套管拔出，具体见图7.3-17。

图7.3-15　灌注斗与套管对接　　图7.3-16　下放吊杆灌注混凝土　　图7.3-17　振动锤上拔套管

7.3.7　机械设备配置

本工艺现场施工所涉及的主要机械设备见表7.3-1。

主要机械设备配置表　　　　　　　　表7.3-1

名称	型号	备注
履带起重机	SCC550E	吊运灌注斗
吊杆式阀门灌注斗	1.5m³	灌注混凝土

7.3.8　质量控制

1. 吊灌混凝土

（1）桩身混凝土强度等级均为C40，采用高性能的耐久性混凝土，抗渗等级不低于P10，混凝土坍落度为140～180mm。

（2）混凝土的灌注高度保持超过桩顶设计标高不少于0.5m，保证桩顶设计标高及混凝土质量。

（3）终孔直径较套管大，拔管时管内混凝土会扩散填充该间隙，灌注前计算该额外混凝土量，施工时灌注足量的混凝土，且保证混凝土充盈系数大于 1.0。

2. 振动拔出套管

（1）拔管时，先振动 5～10s，再开始拔管，边振边拔，拔出 0.5～1.0m，停拔，振动 5～10s；如此反复，直至套管全部拔出。

（2）拔出套管后检查钢筋笼直径尺寸和钢筋笼外形是否变形。

7.3.9　安全措施

1. 吊灌混凝土

（1）起吊混凝土灌注斗时，先向上提升，稳定后再移动。

（2）混凝土灌注斗吊起过程中，由司索工指挥。

2. 振动拔出套管

（1）弹簧振动锤夹持套管时，将套管突出一定长度，以保证夹持稳固。

（2）拔管过程中，人员远离弹簧振动锤一定的水平距离。

7.4　沉管灌注桩高位沉管钢筋笼平台对接施工技术

7.4.1　引言

沉管灌注桩是常用的一种桩基础形式，施工时采用与桩的设计尺寸相适应的沉管，在底部套上桩尖后采用冲击锤将沉管沉入土中，待达到持力层或收锤标准后，在沉管内吊放钢筋笼、浇筑桩身混凝土，并采用振动锤一边振动一边拔管，利用拔管时的振动捣实混凝土而成桩。

沉管灌注桩适用于黏性土、粉土、淤泥质土等地质条件，具有施工简便、成桩速度快、造价低的特点。随着建筑高度的不断增加或场地工程地质条件较差，沉管灌注桩的桩长也在不断加长，钢筋笼无法做到一次吊装到位。因此，钢筋笼需要分节制作再进行搭接。而对于沉管顶部处于地面以上较高位置时，就需在沉管顶位置进行钢筋笼焊接作业时为作业人员搭设操作平台。现有的操作平台普遍采用预制的框架平台，起重机将平台吊至沉管顶处固定（图 7.4-1），由于平台与套管间存在较大的空隙，使得作业人员焊接作业时存在一定的危险性。

为解决上述问题，本技术提供了一种与沉管嵌入式固定的作业平台装置（图 7.4-2），即利用装置底部的套管嵌入高位的沉管内，并利用该装置套管顶的"裙边"结构，将操作平台固定在沉管顶，提高了作业时的安全性；且该装置能与沉管具有较好的贴合性，避免了操作平台在高处晃动。

7.4.2　工艺特点

1. 施工安全可靠

本装置与高位沉管采用嵌入式对接，避免了操作平台的晃动，且全部采用钢结构，刚度大，可同时多人在平台进行作业，施工安全可靠。

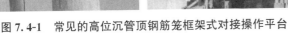

图 7.4-1　常见的高位沉管顶钢筋笼框架式对接操作平台　　图 7.4-2　高位沉管顶钢筋
笼对接嵌入式平台

2. 施工效率高

本装置下部喇叭口便于套管套住沉管，便于高空吊装时套管就位，且装置无需其他措施即可实现高空安全作业，提高了施工效率。

3. 成本低

本装置可重复利用，同种尺寸规格的沉管均可使用，且使用时无需其他加固设备，节约工程成本，经济性相对较高。

7.4.3　嵌入式平台结构及作业原理

本工艺所述的沉管灌注桩高位沉管顶钢筋笼焊接嵌入式作业平台装置，其目的主要在于消除作业人员在高位沉管顶进行钢筋笼焊接高空作业时产生的安全隐患，增加了操作平台的稳定性和可靠性。

该装置主要由嵌入式固定套管、操作平台、防护栏杆、辅助构件四大部分构成，整体由钢板焊接而成，平台装置结构具体见图 7.4-3，平台装置实物见图 7.4-4。

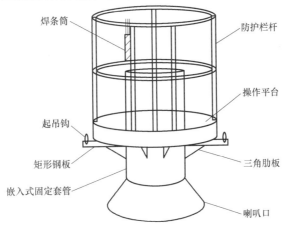

图 7.4-3　嵌入式作业平台装置结构图

图 7.4-4　嵌入式作业平台装置实物图

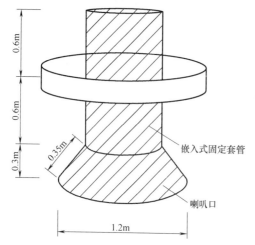

图 7.4-5　嵌入式固定套管尺寸

1. 嵌入式固定套管

（1）套管尺寸根据沉管尺寸确定订制。例如，对于设计直径 700mm 的沉管灌注桩，该装置套管内径为 720m，使沉管可正合适套进套管内，二者间的细小间隙不致使套管晃动。固定套管长度为 1.2m，具体尺寸见图 7.4-5。

（2）套管下部设置为喇叭口形状，开口直径 1.2m，以便于套管在高空吊装时套住沉管，便于高空吊装时套管嵌入就位。

（3）套管顶部设置整圈"裙边"结构，为宽度 3cm，厚度 1cm 的弧形钢板（图 7.4-6）。该"裙边"结构也可设置为三段式，三段"裙边"等间距布置，总长为周长一半，宽度 3cm，厚度 1cm（图 7.4-7）。利用该"裙边"结构，可将操作平台嵌入式固定套管限位，卡位在沉管顶，起到较好的固定作用。

图 7.4-6　整圈"裙边"结构

图 7.4-7　三段式"裙边"结构

2. 操作平台

（1）操作平台宽度设置为 0.4m，既满足作业人员焊接作业时所需的空间，也不会导致装置整体过大而增大危险性，具体尺寸见图 7.4-8；周边设置一圈 0.2m 高的踢脚板（图 7.4-9），避免人员踏出平台或平台上放置工具落下。

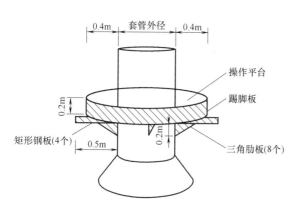

图 7.4-8 操作平台尺寸分解图

图 7.4-9 踢脚板

（2）平台底部等间距设置 8 个三角肋板，高度 0.2m、宽度 0.4m，起到增加平台刚度的作用，以确保 2 人同时在平台施工作业，肋板设置具体见图 7.4-10。另外，在其中对称的 4 个三角肋板上加设矩形钢板，总长 0.5m 并设置吊孔，用于安置起吊钩。

3. 防护栏杆

防护栏杆高度为 1.2m，中部设置 1 道横杆；8 根竖杆等间距设置，与下方三角肋板位置一一对应，具体尺寸见图 7.4-11。防护栏杆在作业人员高空操作时起到防护作用，避免高空跌落。

图 7.4-10 三角肋板及矩形钢板

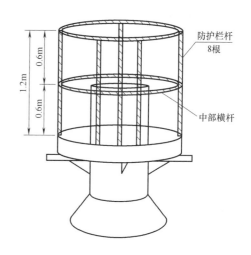

图 7.4-11 防护栏杆尺寸分解图

4. 辅助构件

（1）施工现场可用钢筋焊接设置临时爬梯，爬梯上端焊接 2 个挂钩，当作业人员需要登上平台时，可将爬梯挂钩挂在挡脚板上；不使用时，可将爬梯取下。活动爬梯设置见图 7.4-12。

（2）在 4 个矩形钢板上分别设置起吊环（钩），用于装置的起吊。见图 7.4-13。在防护栏杆上焊接"焊条筒"，用于临时存放焊条等，方便高空焊接施工，见图 7.4-14。

图 7.4-12　活动爬梯设置

图 7.4-13　起吊环

图 7.4-14　焊条筒

7.4.4　工序操作要点

1. 作业平台吊装

（1）沉管收锤后，准备进行对接钢筋笼施工作业。

（2）将该装置水平置于地面，两名作业人员带齐焊接作业所需设备及焊接材料等，通过爬梯上到操作平台。

（3）起重机通过装置上的四个起吊钩，将操作平台及作业人员一同吊至沉管顶位置，并利用装置下部喇叭口将沉管嵌入套管内。

（4）当套管顶部的"裙边"结构卡在沉管顶且无晃动时，显示该装置已固定。

2. 平台上钢筋笼对接

（1）分节吊放钢筋笼，将下一节钢筋笼插杆固定在平台的套管顶，搭接位置吊至操作平台面以上 1.0～1.5m，方便作业人员焊接作业，钢筋笼吊装具体见图 7.4-15。

图 7.4-15　沉管口嵌入式作业平台上吊放钢筋笼

（2）再吊装上一节钢筋笼，并在孔口焊接对接，具体见图 7.4-16。

图 7.4-16　沉管口嵌入式作业平台上焊接钢筋笼

（3）当钢筋笼全部搭接完成后，即可将操作平台及作业人员吊回至地面，再进行下一步桩身混凝土浇筑施工。

第8章　灌注桩施工事故处理新技术

8.1　桩底沉渣多介质高压洗孔与高强浆液封闭注浆修复技术

8.1.1　引言

在灌注桩进行质量检测时，桩底沉渣厚度超标为常见的质量缺陷之一，如何有效对桩底沉渣进行处理，使其经修复后满足设计要求是目前面临的一大难题。对于灌注桩底沉渣厚度超标，通常采用高压旋喷洗孔后高压注浆进行处理，该工艺采用风压洗孔、普通水泥浆液作为注浆体，处理完后需养护较长时间后才能进行处理效果检测，存在桩底沉渣处理不彻底、注浆体强度难达标、处理时间长等缺点。

深圳南山阳光粤海门花园桩基础工程，通过小应变、钻孔抽芯等检测结果显示，1根主楼抗压桩存在沉渣缺陷，缺陷桩直径1.5m，有效桩长19.72m，桩底沉渣厚0.83m，超过相关规范及设计要求。由于该桩为主楼抗压桩，对整体建筑结构起重要作用，如采用常规高压旋喷洗孔注浆法进行缺陷处理，难以有效保证处理效果；同时，因施工场地已完成底板及承台浇筑，无法再次进场旋挖钻机等大型机械设备，重新补桩的方案难以采用。

为确保灌注桩缺陷修复满足要求，项目组在常规注浆处理工艺基础上，对"灌注桩底沉渣多介质高压洗孔与高强浆液封闭注浆修复技术"进行了研究，采用灌注桩底沉渣多介质高压洗孔与高强浆液封闭注浆修复工艺，通过高风压、专用清洗液、"高风压＋高水压"、水泥浆等多种介质进行洗孔，将孔底沉渣彻底清除；注浆采用超细水泥作为注浆料，通过置换注浆及高泵压封孔注浆，浆体强度高、养护时间短、修复效果好。经多个灌注桩底沉渣超标缺陷桩处理实践，形成了完整的施工工艺流程、工序操作规程，达到了处理快捷、质量可靠、降低成本的效果。

8.1.2　工艺特点

1. 沉渣清理彻底

本工艺通过初次高风压洗孔，将桩底松动的沉渣清洗出孔；然后，向孔内倒入专用清洗液并静置一定时间，再采用"高风压＋高水压"洗孔，对桩底沉渣、泥块等进行再次清洗；最后，采用水泥浆液进行高风压洗孔，使残存在孔内的沉渣悬浮于水泥浆液中，确保了洗孔效果。

2. 注浆效果好

本工艺采用超细水泥作为注浆料，通过注浆泵高压注入注浆料，将桩底及抽芯孔内水泥浆液全部置换出孔后，采用水压式膨胀封孔器对全部抽芯孔进行封闭，再采用高泵压注浆将桩底中、微风化岩中的裂隙填充密实，保证了注浆和桩底修复效果。

3. 处理速度快

本工艺通过空压机提供的高风压、注浆泵提供的高水压及水泥浆液进行洗孔，可快速将沉渣清洗干净。注浆采用置换注浆、高泵压封孔注浆工序连续作业，通常3d左右即可完成一根缺陷桩的洗孔和注浆处理；注浆体采用超细水泥注浆液，具有固结时间短、强度高的特点，注浆完成3d后即可进行检测。

4. 经济效益显著

本工艺采用灌注桩检测时的抽芯孔作为洗孔、注浆通道，通常不需额外钻孔；经水、气、浆多介质洗孔及超细水泥注浆后，桩底沉渣清洗干净，注浆体填充密实、强度高，整体修复效果好，可满足设计要求，避免了另行补桩等高额费用和处理时间，综合经济效益显著。

8.1.3 适用范围

1. 地层

适用于沉渣位于中风化、微风化岩的灌注桩底沉渣处理，每次沉渣处理厚度不超过1.5m、方量不大于2.5m³；当沉渣厚度超过1.5m时，采用分多次洗孔和注浆进行处理。

2. 桩径

处理桩径最大不超过2.4m，处理桩长最深不超过80m。

3. 注浆孔数量

桩径1600mm以内，注浆孔不少于2个；桩径大于1600mm，注浆孔不少于3个。

8.1.4 工艺原理

本工艺关键技术包括洗孔和注浆，利用抽芯孔作为通道，通过水、气、浆等单介质和多介质混合洗孔，将桩底沉渣清洗干净，并采用超细高强水泥拌制的水泥浆液作为注浆料进行高压封闭注浆，使桩底沉渣段、抽芯孔内及桩底中、微风化岩裂隙被水泥浆填充密实，从而达到对沉渣缺陷桩修复的效果。

1. 洗孔原理

（1）高风压洗孔

本次洗孔为初次高风压洗孔，将空压机产生的高压缩空气，通过高风压管送至末端连接的开槽式洗孔器喷出，高风压使孔内水产生向上的喷射动能，携带沉渣以高压水射流的形式从抽芯孔喷出。洗孔时，边洗孔、边下放开槽式洗孔器，同步向抽芯孔内持续注入清水，直至洗孔至沉渣段。洗孔过程中，采用单孔间歇、多孔轮换高压洗孔方式，至每孔冲出的污水变成清水。高风压洗孔工艺原理见图8.1-1。

（2）清洗液洗孔

考虑到孔底沉渣中的泥土、细渣与桩底混凝土胶结紧密，采用通常单纯的高风压洗孔往往难以将

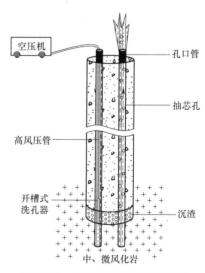

图 8.1-1 高风压洗孔工艺原理图

207

附着的泥渣清除彻底，从实际注浆处理后抽芯结果显示，注浆体与桩身混凝土间夹有一层黏土，影响缺陷桩修复效果，具体见图 8.1-2。

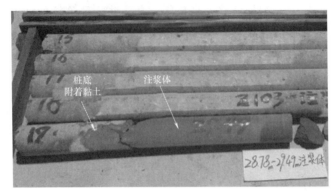

图 8.1-2　注浆体与桩底混凝土间夹泥

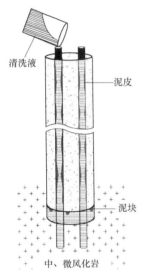

图 8.1-3　清洗液洗孔工艺原理图

为将桩底沉渣清洗干净，本工艺在初次高压洗孔后，增加清洗液辅助洗孔工序，操作时向抽芯孔内倒入专用清洗液，并静置 12～24h。清洗液由渗透剂和洗涤剂按一定比例配置而成，渗透剂全称为脂肪醇聚氧乙烯醚，属非离子表面活性剂，具有良好的润湿性、渗透性、乳化性、分散性、增溶性等性能，其在泥块、泥皮的表面能定向排列，使其表面张力迅速显著下降，将附着在桩底的泥块、抽芯孔壁的泥皮分散。清洗液洗孔工艺原理示意见图 8.1-3。

（3）"高风压＋高水压"混合洗孔

本次洗孔在初次洗孔、清洗液辅助洗孔之后进行。空压机提供的高风压和注浆泵提供的高水压通过三通连接形成高压水气流，由开孔式洗孔器末端开设的小孔喷出超高压水流，对经清洗液浸泡过的附着于孔壁的泥皮、桩底的泥块及小颗粒沉渣进行清洗。洗孔时，边洗、边下放开孔式洗孔器，直至清洗至沉渣段，通过间歇、轮换孔持续高压洗孔，至每孔冲出的污水变清。三通大样及现场实物见图 8.1-4、图 8.1-5，"高风压＋高水压"混合洗孔工艺原理见图 8.1-6。

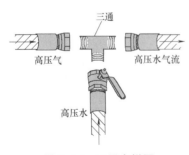

图 8.1-4　三通大样图

图 8.1-5　三通现场图

（4）"高压气＋水泥浆"洗孔

考虑到孔内残留的少量沉渣颗粒可能会沉落于孔底，因此，本次洗孔采用水泥浆洗孔，以使残余颗粒悬浮于水泥浆中，确保孔底完全无沉渣。实施过程中，先采用高压注浆泵注入超细水泥调配的密度 2.45g/cm^3、黏度 18s 的水泥浆液，当注浆量达到抽芯孔体积的 1/3～1/2 时停止注浆，再改换空压机对孔内实施"高压气＋水泥浆"洗孔，由开槽式洗孔器喷出高风压，使水泥浆产生动能，将水泥浆与桩底残留的沉渣充分混合，使沉渣颗粒悬浮于高黏度的水泥浆液中。"高压气＋水泥浆"洗孔工艺原理见图 8.1-7。

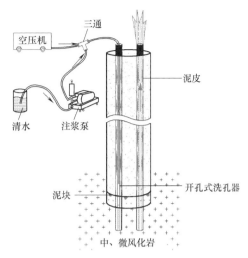

图 8.1-6 "高风压＋高水压"混合洗孔工艺原理示意图

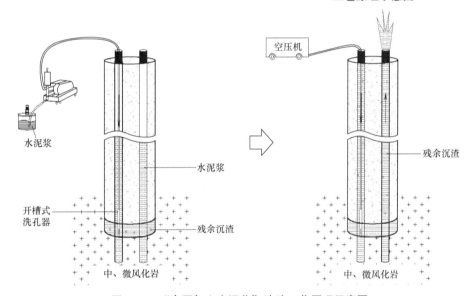

图 8.1-7 "高压气＋水泥浆"洗孔工艺原理示意图

2. 注浆原理

（1）超细高强度水泥注浆料配制

本工艺注浆采用超细水泥配制的注浆料，超细水泥由高强型超细水泥、膨胀剂、矿渣等多种助剂，经特殊设备精制而成的新一代无机刚性超细灌浆材料，其密度为 3.0g/cm^3，平均细度为 4μm 左右，比表面积为 800m^2/kg。注浆料现场加水搅拌即用，具有流动性大、早期强度高、中期强度增长平稳，不分层、不泌水，稳定性好，浆液微膨胀与混凝土和钢筋结合力好，固化时具有无收缩现象、结石强度高、耐久性好的特点。

超细水泥根据桩身混凝土强度等级在专业建材生产厂家订制，注浆料 12h、24h、28d 抗压强度可达 8.5MPa、36MPa、65MPa。

（2）置换注浆

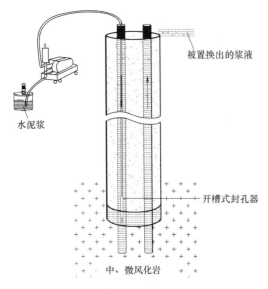

图 8.1-8　置换注浆工艺原理示意图

经气、水、水泥浆等多介质洗孔完成后，将注浆管从空压机上卸除，再次与注浆泵连接进行置换注浆，超细水泥注浆液通过注浆泵泵送至末端连接的开槽式洗孔器，由开槽式洗孔器喷出超细水泥注浆液，使孔内浆液、沉渣形成向上的顶推力并被置换出孔，直至孔口溢出水泥浆液与搅拌桶内浆液性状保持一致。置换注浆工艺原理见图 8.1-8。

（3）高泵压封孔注浆

置换注浆作业完成后，首先将全部抽芯孔采用水压式膨胀封孔器封孔，再采用注浆泵高压注入超细水泥拌制的水泥浆液，水泥浆液在密闭空间内承受高泵压，在高泵压作用力下被压至桩身、桩底细微裂隙中，将桩底、桩侧裂隙采用水泥浆液彻底填充。

水压式膨胀封孔器通过注水加压与卸水减压控制橡胶密封管的膨胀与收缩，在高压注浆导管封孔器与抽芯孔孔壁之间产生摩阻力，使封孔器抵抗浆液向上的顶推力，以此达到封孔效果，其构造及封孔工况见图 8.1-9，高泵压封孔注浆工艺原理见图 8.1-10。

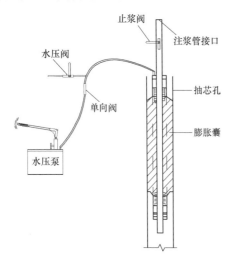

图 8.1-9　水压式膨胀封孔器构造图

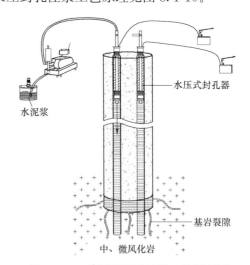

图 8.1-10　高泵压封孔注浆工艺原理图

8.1.5　施工工艺流程

灌注桩沉渣多介质高压洗孔与高强浆液封孔修复工艺流程见图 8.1-11。

8.1.6　工序操作要点

1. 施工准备

（1）收集缺陷桩资料，重点收集桩径、桩长、沉渣厚度、沉渣缺陷位置等。

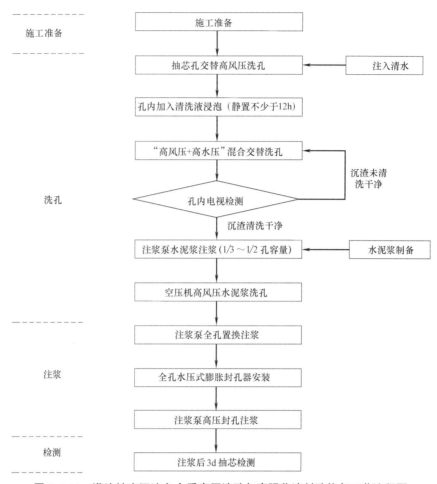

施工准备

抽芯孔交替高风压洗孔 ← 注入清水

孔内加入清洗液浸泡（静置不少于12h）

"高风压+高水压"混合交替洗孔

沉渣未清洗干净

孔内电视检测

沉渣清洗干净

注浆泵水泥浆注浆（1/3～1/2孔容量）← 水泥浆制备

空压机高风压水泥浆洗孔

注浆泵全孔置换注浆

全孔水压式膨胀封孔器安装

注浆泵高压封孔注浆

注浆后3d抽芯检测

洗孔

注浆

检测

图 8.1-11　灌注桩底沉渣多介质高压洗孔与高强浆液封孔修复工艺流程图

（2）制订缺陷桩处理方案，组织有经验的施工人员和相关设备、机具、材料进场。

（3）根据场地条件进行施工规划与现场布置，主要包括施工操作平台搭设、机具布置、水电接驳、水泥堆场、沉砂池砌筑等，其中平台搭设见图 8.1-12，三级沉砂池见图 8.1-13。

图 8.1-12　搭设平台

图 8.1-13　三级沉砂池

2. 抽芯孔交替高风压洗孔

（1）采用测绳量测抽芯孔孔内沉渣深度，并在高风压管相应长度位置缠红色胶带作为标记。高风压管采用 HYDRAULIC HOSE-602-2502-21MPa（代号为 602，内径 25mm 的 2 层钢丝编制液压胶管），其采用钢丝配合特种合成橡胶制成，具有优良的耐曲绕性、耐疲劳性、承压力高的优点；为使用方便，洗孔和注浆均采用同一型号的高压管。高风压管具体见图 8.1-14，风压管缠缺陷深度位置标识见图 8.1-15。

图 8.1-14　高风压管

图 8.1-15　缠绕标记

（2）高风压管一头连接开槽式洗孔器，开槽式洗孔器采用 $\phi48$mm、壁厚 3.0mm 钢管制成，长度约 1.5m。头部与高风压管采用丝扣连接，底部开口，末端对称开设 4 个 5mm 宽槽可增大喷射面积，同时可避免被沉渣封堵，洗孔器大样及现场见图 8.1-16。

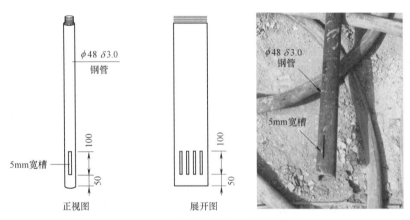

图 8.1-16　开槽式洗孔器大样及现场图

（3）高风压管另一头连接空压机，空压机选用 HG550-13C 型，功率为 132kW，容积流量 15m³/min，作业时空气压力 0.5～1.5MPa。空压机见图 8.1-17。

（4）为防止在缺陷桩处理过程中抽芯孔返出的沉渣、污水等回流至抽芯孔中，在施工作业前需将抽芯孔套 PVC 管保护，高出桩顶标高 20cm。开槽式洗孔器边洗、边下放，利用喷头下沉和上升反复喷射切割，直至下放到沉渣深度，孔口对应高风管的红色胶带标记处，见图 8.1-18。

图 8.1-17　空压机

图 8.1-18　下至预定深度

（5）空压机高风压洗孔过程中，采用间歇、轮换、持续高压洗孔方法，直至每孔从孔口高压气冲出的浊水变清，洗孔过程见图 8.1-19；洗孔时，不断加入清水，保持高风压的洗孔携渣效果，洗出的沉渣粒径最大达 8cm 左右，具体见图 8.1-20。

图 8.1-19　高风压洗孔孔口由浊变清过程

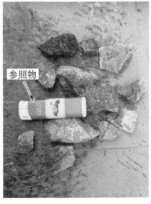

图 8.1-20　高风压洗出孔内沉渣颗粒

3. 孔内加入清洗液浸泡

（1）高风压洗孔后，向孔内倒入专用清洗液，清洗液为桶装密封包装，一次性倒入量约 8L。

（2）倒入清洗液后静置 12～24h，使清洗液充分渗透至孔壁泥皮、桩底泥块中，使其失去黏聚力，分散、离析成小颗粒或泥浆状。清洗液见图 8.1-21，孔口倒入清洗液见图 8.1-22。

图 8.1-21　桶状清洗液

图 8.1-22　孔口倒入清洗液

图 8.1-23　三通连接

4."高风压＋高水压"混合洗孔

（1）为确保洗孔效果，在清洗液浸泡后，采用高压水、气混合洗孔，高压泵泵送高压水，空压机泵送高压气，通过三通连接形成高压水气流，三通连接见图 8.1-23。

（2）高压水气流通过高风压管连接开孔式洗孔器，开孔式洗孔器采用 ϕ48mm、壁厚 3.0mm 钢管制成，长度约 1.5m。头部与高风压管采用丝扣连接，底部压扁电焊封闭，距底部 100mm 对称开设 4 个直径约 10mm 小孔，压力更集中，形成超高压水射流。开孔式洗孔器大样及现场见图 8.1-24。开孔式洗孔器喷射效果见图 8.1-25。

图 8.1-24　开孔式洗孔器大样及现场图

（3）为保证洗孔效果，高压泵采用 BW150 型，功率 15kW，输入速度 500r/min，进口直径 64mm，出口直径 32mm，最大注浆压力可达 10MPa。高压注浆泵见图 8.1-26。

图 8.1-25　开孔式洗孔器喷射效果图

图 8.1-26　现场高压注浆泵

（4）采用开孔式洗孔器进行洗孔，边洗边下放，洗孔时上下移动洗孔器，保证孔壁清洗干净，直至下放至预先风管的标记处，至每个孔喷出的均为清水结束，现场洗孔见图 8.1-27。作业时，喷出的污水及时采用污水泵抽排至沉砂池中，由于孔内添加了清洗液，污水中含大量的泡沫，泡沫污水抽排见图 8.1-28。

图 8.1-27　洗孔作业

图 8.1-28　泡沫污水抽排

5. 孔内电视检测

（1）"高风压＋高水压"混合洗孔作业完成后，采用超高清全智能 GD3Q-GA 孔内电视对沉渣是否清洗干净进行检测，具体见图 8.1-29，孔内电视探头见图 8.1-30。

（2）在抽芯孔位置架设三脚架，将孔内电视滑轮固定于三脚架顶部，分别将探头连接线、三脚架上的滑轮电源线与孔内电视连接，滑轮、探头安装连接见图 8.1-31、图 8.1-32。调试完成后，将探头放入抽芯孔内，由滑轮组转动将探头下放，具体见图 8.1-33。

（3）随探头下放，孔内影像实时传输至孔内电视界面，见图 8.1-34；直至下放至沉渣段，观测沉渣是否清洗干净，见图 8.1-35；如未清洗干净，再返回至"高风压＋高水压"混合洗孔工序进行洗孔。

图 8.1-29　孔内电视

图 8.1-30　探头

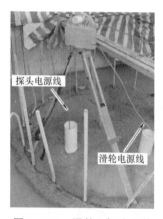

图 8.1-31　滑轮、探头安装

图 8.1-32　滑轮、探头连接

图 8.1-33　孔内电视调试

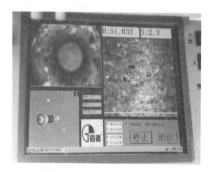

图 8.1-34　孔内电视界面

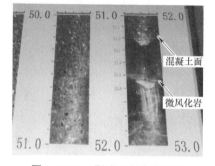

图 8.1-35　观测沉渣清洗效果

6. 注浆泵水泥浆注浆

（1）水泥浆采用超细水泥拌制，浆液采用高速搅拌机制备，浆液搅拌均匀，随搅随用，浆液在初凝前用完，见图 8.1-36；注浆水灰比控制为 0.45，即每 100kg 水泥采用 45kg 清水拌制。

（2）注浆管一端与注浆泵连接，另一端与开槽式洗孔器连接，开槽式洗孔器下至孔底位置开始注浆，注浆采用常压，注浆量为抽芯孔体积的 1/3～1/2。

7. 空压机高风压水泥浆洗孔

（1）常压泵送注浆后，将注浆泵的注浆管卸下，安装至空压机接口。

（2）启动空压机，将水泥浆冲开翻滚，使孔底残留的沉渣与水泥浆混合，并悬浮于水泥浆中，水泥浆洗孔见图8.1-37。

图8.1-36　水泥浆液拌制

图8.1-37　高风压水泥浆洗孔

8. 注浆泵全孔置换注浆

（1）水泥浆洗孔完成后，将空压机的注浆管卸下，安装至注浆泵接口。

（2）一孔开始注浆，从其他孔水泥浆液由孔底将孔内污水、沉渣、水泥浆混合物置换出孔，见图8.1-38、图8.1-39。置换过程中，专人孔口检查返浆情况，至每个抽芯孔返出的浆液性状与搅拌桶内注浆液一致时停止注浆，具体见图8.1-40。

图8.1-38　开始注浆

图8.1-39　置换注浆中

图8.1-40　检查孔口返浆

9. 全孔水压式膨胀封孔器安装

（1）本桩处理共两个注浆孔，现场准备两个水压式膨胀封孔器，具体见图8.1-41。

（2）一孔采用连接注浆管的水压式封孔器对该孔进行封堵，另一孔采用水压式封孔器进行封堵，封孔器安装见图8.1-42。

图 8.1-41　水压式膨胀封孔器

图 8.1-42　封孔器安装

10. 注浆泵高压封孔注浆

（1）封孔器带有止浆阀，注浆时先打开止浆阀，见图 8.1-43。待孔口返出的浆液与搅拌桶内浆液性状一致后关闭止浆阀，进行高压注浆，见图 8.1-44。

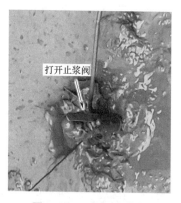

图 8.1-43　打开止浆阀

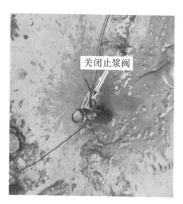

图 8.1-44　关闭止浆阀

（2）注浆泵连接调速器，注浆压力维持在 1.0MPa 左右，见图 8.1-45～图 8.1-47。注

图 8.1-45　注浆后台

图 8.1-46　调速器

图 8.1-47　注浆压力

浆结束后，先卸注浆压力，再卸封孔器水压，以免造成浆液喷出，拔出注浆管、封孔器、洗孔器后马上冲洗。

11. 注浆后 3d 抽芯检测

（1）注浆结束养护 3d 后，即可进行现场抽芯检测。

（2）抽取出的芯样摆放整齐，注浆段截取芯样完整，注浆体与桩底混凝土胶结紧密；注浆体进行抗压强度检测，强度满足设计要求。抽芯芯样具体见图 8.1-48。

图 8.1-48　抽芯芯样

8.1.7　机械设备配置

本工艺现场施工所涉及的主要机械设备见表 8.1-1。

主要机械设备配置表　　　　　　　　表 8.1-1

名称	参数	数量	备注
空压机	HG550-13C，132kW	1 台	容积流量 15m³/min
注浆泵	BW150，15kW	1 台	注浆、注水
制浆桶	直径 0.9m，高 1.2m，2.2kW	1 个	圆柱形制浆桶
调速器	JD2A-40	1 台	调整泵送速度
污水泵	11kW	2 台	抽排污水
水压式封孔器		3 个	注浆时密封用

8.1.8　质量控制

1. 洗孔

（1）准确测量缺陷桩沉渣深度，并在高压风管相应位置缠绕红色胶带作为标识，确保洗孔到位。

（2）施工作业前在孔口安装 PVC 管保护，高出桩顶标高约 20cm，防止返出的沉渣、污水等回流至抽芯孔中。

（3）根据现场泥渣冲洗情况，适时调整空气压力。

（4）每次洗孔作业时，达到孔口喷出的为清水后，再清洗下个孔。

（5）采用气、水、浆多介质循环反复进行清孔，并采用清洗液对孔底黏泥进行浸泡。

2. 注浆

（1）采用高标号超细水泥，配制时水灰比不大于 0.45，浆液采用高速搅拌机制备。

（2）浆液搅拌均匀，随搅随用，在初凝前用完。

（3）封闭注浆时，采用调速器调整高压泵泵送速度，保持慢速、高压，注浆压力维持在 1.0MPa 左右。

（4）保证注浆液用量，注浆液使用量约为理论计算沉渣量的 1.2～1.5 倍。

8.1.9　安全措施

1. 洗孔

（1）施工作业前，检查洗孔管路安装情况，保证连接牢固，防止作业时接口脱开伤人。

（2）施工作业脚手架平台按相关规范搭设，各扣件连接牢固。

（3）在洗孔施工过程中，适当调整空压机压力，避免压力过大洗孔器喷出。

（4）在洗孔施工过程中，人员与施工作业面保持安全距离，避免喷出的石渣伤人。

（5）洗孔器下放至预定位置后，采用措施将高风压管固定。

2. 注浆

（1）注浆作业前，注浆泵和管路进行试运转，确认机械性能、阀门、管路及压力表完好后方可施工。

（2）注浆前，检查安全阀、压力表的灵敏度，并按规定的注浆压力进行施工。

（3）安装注浆管路和各连接部件时，确保各丝扣连接牢固。

（4）注浆过程中，现场作业人员与作业面保持安全距离。

（5）施工作业过程中，现场作业人员佩戴安全帽、手套等防护用品。

8.2　灌注桩全液压钻进孔内掉钻圆形钻杆内胀式打捞技术

8.2.1　引言

对于大直径嵌岩灌注桩钻进，常采用 RCD 气举反循环钻机、KTY 液压动力头钻机或其他全液压回转钻机成孔，钻进时采用配重的大直径牙轮钻头全断面凿岩施工，钻头的连接采用厚壁式圆形钻杆，钻杆间采用焊接其上的法兰通过螺栓连接，以保证大扭矩的传递。在入岩钻进过程中，钻头在配重和加压作用下，钻具承受较大的阻力，而当孔壁出现涌砂、落石或塌孔时，容易造成埋钻现象，在此工况条件下，尤其对于深孔钻进，钻杆相对大直径配重钻头显得细小（如直径 3000mm 的钻头配外径 330mm、内径 270mm 的钻杆），深长钻杆驱动配重钻头钻进时极易被折断，可能导致上方圆形钻杆连同法兰在焊接坡口处一并脱落，具体工况见图 8.2-1。发生掉钻时，传统一般采用潜水员下至孔内将打捞钩与钻头连接后进行打捞，但此方法对于超深孔打捞安全风险较大。

针对钻杆连同法兰一并断脱、孔内打捞的问题，项目组对孔内掉钻打捞技术进行研究，发明了一种圆形钻杆内胀式打捞装置，该打捞装置为带有导向头的圆筒式结构，沿筒体圆周设有 4 个可沿导轨上下滑动的滑块。打捞时通过使打捞器滑块进入待打捞的钻杆内，在上提打捞器的过程中由于导轨的锥形设计使滑块与钻杆内壁之间越压越紧，当通过滑块与钻杆内壁的摩擦传递至待打捞钻杆的上拔力增加至钻具所需的打捞力时，钻具逐渐被提拉松动，并被打捞出孔。经过多个项目实践，形成了完整的施工工艺流程，达到了精准快速、安全可靠、降低事故处理成本的效果。

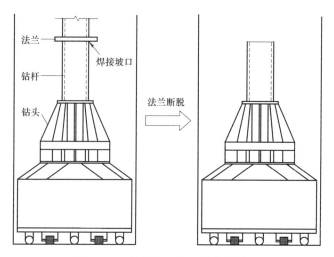

图 8.2-1　钻杆连同法兰脱落的钻头

8.2.2　工艺特点

1. 精准可靠

本技术采用的打捞器前端设有尖锥形导向头，可使打捞器准确插入钻杆实现打捞器与待打捞钻杆连接；在上提打捞器过程中，由于导轨的锥形设计使滑块与钻杆内壁越压越紧，使得打捞器与钻杆紧密连接，确保打捞精准可靠。

2. 操作便捷

打捞时，现场钻机钻杆通过法兰直接连接，采用钻进钻杆直接对中，打捞器前端尖锥形导向设计使其便捷进入掉落的圆形钻杆内壁，并通过下放和提拉打捞器便可实施打捞，无需另外进驻大型机械，操作便捷。

3. 安全性高

本工艺所述的打捞器采用圆筒式结构设计，通过四周滑块与掉落的钻杆产生摩擦力实现重新连接，并通过锥形导轨的外撑作用使滑块压紧钻杆，打捞过程中掉落风险低，且不需要潜水员下水作业，安全性高。

4. 成本低

本打捞器采用钢板、钢管等现场材料加工制作而成，制作成本低；使用时，只需利用现场的现有设备实施打捞，无需增加其他配套机具；本打捞器完成打捞后，可重复使用，总体经济性好。

8.2.3　适用范围

适用于上方钻杆连同法兰一并断脱的圆形钻杆打捞。

8.2.4　工艺原理

1. 技术路线设想

当上方钻杆连同法兰一并断脱时，设想重新使打捞器从钻杆内部建立连接，则能将孔内钻具顺利打捞出孔。为了实现掉落钻具的精准打捞，项目组从以下技术路线考虑：

（1）从钻杆内部建立连接

由于钻杆是钢质内部中空结构，设想使一个打捞器构件进入钻杆内部，该构件与钻杆内壁产生足够大的摩擦力，从而将钻具打捞出孔。

（2）尖锥形导向头

所使用的打捞器需在地面上操作，也能保证其准确插入掉落的钻杆内部；因此，设计一个尖锥形导向头，使得打捞器下放时只要其前端尖锥部分进入钻杆，即可将打捞器导入与钻杆精准连接。

（3）内胀式结构设计

考虑到打捞器随着向钻杆内下插时需与钻杆内壁紧贴，并在起拔过程中能随着上提与钻杆内壁越拉越贴紧，因此，设想一种内置锥形导轨和沿导轨移动的滑块组成的内胀式打捞结构，以满足打捞器下插、上提时的要求。

（4）法兰连接设计

由于原钻机钻杆之间采用法兰连接，为操作方便，将打捞器顶端设计成法兰连接，与原使用的钻杆直接通过法兰螺栓连接。

2. 内胀式打捞器结构

以下进行说明的打捞器尺寸以对应内径为 270mm 的圆形钻杆为例。

打捞器为钢质圆筒式结构，其组成构件包括：顶部法兰、外筒、内部圆钢、导轨（4个）、滑块（4个）、挡板（4个）、底部法兰、尖锥导向头，其中顶部法兰、内部圆钢和外筒焊接在一起形成主体框架，外筒筒壁四周对称，其上开有 4 个孔槽，为滑块提供滑动空间。内胀式打捞器结构见图 8.2-2。

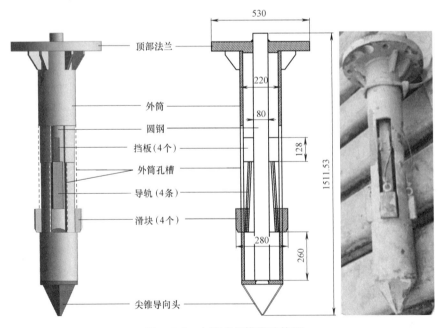

图 8.2-2　内胀式打捞器结构图

3. 导轨和滑块结构设计

（1）导轨和滑块结构

打捞器的主要构件为导轨和滑块，其中导轨为上窄下宽的钢条，4 条导轨均匀环绕焊接于圆钢四周，每条导轨两边各设有一条导槽，导槽与水平方向呈 87°倾角，因此，4 条导轨整体呈"锥形"。滑块一侧（内侧）为凹形结构，倾斜角度与导轨导槽一致；另一侧面（外侧）为曲率半径是 135mm 的圆柱弧面，其弧度同待打捞钻杆内壁一致，确保接触时可紧贴钻杆内壁产生摩擦；滑块底部切有一倾角为 30°的坡面，使滑块底部呈锥形，便于打捞器插入钻杆。导轨、滑块结构见图 8.2-3、图 8.2-4。

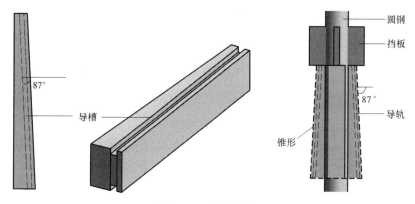

图 8.2-3 导轨结构

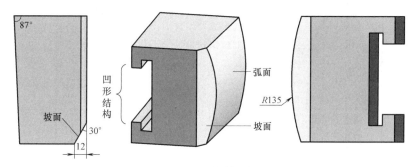

图 8.2-4 滑块结构

（2）导轨和滑块组合设计

滑块利用凹形结构与导轨导槽相嵌，可沿导轨上下滑动，其行程由上方挡板及下方外筒壁所限。导轨与滑块配合见图 8.2-5。由于导轨的锥形设计，滑块沿导轨滑动时，其外侧所围成的圆柱空间直径（以下简称"滑块外径"）会发生变化。当 4 个滑块同时沿导轨上滑时，滑块外径缩小，当行至导轨顶端时达到最小，最小值为 253.6mm，此时小于钻杆内径，滑块与钻杆内壁无接触；当 4 个滑块沿导轨下滑时，滑块外径增大，当行至导轨底端时达到最大，最大值为 280mm，此时大于钻杆内径，滑块处于钻杆内腔之外。

实际打捞时，当滑块在钻杆反推作用下，从底端沿导轨滑动过程中外径减小至 270mm 时，刚好等于待打捞的钻杆内径，此时滑块可全部进入钻杆内，其外侧与钻杆内壁贴紧。滑块沿导轨滑动时外径变化与钻杆内径的位置关系见图 8.2-6。

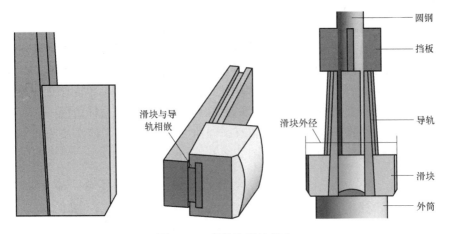

图 8.2-5　导轨和滑块组合

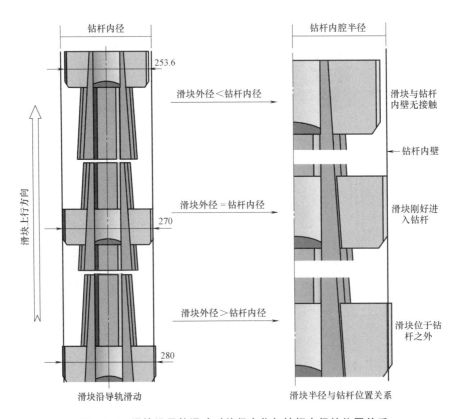

图 8.2-6　滑块沿导轨滑动时外径变化与钻杆内径的位置关系

4. 内胀式打捞原理

本技术能够成功打捞的关键在于下放打捞器使 4 个滑块沿导轨上滑，其外径内缩变小后进入钻杆内壁，再上提打捞器使锥形导轨将滑块向外撑出并压紧钻杆，从而使打捞器与钻杆连接牢靠。

首先，将打捞器下放至掉落的钻杆深度处，使打捞器尖锥导向头进入钻杆，打捞器的 4 个滑块在重力作用下滑至导轨底端；此时由于滑块外径大于钻杆内径，滑块在钻杆反推作用下沿导轨上滑，同时滑块外径逐渐缩小，此时钻杆壁作用于滑块底部坡面；待滑块外径缩至与钻杆内径一致时，滑块全部进入钻杆，在重力作用下滑块外侧与钻杆内壁贴紧；继续下放打捞器，使打捞器整体插入钻杆的深度不小于1.2m，防止因外力干扰导致打捞器意外脱落，下放过程中滑块相对导轨位置不变（滑块外径保持为270mm），且与钻杆内壁保持紧贴。

然后，利用钻机上提打捞器，此时打捞器内的导轨装置随钻杆上移，此时滑块在摩擦作用下与钻杆内壁的相对位置保持不变，而导轨"上窄下宽"的锥形设计使得导轨上移时，滑块被导轨下端外撑，与钻杆内壁越压越紧。由于滑块与钻杆内壁均为钢材质，二者紧压时产生极大的摩擦力，当通过摩擦传递的上拔力不断增加并达到钻具所需的上提打捞力时，钻具则被打捞器提起。

内胀式打捞原理见图8.2-7（为说明导轨和滑块的运动变化，图中未显示其周围的外筒部分）。

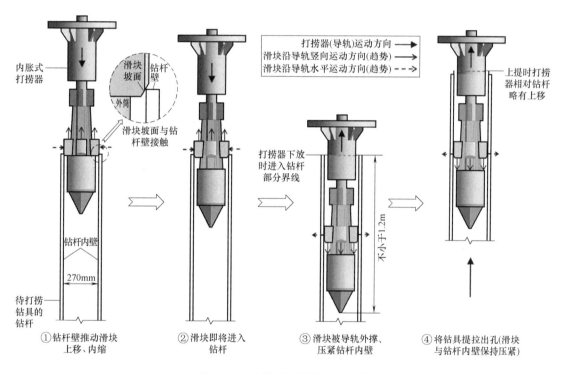

图8.2-7　内胀式打捞原理示意图

8.2.5　施工工艺流程

灌注桩全液压钻进孔内掉钻圆形钻杆内胀式打捞工艺流程见图8.2-8。

8.2.6　工序操作要点

以下操作要点以打捞内径为270mm的RCD钻杆（具）为例进行说明。

1. 打捞前准备工作

（1）通过现场钻进过程调查，掌握孔内掉钻的详细情况，包括事故经过、钻杆型号和

图 8.2-8　灌注桩全液压钻进孔内掉钻圆形钻杆内胀式打捞工艺流程图

参数指标、掉落位置（深度）等。RCD 钻具规格尺寸确定见图 8.2-9。

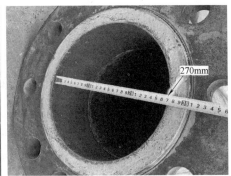

图 8.2-9　RCD 钻具规格尺寸确定

（2）准备打捞材料，如钢板、钢管等，加工制作相应规格的打捞器。制作完成的打捞器见图 8.2-10。

2. 利用反循环清除孔内钻具周围沉渣

（1）测量孔内实际深度，与掉落钻具时的钻进位置进行对比，摸清孔内沉渣厚度。

（2）调制好清孔泥浆，采用空压机形成气举反循环清孔，将套管内钻具周围渣土清除干净，防止沉渣过厚糊住钻杆孔以及加重钻头重量。气举反循环清孔见图 8.2-11。

（3）清孔至掉落钻具全部露出为止，并尽可能往下清理孔内沉渣以减小打捞阻力。

3. 钻机钻杆通过法兰盘连接打捞器

（1）安装前，检验打捞器性能情况，确保滑块沿导轨滑动流畅，外筒、滑块等尺寸符合打捞要求。

（2）钻机动力头连接第一节钻杆后，通过钻杆底部法兰盘与打捞器相连，确保连接牢靠。

图 8.2-10　内胀式打捞器制作完成

图 8.2-11　气举反循环清孔

4. 钻机下放打捞器至打捞深度

（1）调整钻杆位置使钻杆中轴线对准钻孔中心。

（2）钻机对中后下放打捞器，下放过程中实时监测钻杆垂直度，保证打捞器竖直下放。

（3）不断加接钻杆，直至打捞器到达待打捞钻杆深度附近，钻杆下放打捞器见图 8.2-12。

5. 打捞器尖锥导向头进入钻杆

（1）待打捞器到达待打捞钻杆深度附近后，降低钻杆下放速度，使打捞器尖锥导向头缓慢插入钻杆。

（2）若导向头没有成功进入钻杆，则缓慢提拉打捞器并在水平方向小幅移动或提拉出孔后再次尝试。

6. 下放打捞器进入钻杆一定深度

（1）导向头进入钻杆后，继续缓慢下放打捞器，使钻杆壁推动滑块使其沿导轨上滑并内缩。

图 8.2-12　下放打捞器

（2）待滑块外径缩至钻杆内径时，滑块完全进入钻杆内部，继续下放打捞器使其进入钻杆内深度不小于 1.2m，此时滑块在重力作用下贴紧钻杆内壁。

7. 提拉打捞器使滑块压紧钻杆内壁

（1）向上提拉打捞器，使导轨将外撑滑块压紧钻杆内壁。

（2）上下反复小幅提放打捞器，确保滑块与钻杆内壁压紧、无松动。

8. 继续上提打捞器将钻具打捞出孔

（1）提拉钻杆使滑块压紧钻杆内壁后，缓慢、匀速上提打捞器，将待打捞钻具带离孔底。

（2）上提过程中不断拆卸钻杆，直至打捞器完全将钻具打捞出孔。打捞器将钻具打捞出孔见图 8.2-13。

9. 将打捞器与钻具气割分离

（1）将打捞出来的钻具用履带起重机运至施工平台，将打捞器从钻杆上拆卸下来；打捞出口的钻具放置在地面上，将上覆泥渣冲洗干净，用垫块卡住防止倾覆。吊运打捞出孔

227

的钻具见图 8.2-14，打捞出孔的 RCD 钻具见图 8.2-15。

图 8.2-13　打捞器将钻具打捞出孔　　　　　　图 8.2-14　起重机吊运打捞出孔的钻具

图 8.2-15　打捞出孔的 RCD 钻具

（2）用乙炔将打捞器从钻具上切割，打捞完成。打捞器与钻具气割分离见图 8.2-16。

图 8.2-16　打捞器与钻具气割分离

8.2.7 机械设备配置

本工艺现场施工所涉及的主要机械设备见表 8.2-1。

主要机械设备配置表 表 8.2-1

名称	型号及参数	备注
RCD 钻机	JRD300	连接打捞器、打捞钻具
RCD 钻杆	内径 270mm	通过法兰连接打捞器
空压机	21/25	气举反循环清孔
氧焊切割机	200A	将打捞器从钻具上切割下来
履带起重机	160t	吊运钻具

8.2.8 质量控制

1. 清孔

（1）清除孔内掉落钻具周围的沉渣时，连接管路密封良好，并注意补充足量的优质泥浆。

（2）内胀式打捞器下入桩孔前，保证掉落钻头上覆盖的沉渣清除干净，避免打捞器下放后糊泥，滑块无法自由滑动，影响处理效率。

2. 打捞

（1）打捞器下放过程中，钻机保持平稳，钻杆对中桩孔，在打捞过程中不发生倾斜和偏移，保证打捞器竖直下放。

（2）缓慢下放打捞器，提升打捞器时保持缓慢、匀速，防止钻头再次掉落。

（3）钻具打捞置于地面后，用清水冲刷干净，仔细检查，如有损坏则进行修复。

8.2.9 安全措施

1. 清孔

（1）采用气举反循环清孔时，空气压缩机管路中的接头采用专门的连接装置，并将连接的气管用钢丝绑扎相连，以防加压后气管冲脱摆动伤人。

（2）内胀式打捞器使用前，检查其完好状态；安装完成后，确保连接法兰盘固定牢靠。

2. 打捞

（1）打捞过程派专职安全员全程旁站，无关人员严禁进入施工区域。

（2）提升打捞器时缓慢、匀速，防止钻头再次掉落。

（3）掉落钻具吊出孔口后，将钻具清洗后及时平放至坚实地面并用垫块固定，防止滚动伤人。

（4）孔口及时做好防范措施，防止人员掉落。

（5）切割打捞器与钻杆分离时，使用气焊人员持证上岗，作业时无关人员远离现场，防止高温火焰伤人。

8.3　旋挖筒钻双向反钩孔内掉钻打捞技术

8.3.1　引言

　　旋挖钻孔灌注桩近年来已发展成为应用最广泛的桩型之一，旋挖钻进成孔时，柴油发动机提供液压动力，驱动旋挖钻头旋转切削地层，随着钻杆加压，在钻头顶板开设的卸力孔作用下，将钻渣装入钻头内并被提出孔外，如此循环钻取和卸倒渣土，直至设计持力层深度，旋挖钻头钻进见图 8.3-1。在旋挖钻孔过程中，时有发生由于方套或方头断裂、连接钻头的保险销脱落、方头与方套不适配等导致的孔内钻头掉落事故，造成工期延长、工效下降，带来较大的经济损失。如何高效便捷地处理孔内掉钻事故，在旋挖钻进施工中变得尤为重要。

顶板卸力孔

图 8.3-1　旋挖钻进施工旋挖钻头

　　目前，常用的掉钻处理方式有连接钢丝绳下沉打捞钩入孔盲捞、采用特制打捞机械手（爪）打捞、潜水员入孔将钢丝绳固定钻头后起吊等，但上述方法存在难以建立打捞钩与掉钻有效连接、耗时长、成功率低、安全隐患大等弊端。由此，课题组从掉落旋挖钻头的结构、尺寸等特性入手，针对性研制出一种新型的配置双向打捞反钩的钻筒，该打捞钻筒半径与掉落钻头顶板卸力孔中心至钻杆中心距离一致，并在钻筒壁上焊接两个反向布置的打捞钩，通过下放钻杆将打捞钩伸入掉钻顶板卸力孔中，旋转钻杆使打捞钩将卸力孔壁卡住，此时打捞钩与掉落钻头在顶板处形成有效连接，上提钻杆后可顺利实现掉钻打捞出孔，达到精准快速、安全可靠、降低事故处理成本的效果。

8.3.2　工艺特点

1. 掉钻打捞精准快速

　　采用双向反钩进行掉钻处理时，只需将打捞钻筒轻缓下放入孔，将打捞钩伸入掉落钻头顶部卸力孔中，即可精准快速实现掉钻提升打捞，成功率高，确保了项目的正常施工。

2. 安全可靠

　　本工艺利用旋挖钻机和现场制作的双向反钩打捞钻筒即可实施打捞作业，避免了潜孔员下潜打捞的安全风险，打捞作业无需额外投入其他的机械设备，操作便捷、可靠、安全。

3. 经济效益显著

双向反钩打捞钻筒整体制作成本低，顺利打捞后减少了价格昂贵的旋挖钻头的损失，同时节省了报废该桩孔的巨额处理费用和重新补桩的时间成本，整体经济效益显著。

8.3.3 适用范围

1. 直径

适用于直径不小于 1200mm 的旋挖灌注桩钻头掉落打捞处理。

2. 位置

适用于钻头方套与钻杆方头脱落、1m 内钻杆断裂留于方套上的情况。

3. 其他

适用于钻头底板掉落情况的打捞处理。

8.3.4 工艺原理

1. 打捞装置设计技术路线

（1）由于掉落的旋挖钻头方套可能已经损坏，在孔内暴露的只有钻头顶板，而顶板上设有多个卸力孔，设想将打捞钩伸入卸力孔中，并建立打捞钩与掉钻之间的有效连接，即可实现掉钻打捞出孔，打捞钩起吊见图 8.3-2。

图 8.3-2　打捞钩起吊

（2）考虑到起吊钻头时的平衡问题，应设置 2 个对称分布的打捞钩，见图 8.3-3（a），但当 2 个打捞钩同时伸入卸力孔时，对应的起吊点均分布于钻头中心线同侧位置，则钻头起吊时偏心受力，提升过程会出现不平衡情况，在桩孔内可能破坏孔壁导致塌孔，则 2 个起吊点应设置于以钻头中心对称分布的位置，由此，打捞钩设计为双向反钩结构，具体见图 8.3-3。

（3）打捞钩下放入桩孔与掉钻建立有效连接，设想通过现场已有的旋挖钻机进行辅助操作，通过钻杆将打捞钩快速便捷地送入孔内，并在成功钩挂掉落钻头后提升打捞出孔，见图 8.3-4。

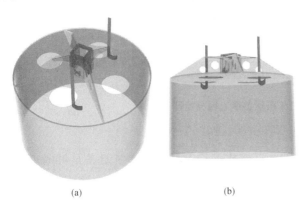

(a)　　　　　　　　　　(b)

图 8.3-3　打捞钩双反向结构设计

图 8.3-4　钻筒反向打捞钩

2. 双向反钩打捞钻筒尺寸分析

根据以上分析的打捞装置设计技术路线，提出一种双向反钩打捞钻筒。

以博今商务广场"B107-0009 地块"项目为例分析，PA-13 号钻孔灌注桩钻进施工至 17.4m 深度时发生掉钻事故，该桩直径 2600mm，现场采用直径 2600mm、长度 1500mm、质量 2.9t 的旋挖筒钻进行钻孔作业。

（1）掉落钻头结构分析

由分析掉落钻头的制作图纸可知，该钻头顶部开设有 4 个对称分布的卸力孔，各卸力孔中心距离钻头中心 700mm，卸力孔直径为 525mm，见图 8.3-5。

（2）双向反钩打捞钻筒直径确定

由于对称布置的打捞钩需伸入卸力孔内方可与掉落钻头建立有效连接，因此，打捞钩与掉落钻头的位置关系见图 8.3-6，而打捞钩通过焊接于打捞钻筒壁实现下放入孔，则打捞钻筒直径为"2×700mm（卸力孔中心与钻头中心距离）=1400mm"，见图 8.3-7。由此，选用直径 1400mm 旋挖钻筒作为打捞钩的依托结构，在其对称的筒壁上分别焊接优质钢板形成双向反钩起吊结构。

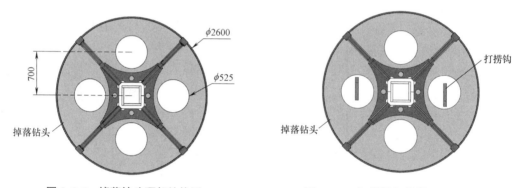

图 8.3-5　掉落钻头顶部结构图　　　　图 8.3-6　打捞钩与掉钻位置俯视图

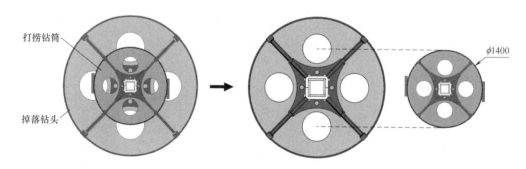

图 8.3-7　打捞钻筒直径分析图

3. 双向反钩结构设计

打捞钩采用单块厚度 50mm 的优质碳素结构钢切割制成，使其具备足够刚度。打捞钩连接杆长度以高出掉落钻头断脱的钻杆为准，不宜超过 1.2m，以提高抗扭矩能力，避免起吊过程中由于打捞钩过长发生弯曲变形，从而影响打捞效果。

在该项目中，打捞钩连接杆长度为 1.2m，其中外露钻筒长度 90cm，重叠焊接于钻筒壁 30cm，连接杆可选择焊接于打捞钻筒外侧壁或内侧壁，连接杆宽度 150mm。打捞钩头部长 30cm、宽 15cm，该横截面尺寸需保证其能快速并完全伸入掉钻顶部卸力孔中。双向反钩三维设计见图 8.3-8，现场实物见图 8.3-9。

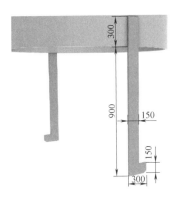

图 8.3-8　双向反钩三维图

图 8.3-9　双向反钩实物

4. 双向反钩打捞原理

将带有打捞钩的打捞钻筒下放入孔，当下放至记录的掉落钻头顶板位置附近时，缓慢旋转钻筒并施以一个较小的下压力，在旋转下压过程中不断调试打捞钩与卸力孔之间的位置关系，当钻杆可明显向下移动时，则打捞钩已伸入卸力孔中，具体见三维示意图 8.3-10。

打捞钩伸入卸力孔后，朝打捞钩弯钩方向缓慢转动打捞钻筒，待机手明显感到存在阻力作用时停止旋转操作，此时打捞钩连接杆已触碰卸力孔边，见图 8.3-11；然后向上提升钻杆，使打捞钩牢牢钩挂住卸力孔边下方的顶板部位，此时打捞钩与掉落钻头建立有效连接，见图 8.3-12；再继续上提打捞钻筒，即可实现钻头打捞出孔。

图 8.3-10　打捞钩伸入卸力孔

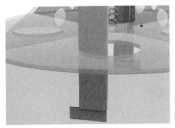

图 8.3-11　旋转打捞钩触碰卸力孔

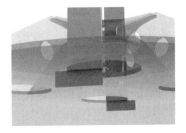

图 8.3-12　打捞钩提升钩挂钻头

8.3.5　施工工艺流程

旋挖筒钻双向反钩孔内掉钻打捞施工工艺流程见图 8.3-13，工序流程见图 8.3-14。

8.3.6　工序操作要点

1. 打捞前准备工作

（1）掌握孔内掉钻事故发生的详细情况；

（2）查阅掉落旋挖钻头的制作图纸和相关参数记录文件，明确钻头整体构造、尺寸、

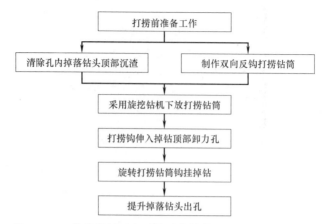

图 8.3-13　旋挖筒钻双向反钩孔内掉钻打捞施工工艺流程图

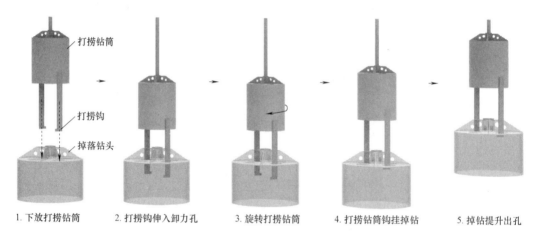

图 8.3-14　旋挖筒钻双向反钩孔内掉钻打捞工序流程图

重量等关键信息；

（3）准备双向反钩打捞钻筒制作的相关材料及设备，包括钢板、尺寸适配的旋挖钻筒、焊条、焊机等。

2. 清除孔内掉落钻头顶部沉渣

（1）测量孔内实际深度，与掉落钻头的位置进行比对，摸清孔内沉渣厚度。

（2）根据桩孔地层情况，配制优质泥浆，采用 3PN 泥浆泵正循环清孔，或采用空压机形成气举反循环清孔，将孔内覆盖钻头的沉渣淤泥清除干净，为掉钻打捞减少阻力。

（3）清孔过程中始终保持孔内原有水头高度，以防塌孔。

3. 制作双向反钩打捞钻筒

（1）根据掉落钻头参数，按照上述技术路线与装置结构制作双向反钩打捞钻筒。

（2）根据打捞钩的制作尺寸，在优质碳素结构钢板上划线形成打捞钩整体轮廓，然后平稳摆放钢板，采用切割机进行切割操作，形成两块相同的打捞钩。

（3）将打捞钻筒平放于地面，采用电焊机或 CO_2 气体保护焊机将其中一边打捞钩焊接在打捞钻筒侧壁上。

（4）完成一侧打捞钩焊接后，在另一侧对称位置，将第二块打捞钩焊接在打捞钻筒侧壁上。

（5）完成两边打捞钩焊接牢固后，注意对整体打捞钻筒进行保护，以免发生碰撞造成损坏。

（6）当无法取得优质碳素结构钢作为制作原材料时，可选用普通碳素钢板通过多块叠加形成一定厚度的打捞钩，确保起吊过程中能承受掉落钻头的整体重量，见图 8.3-15。

图 8.3-15　3 块普通碳素钢板拼接形成的打捞钩

（7）除原理中所述 L 形打捞钩结构外，还可以根据掉落钻头顶部不同的卸力孔构造，按实际情况进行不同结构的打捞钩设计，如 J 形、丁字形、带弯弧形等结构，具体见图 8.3-16～图 8.3-18。

图 8.3-16　J 形打捞钩结构　　　　图 8.3-17　丁字形打捞钩结构

图 8.3-18　带弯弧形打捞钩结构

4. 采用旋挖钻机下放打捞钻筒

（1）将打捞钻筒安装于旋挖钻机钻杆上，调整与桩孔中心对齐，并调整钻杆垂直度；

图 8.3-19　打捞钻筒下放入孔

（2）移动旋挖钻机至桩孔附近，完成就位；

（3）将打捞钻筒缓慢下放入孔，见图 8.3-19。

5. 打捞钩伸入掉钻顶部卸力孔

（1）在打捞钩即将触碰到掉钻顶板前，提前减缓钻杆下放速度。

（2）当打捞钩触碰到孔内掉钻顶板时，稍微提起钻杆，使打捞钩底部距离掉落钻头顶板约 10cm。

（3）一边缓慢旋转钻杆带动打捞钻筒转动，一边对打捞钻筒施以较小的下压力，不断调试打捞钩与掉落顶板卸力孔之间的接触位置，该过程需旋挖钻机手轻压慢转处理。

（4）当 2 个打捞钩正对掉落钻头一组对称布置的卸力孔上方时，对打捞钻筒施以下压力使钻杆出现明显下移，此时打捞钩成功伸入掉钻顶部卸力孔内。

6. 旋转打捞钻筒钩挂掉钻

（1）朝打捞钩弯钩方向缓慢旋转钻杆带动打捞钩转动，至机手明显感到阻力作用时停止操作，此时打捞钩连接杆触碰卸力孔边缘。

（2）向上提升打捞钻筒，当机手明显感到阻力作用时立即停止操作，此时打捞钩钩挂住卸力孔边下方的顶板部位，打捞钩与掉落钻头建立有效连接。

（3）向上慢速轻提钻杆，避免速度过快或力度过大导致打捞钩碰撞掉钻顶板发生破坏。

7. 提升掉落钻头出孔

（1）逐步加大提升力，将掉落钻头提离孔底，并沿孔壁提升出孔，注意全程缓慢操作，避免起吊钻头刮蹭碰撞孔壁导致塌孔。

（2）打捞全程加强孔内水头高度控制，保持孔内泥浆良好性能，以确保孔壁稳定，防止垮孔。

（3）旋挖钻机提升过程无异常情况发生，则持续提升，直至将钻头提出。双向反钩打捞钻筒缓慢提升掉钻出孔见图 8.3-20、图 8.3-21。

图 8.3-20　采用双向反钩打捞钻筒缓慢提升掉钻出孔

图 8.3-21 掉落钻头打捞出孔

8.3.7 机械设备配置

本工艺现场施工所涉及的主要机械设备见表 8.3-1。

主要机械设备配置表 表 8.3-1

名称	型号	参数	备注
泥浆泵	3PN	流量 151m³/h，扬程 15m	清除掉钻顶部沉渣
挖掘机	PC200-8	铲斗容量 0.8m³，功率 110kW	沉渣清运
型材切割机	J1G-FF03-355	额定输入功率 2100W	切割制作打捞钩
CO_2 气体保护焊机	NBC-350A	额定电流 35A，额定电压 31.5V	焊接打捞钩
旋挖钻机	SR365R-W10	最大输出扭矩 365kN·m	下放打捞钻筒

8.3.8 质量控制

1. 清孔

（1）双向反钩打捞钻筒下入桩孔前，清除钻头上部覆盖的沉渣，不得急于开始打捞，否则打捞钩难以对中伸入卸力孔，影响打捞工效。

（2）清除孔内掉落钻头沉渣时，循环泥浆连接管路密封良好，并注意随时补充足量的优质泥浆，以防泥浆补给量不足导致桩孔泥浆面下降，造成孔口坍塌。

（3）清孔方式可根据具体地层条件选择正循环或气举反循环工艺。

2. 钻头打捞

（1）双向反钩打捞钻筒严格按照孔内掉落钻头的构造、尺寸等技术参数进行制作，否则可能出现打捞钩难以对中伸入卸力孔的情况，加长打捞事故处理时间。

（2）打捞钩与打捞钻筒之间采用满焊的连接方式，焊接前清除焊缝两边 30～50mm

范围内的铁锈、油污、水气等杂物，焊接密实牢固，如发现存在缺陷的地方，及时补焊开焊漏焊部分，避免因焊接不牢固使打捞钩在打捞过程中出现脱落情况。

（3）打捞钻筒制作完成后放置于平整场地上，并设置防滚动措施，避免因碰撞等产生压曲变形，影响打捞效果。

（4）旋挖钻机就位后始终保持固定、平稳，确保在钻头打捞过程中不发生倾斜和偏移。

（5）打捞过程中，加强孔内泥浆水头高度控制，并保持良好性能，防止掉落钻头在脱离孔底地层时出现塌孔情况，以确保孔壁稳定。

8.3.9 安全措施

1. 反钩打捞钻筒制作

（1）打捞钻筒制作时，要求焊接牢靠，避免打捞时脱焊造成打捞失效。

（2）焊接作业人员按要求佩戴专门的防护罩、护目镜等，并按照相关操作规程进行焊接操作。

（3）打捞钻筒下孔前，在地面进行预打捞试验，检验打捞钻筒的性能。

2. 钻头打捞

（1）打捞作业现场设专人统一指挥，无关人员撤离作业区域。

（2）当打捞钩下至钻头附近时，控制下降速度；当打捞钩触碰钻头顶板时，慢速旋转并适当加压，直至打捞钩进入钻头卸力孔内。

（3）当打捞钩钩挂住卸力孔边下方的顶板部位后，慢速提升钻杆，切忌强行提拉。

（4）钻头打捞出孔后，及时向孔内补充泥浆，保持孔内液面高度。

8.4 孔内旋挖掉钻机械手打捞技术

8.4.1 引言

旋挖钻机钻进时，动力头向钻杆提供扭矩和加压力，钻杆将扭矩和加压力传递至钻头，使钻头实现对岩土的切削破碎。旋挖钻头在与钻杆连接时，大多采用钻头方套与钻杆方头连接的方式，即将钻杆方头插入钻头方套的对接口内，再将销轴插入销孔将二者连接，连接完成后再用保险销将销轴固定。

在旋挖成孔过程中，连接销轴长时间使用会被磨细，销孔由于磨损扩孔变大，由于二者未能紧密贴合，容易导致销轴被剪断；或者由于保险销损坏，造成销轴松动，使钻头与钻杆脱开，造成孔内掉钻事故。

针对目前旋挖钻头打捞采用潜孔员、螺杆机械手等方式的弊端，项目组根据旋挖钻头的结构特性，利用旋挖钻杆与钻头的连接方式，在旋挖钻杆底部安装特制的机械手，采用旋挖钻杆将机械手下放至掉落钻头位置，机械手借助4个可活动的锥形滑面和倒钩与孔底掉落的钻头进行钩挂连接，再通过提升钻杆将钻头打捞出孔。本工艺通过施工现场的实践应用，达到了打捞快捷、安全可靠、降低成本的效果。

8.4.2　工艺特点

1. 操作安全便捷

本工艺无需潜水员潜入泥浆中打捞，只需在旋挖钻杆底部安装机械手，下放和提升钻杆即可完成打捞，打捞过程安全，操作便捷。

2. 打捞效率高

本工艺使用的机械手借助 4 个锥形滑面可快速与钻头连接，倒钩可保证与钻头连接牢固，因此打捞过程耗时短，成功率高。

3. 经济效益显著

本工艺使用的机械手制作成本经济，可重复使用，免除了潜水员潜入泥浆中打捞的高额费用或钻头废弃、报废桩孔重新补桩而带来的巨额费用支出。

8.4.3　适用范围

1. 打捞物件

适合打捞各种旋挖钻头、旋挖钻头底门板及其他物件。

2. 打捞重量

适合打捞钻头重量不大于 6t 的旋挖钻头。

3. 打捞尺寸

适合钩挂掉落物尺寸在 215～435mm 之间的抓取部位。

8.4.4　工艺原理

以钻头方套外边缘宽度为 265mm 的旋挖钻头打捞为例，该型号方套适配 200mm 宽钻杆方头。

1. 机械手装置结构设计

本工艺所述的打捞机械手由旋挖方套、连接板、定位板、打捞钩四部分组成，整体采用钢结构设计，机械手拆分具体见图 8.4-1，结构见图 8.4-2，实物见图 8.4-3。

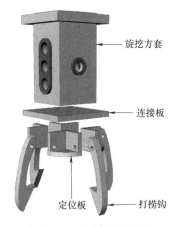

图 8.4-1　机械手拆分图　　　图 8.4-2　机械手结构图　　　图 8.4-3　机械手实物

（1）旋挖方套

旋挖方套与掉落钻头方套规格相同。方套用于连接钻杆，将旋挖钻机钻杆插入方套的连接口，再将销轴插入销孔，最后插入保险销固定销轴即可将二者连接，因此，采用旋挖钻机钻杆连接机械手即可进行打捞作业。

方套高 500mm，主体部分外缘宽 265mm，内缘宽 205mm，销孔直径 72mm；方套顶部宽 370mm，顶部凸出部分高 50mm、宽 52mm。旋挖方套结构见图 8.4-4，方套与钻杆的连接见图 8.4-5。

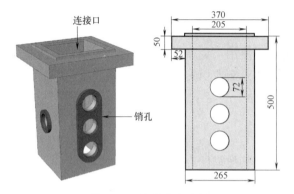

图 8.4-4　旋挖方套结构图

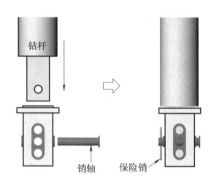

图 8.4-5　方套与钻杆连接示意图

（2）连接板

连接板焊接在方套底部，呈正方形，下方与定位板焊接相连，连接板的作用是将打捞钩和定位板与上部旋挖方套形成整体连接；正方形连接板宽度为 370mm，板厚 30mm。

（3）定位板

定位板对称布置 4 个，焊接在连接板下方，其作用在于固定打捞钩。

定位板由一块扇形底板和两块互相垂直的侧板组成，定位板高 125mm，侧板宽 135mm，扇形底板和侧板厚度均为 25mm；相邻两个定位板之间安装打捞钩，并用螺栓连接，相邻定位板间距 42mm，打捞钩厚度为 40mm，定位板间距大于打捞钩厚度，使得打捞钩可绕螺栓轴自由转动。定位板及其与打捞钩连接具体见图 8.4-6～图 8.4-8。

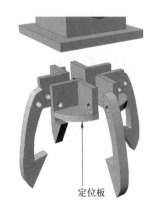

图 8.4-6　定位板

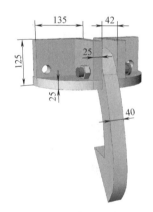

图 8.4-7　定位板与打捞钩连接

图 8.4-8　定位板实物

（4）打捞钩

打捞钩底部呈倒钩状，倒钩内侧为可滑动的锥面，具体见图8.4-9。打捞钩利用倒钩钩住钻头某部位，使机械手与钻头间形成牢固的连接。钩体开始接触钻头时，锥形滑面受力，打捞钩可绕螺栓轴自由张开；当锥形滑面与钻头脱离接触时，打捞钩会收拢，具体见图8.4-10，此时提升打捞钩，即可钩住钻头。

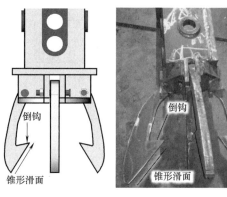
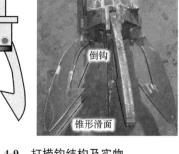

图8.4-9 打捞钩结构及实物

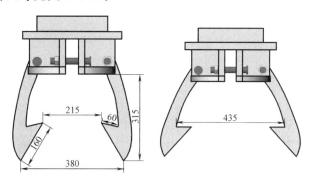

图8.4-10 打捞钩转动示意图

打捞钩采用40mm厚钢板制成，锥形滑面长160mm，打捞钩未张开状态时锥形滑面顶部间距215mm；打捞钩张开时，为确保可稳定钩住掉落物，掉落物可抓取部位尺寸不超过435mm，具体尺寸见图8.4-11。

图8.4-11 打捞钩尺寸及打捞技术参数

2. 机械手打捞原理

机械手打捞钻头原理是直接利用旋挖钻机进行打捞，其将钻杆插入机械手的旋挖方套，用销轴将机械手与钻杆牢固连接后，机械手利用钻杆下放至孔内掉钻位置；当打捞钩接触孔内钻头后，借助4个对称的可旋转打捞钩钩住钻头方套凸出部分，使机械手与钻头间形成牢固的连接，再通过旋挖钻机提升钻杆将钻头提离出孔。

实际操作中，下放机械手直至锥形滑面与钻头方套顶部凸出部分接触，见图8.4-12（a）；继续下放机械手，锥形滑面在方套表面滑动，打捞钩受力后张开，见图8.4-12（b）；继续下放，锥形滑面与方套顶部脱离接触后打捞钩收拢，见图8.4-12（c）；提升机械手时，打捞钩会通过倒钩钩住凸出部分，从而将钻头提升出孔，见图8.4-12（d）。机械手将掉落钻头打捞出孔具体见图8.4-13。

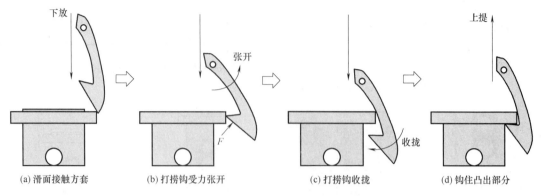

| (a) 滑面接触方套 | (b) 打捞钩受力张开 | (c) 打捞钩收拢 | (d) 钩住凸出部分 |

图 8.4-12　机械手与钻头连接过程示意图

8.4.5　施工工艺流程

孔内旋挖掉钻机械手打捞施工工艺流程见图 8.4-14。

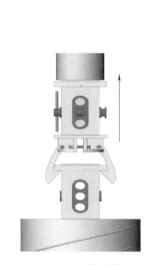

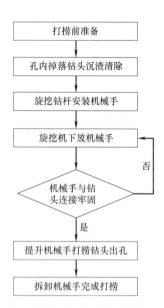

图 8.4-13　机械手打捞掉钻工况示意图　　**图 8.4-14　孔内旋挖掉钻机械手打捞施工工艺流程图**

8.4.6　工序操作要点

1. 打捞前准备

（1）详细调查孔内掉钻事故发生的经过。

（2）查阅钻孔记录表和钻头设计图纸，明确钻头类型、尺寸、整体构造、重量、掉钻深度等关键信息。

（3）根据掉落钻头的重量和尺寸信息，制作规格合适的机械手；出厂前准备一个与掉落钻头相同规格的旋挖钻头，在室内进行模拟打捞试验，检验其打捞效果，具体见图 8.4-15。

2. 孔内掉落钻头沉渣清除

（1）测量钻孔的实际深度，与掉钻深度作对比，计算孔内沉渣厚度。

（2）如果沉渣覆盖住钻头，根据桩孔地层情况，配制优质泥浆，采用正循环或反循环清孔，将孔内覆盖钻头的泥渣清除干净，以便于机械手钩挂钻头和提升出孔。

3. 旋挖钻杆安装机械手

（1）准备销轴、铁锤、保险销等安装工具。

（2）扳动机械手的打捞钩，将打捞钩张开，随后将机械手平稳放置于地面上；移动旋挖钻机，将钻杆方头插入机械手的连接口内。

（3）旋挖钻杆完全插入后，将销轴插入连接销孔，用铁锤击打销轴直至连接紧固，再插入保险销固定销轴，现场具体安装机械手见图 8.4-16。

4. 旋挖钻机下放机械手

（1）移动旋挖钻机，将机械手移至钻孔正上方，使机械手中心与钻孔中心点对齐；缓慢下放钻杆，将机械手下放至孔内，具体见图 8.4-17。

图 8.4-15　机械手模拟打捞　　图 8.4-16　现场安装机械手　　图 8.4-17　孔内下放机械手

（2）当机械手接近掉落钻头时，降低钻杆下放速度，继续下放钻杆直至下放受阻；随后，缓慢提升钻杆，提升过程中观察钻杆负荷是否增大，如果负荷无明显变化，或者负荷数值一直不稳定，说明机械手未将钻头抓住；此时，旋转钻杆，适当调节机械手位置后再次下放机械手，重复上述过程，直至提升钻杆时负荷显著增大，此时机械手已牢固钩住钻头某部位。

5. 提升机械手打捞钻头出孔

（1）确认机械手与钻头牢固连接后，缓慢、匀速提升钻杆，防止钻头再次掉落。

（2）提升钻头出孔前，在孔口位置稍作停留向孔内补浆，以维持孔内液面高度，确保孔壁稳定，再将钻头提升出孔，提升钻头见图 8.4-18，钻头提升出孔见图 8.4-19。

6. 拆卸机械手完成打捞

（1）机械手将掉落钻头提升出孔后，移动旋挖钻杆，将打捞出的钻头平稳放置在孔外地面上，下放钻杆使机械手与钻头脱离接触，扳动打捞钩将打捞钩张开，同时移动钻杆将机械手移位，钻头移至孔外见图 8.4-20。

（2）将机械手与钻杆的连接销轴拆下，清洗机械手；检查机械手是否有损坏，如有损坏及时修复，具体见图 8.4-21。

图 8.4-18　提升钻头

图 8.4-19　钻头提升出孔

图 8.4-20　钻头移至孔外

图 8.4-21　机械手损坏

8.4.7　机械设备配置

本工艺现场施工所涉及的主要机械设备见表 8.4-1。

主要机械设备配置表

表 8.4-1

名称	型号	参数	备注
旋挖钻机	宝峨 BG36	扭矩 365kN·m，最大提升力 320kN	连接打捞机械手
打捞机械手	自制	钩挂尺寸在 215～435mm 之间的掉落物件	钩挂钻头
泥浆泵	3PN	流量 108m³/h，扬程 21m	正循环清孔

8.4.8 质量控制

1. 机械手制作

（1）根据掉落钻头的重量和钻孔直径，确定机械手的尺寸和技术参数，并选择适宜的材料制作，确保机械手强度足以承受钻头重量。

（2）制作机械手时，各组件的制作精度满足设计要求，保证组件可以正常连接。

2. 孔内打捞掉落钻头

（1）打捞前，先清除孔内掉落钻头沉渣，采用泥浆正循环或反循环清孔至掉落钻头底部，以减轻提升钻头时机械手受到的阻力；清渣时，注意控制孔内泥浆的液面高度，及时补充优质泥浆护壁，防止泥浆补给量不足而造成液面下降导致孔口塌孔。

（2）在孔内下放机械手时不可过于贴近孔壁，防止刮碰渣土导致埋钻，从而增加打捞难度。

（3）机械手缓慢、匀速提升，避免钻头再次掉落；不可强行提拉，防止打捞钩损坏。

8.4.9 安全措施

1. 机械手制作

（1）制作机械手的焊接工人按要求佩戴专门的防护用具（如防护罩、护目镜等），并按照相关操作规程进行焊接操作。

（2）机械手使用前，用一个与掉落钻头相同规格的钻头进行模拟试验，观察机械手强度是否足以提升钻头。

2. 孔内打捞掉落钻头

（1）打捞过程中，全程派专职安全员旁站，无关人员禁止进入施工区域。

（2）提升钻头出孔后，在未将钻头平稳放置于地面前，工作人员远离钻头，防止钻头倒落伤人。

（3）机械手将钻头打捞出孔后，对钻头进行临时支撑固定，再将机械手移位，防止钻头不稳而倾倒。

第9章 绿色施工新技术

9.1 深厚淤泥质填石基坑开挖块石再生利用绿色施工技术

9.1.1 引言

随着城市现代化建设高速发展，回填区域作为开发建设用地越来越多。如遇到有深厚淤泥质填石的基坑开挖工程，会给施工带来较大的困难。深圳太子湾 DY03-08 地块综合开发项目位于海岸线位置，场地为填海造地而成，基坑开挖深度 7.5m，施工范围内地层自上而下分布为填石（含淤泥及淤泥质黏土）、粉质黏土、淤泥质土等。填石层覆盖平均层厚 10.66m，主要由块石和碎石土回填而成，不均匀含淤泥及淤泥质黏土，块石及碎石粒径约 5~50cm，基坑开挖涉及大量的土石方需要外运处理。

对于基坑土石方的处置方法，通常直接将土石方运往指定受纳场堆填，占用土地资源，加之乱排放导致时常发生环境污染等问题。另外，由于基坑土中含有大量的块石和碎石，直接将其废弃，也是对资源的浪费。

如何合理处置深厚填石的基坑土石，做到最大限度将基坑土石循环利用、变废为宝，实现绿色环保施工是亟待解决的热点难题。为此，项目课题组开展了"深厚淤泥质填石基坑开挖块石再生利用绿色施工技术"研究，对开挖出的土石方进行资源优化处理，通过将含淤泥质土的基坑土石经机械洗滤筛分出块石，再就地将块石通过不同系类的移动破碎机破碎筛分成不同规格的碎石和石粉，碎石和石粉可用于拌制混凝土、路基垫层、喷射混凝土及现场自用等，整体上实现了资源循环再利用。本工艺通过数个项目实际应用，达到了绿色施工、高效经济、文明环保的效果，取得了显著的社会效益和经济效益。

9.1.2 工艺特点

1. 筛分破碎一站式处理

本工艺采用机械洗滤筛分、破碎分选两套处理系统，洗滤筛分系统将含淤泥质土的基坑土石经洗滤后分筛出块石，再采用破碎机筛分系统将块石破碎分选为各种型号的碎石和石粉。整体过程一站式综合处理，处理过程彻底、无害化程度高、绿色效果好。

2. 机械化操作便捷

本工艺应用时，将洗滤筛分设置在基坑场内、破碎分选在场区附近，洗滤筛分、破碎分选设备现场可移动，安装拆除快速；机械化处理操作便捷，对施工现场干扰小。根据块石的处理量，可同时设置多台（套）设备流水作业线；本系统开机后可连续作业，处理能力强。

3. 经济效益显著

本工艺将基坑土石经机械洗滤筛分、破碎分选处理后，转换成级配碎石及石粉，可循环再生利用；同时，大量块石在现场就地得到处理，减少了土石的外运量，节省泥头车运输成本，产生的综合经济和社会效益显著。

4. 绿色环保无污染

本工艺块石在基坑内采用机械水洗过滤筛分，采用多台套破碎机一站式级配式分选破碎，块石处理利用率高，处理过后对环境无污染；经处理的碎石和石粉应用于市政道路施工，再生资源变废为宝；另外，土石减量外运节能减排，避免了车辆污染环境和占用道路，综合绿色效益显著。

9.1.3 适用范围

适用于基坑开挖深厚淤泥质填石的洗滤筛分、破碎分选再生利用处理；适用于基坑开挖含深厚填石的破碎分选再生利用处理。

9.1.4 工艺原理

本工艺所述的处理技术包括洗滤筛分、破碎分选两部分，洗滤筛分采用液压旋转筛分斗经洗滤将污泥无害化处理，破碎分选采用颚破＋圆锥破将块石由大到小破碎，再经移动筛进行分选的综合处理技术。

1. 液压旋转洗滤筛分斗无害化处理技术

本技术主要采用液压旋转洗滤筛分斗将含淤泥质块石进行洗滤筛分，将包裹块石的污泥洗净。液压旋转筛分斗主要是由挖掘机斗铲、滚筒筛、液压系统构成，滚筒筛装置安装于挖掘机斗铲内，液压油管与筛分斗接口连接，液压马达经减速机与滚筒装置通过联轴器在液压驱动下绕滚筒筛轴线转动，具体见图9.1-1。

本技术液压旋转洗滤筛分斗工作时，将基坑的土石用液压旋转筛分斗自带的铲斗装进滚筒筛

图 9.1-1 液压旋转筛分斗原理图

中，启动滚筒筛旋转的同时放入场地内设置的水池中，滚筒筛旋转过程中，带动块石与块石、块石与水相互间不断翻转，泥浆水随筛孔融入水池，块石则留在滚筒筛中，实现了污泥、块石洗滤筛分。块石经滚筒筛控水后，倒出集中堆放，具体见图9.1-2。

2. 颚破＋圆锥破＋移动筛块石级配破碎筛分综合处理技术

本技术所述的基坑块石级配破碎筛分处理，包括三套设备的一站式联合工作，即：履带移动颚式破碎站、履带移动圆锥式破碎站和履带移动筛分站串联，块石由大至小的破碎和筛分，实现块石的再生利用。具体一站式破碎过程见图9.1-3。

（1）履带移动颚式破碎站

颚式破碎站处理时，先将块石中≤10mm的杂质筛除，对含有的铁料、垃圾进行人工分拣，再输送至破碎主机将块石破碎为≤200mm的石料。

(a) 土石装进滚筒筛中 　　　　　(b) 滚筒筛水池中旋转洗滤 　　　　　(c) 洗滤筛分后的块石

图 9.1-2　液压旋转洗滤筛分斗

图 9.1-3　颚破＋圆锥破＋移动筛的块石级配破碎筛分处理

作业时，用挖掘机将块石上料至颚式破碎站的受料斗，通过受料口进入颚式破碎站的破碎主机（配备活动颚板和固定颚板），电动机驱动角带轮通过偏心轴旋转使活动颚板作摆动，推动活动颚板向固定颚板靠近，块石被挤压、搓、碾等多种破碎，破碎的石料从破碎主机排料口排出，经过成品输送机输送至圆锥式破碎站给料斗里。颚式破碎站见图 9.1-4，破碎主机的构造见图 9.1-5。

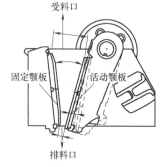

图 9.1-4　履带移动颚式破碎站图　　　　　**图 9.1-5　破碎主机构造图**

（2）履带移动圆锥式破碎站

经颚式破碎站处理的石料经传输带送至圆锥式破碎站继续进行破碎处理，破碎后粒径为≤45mm 的粗石料。

工作时，大块石料进入至圆锥式破碎站给料斗后，通过上料输送机输送至圆锥破碎主机内，电动机驱动偏心套旋转，通过传动装置使动锥在偏心轴套的强制作用下旋转并摆动。动锥靠近静锥的部分成为破碎腔，石料通过动锥和静锥的反复挤压和撞击而被破碎。石料将在其自身重力作用下掉落，并从锥底部出料口排出。圆锥式破碎站见图 9.1-6，圆锥破碎主机的构造见图 9.1-7。

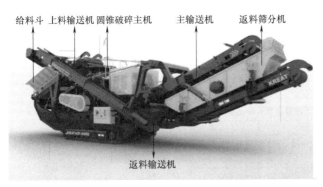

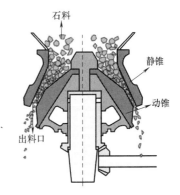

图 9.1-6　履带移动圆锥式破碎站图

图 9.1-7　圆锥破碎主机构造图

（3）履带移动筛分站

经圆锥式破碎站处理后，达到所需尺寸的石料通过成品料输送机输送至移动筛分站中，将石料进行分类筛分。

石料进入到移动筛分站的上料输送机后输送至圆振筛筛分机中，圆振筛筛分机含有振动筛分网，分为顶层筛、中层筛和底层筛共 3 层规格不同的筛分网，依次从上至下设置，可筛分为 4 种规格的石料。第一层筛分出 20～45mm 的石料，通过一层输送机输送至设备外；第二层筛分出 10～20mm 的石料，通过二层输送机输送至设备外；第三层筛分出 5～10mm 的石料，通过三层输送机输送至设备外；≤5mm 的石料，则通过筛下输送机输送至设备外。履带移动筛分站见图 9.1-8。

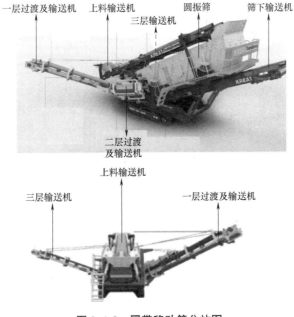

图 9.1-8　履带移动筛分站图

9.1.5　施工工艺流程

深厚淤泥质填石基坑开挖块石破碎再生利用绿色施工工序流程见图 9.1-9。

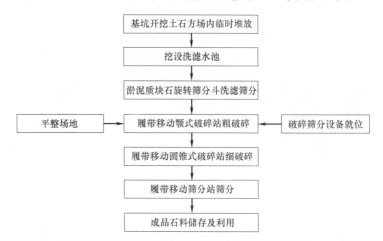

图 9.1-9　深厚淤泥质填石基坑开挖块石破碎再生利用绿色施工工序流程图

9.1.6　工序操作要点

1. 基坑开挖土石方场内临时堆放

（1）将基坑开挖的土石方按现场布设要求堆放。

（2）泥头车卸土后，用推土机将土石方集中，以方便下一步入筛处理。现场泥头车运输见图 9.1-10。

2. 挖设洗滤水池

（1）在土石方集中堆放处开挖一个长 10m、宽 8m、深 2m 的水池。

（2）将水池底板及侧壁用混凝土硬化，防止水渗漏。

（3）将处理好的水池蓄水至 1.5m 处，为块石洗滤筛分做准备，洗滤水池及蓄水具体见图 9.1-11。

图 9.1-10　基坑土石泥头车运输处理

图 9.1-11　开挖洗滤水池及蓄水

3. 淤泥质块石旋转筛分斗洗滤筛分

（1）液压旋转筛分斗外形尺寸 1.5m×2.0m×1.5m，斗容量 2.4m³，滚筒筛筛孔为 5cm。

（2）将挖掘机铲斗换成液压旋转筛分斗，筛分斗安装于挖掘机上，油管与筛分斗接口连接在一起，液压驱动系统绕滚筒轴线转动，具体见图 9.1-12。

（3）将基坑土用液压旋转筛分斗自带的铲斗装进滚筒筛中，启动滚筒筛旋转的同时放入水池中，由于滚筒装置的高速转动，使基坑土翻转与滚动，在滚筒筛旋转的过程中，泥土与水融合变成泥浆水，泥浆水随筛孔流出流入水池中，块石留在了滚筒筛中，达到土石筛选分离的作用，块石经滚筒筛控水后倒出集中堆放，具体见图 9.1-13。

图 9.1-12　安装液压旋转筛分斗

图 9.1-13　液压旋转筛分斗筛分块石

4. 平整场地、破碎筛分设备就位

（1）由于破碎站、筛分站等都是大型机械设备，对场地要求比较高，施工前需要对场地进行硬底化处理。破碎分选等各机械设备摆放在基坑围挡范围线场外，具体见图 9.1-14、图 9.1-15。

图 9.1-14　破碎分选站机械摆放于基坑场外位置

（2）将履带移动颚式破碎站、履带移动圆锥式破碎站、履带移动筛分站依次摆放平稳。

（3）对所有紧固件、连接部分进行检查，检查传动输送机情况是否良好，若发现输送机皮带破损则及时更换。

（4）对防护装置进行检查，若发现防护装置存在安全隐患，则及时排除；检查破碎主机内有无物料或其他杂物，发现及时清除干净。

图 9.1-15　基坑场外破碎分选站机械摆放位置

（5）经检查机器与传动部件正常后启动，在无负荷情况下正常运转、后方可投料。

5. 履带移动颚式破碎站粗破碎

（1）采用 KJ-3548 型履带移动颚式破碎站，最大喂料 700mm，排料尺寸≤200mm，可满足本项目需求。

图 9.1-16　挖掘机投料

（2）破碎站正常运转后开始投料，用挖掘机将块石上料至颚式破碎站的受料斗，具体见图 9.1-16。

（3）在受料斗处安排一名工人，挑拣出块石中含有的垃圾、铁料等杂物。

（4）将块石加入受料斗内，避免侧面加料或堆满加料，以防止单边过载、负荷突变或阻塞。

（5）通过受料斗进入破碎主机（配备动颚板和固定颚板），电动机驱动角带轮通过偏心轴旋转使动颚作摆动，动颚上行时肘板和动颚间夹角变大，从而推动动颚板向固定颚板靠近，块石被挤压、搓、碾等多种破碎，破碎的石料从破碎机腔下口排出，经过成品输送机输送至圆锥式破碎机给料斗里，具体见图 9.1-17。

图 9.1-17　颚式破碎站输送石料至圆锥式破碎站

6. 履带移动圆锥式破碎站细破碎

（1）采用 KC-AGP300RS 型履带移动圆锥式破碎站，最大进料 215mm，排料尺寸≤45mm。

（2）将履带移动圆锥式破碎站的给料斗对准颚式破碎站的成品输送机的正下方，上料至给料斗。

（3）石料进入圆锥式破碎机给料斗后，通过上料输送机输送至圆锥破碎主机内，工作时，电动机驱动偏心套旋转通过传动装置，活动圆锥在偏心轴套的强制作用下旋转并摆动。动锥靠近静锥的部分成为破碎腔，石料通过动锥和静锥的反复挤压和撞击而被破碎。

（4）破碎后的石料经过主输送机输送至返料筛分机中，返料筛分机含有振动筛分网，共分为1层筛分网。石料满足≤45mm时，从筛分网中掉落成品料输送机输送出去。

（5）石料＞45mm时，石料掉落至返料输送机中，输送至圆锥破碎主机内进行再次破碎，从而使得该履带移动圆锥式破碎机形成闭式回路生产，直至破碎的石料≤45mm。达到所需尺寸的石料后，通过成品料输送机输送至移动筛分机上料输送机中，具体见图9.1-18。

图 9.1-18　圆锥式破碎站输送至移动筛分站

7. 履带移动筛分站筛分

（1）移动筛分机作用主要为将圆锥式破碎机破碎的石料进行分类筛分，本工艺采用KS-1303N型履带移动筛分站，可筛分为4种规格的石料。

（2）现场作业时，将圆锥式破碎站的成品料输送机对准履带移动筛分站的上料输送机的正上方，上料至上料输送机中。

（3）圆振筛筛分机倾角为220°，内含有振动筛分网，分为顶层筛、中层筛和底层筛共3层规格不同的筛分网，依次从上至下设置。

（4）石料进入移动筛分机的上料输送机后输送至圆振筛筛分机中，振动马达驱动顶层筛（≥20mm孔筛）、中层筛（≥10mm孔筛）和底层筛（≥5mm孔筛）作振动；石料在振动中通过各层筛网，按不同规格进入到不同的输送机中。

（5）一层过渡及输送机固定连接顶层筛下料口，筛分出20～45mm的石料，通过一层过渡及输送机输送至设备外；二层过渡及输送机固定连接中层筛下料口，筛分出10～20mm的石料，通过二层过渡及输送机输送至设备外；三层输送机固定连接底层筛下料口，筛分出5～10mm的石料，通过三层输送机输送至设备外；石料≤5mm的，通过筛下输送机输送至设备外。

履带移动筛分站筛分具体见图9.1-19。

一层过渡及输送机

二层过渡及输送机

筛下输送机

三层输送机

图 9.1-19 履带移动筛分站筛分图

8. 成品石料储存及利用

（1）用装载机运输成品石料至石料堆场。

（2）将成品石料运送至混凝土站，根据检测情况对石料进行利用。

（3）现场根据实际需求，喷射混凝土、铺设路面等情况需要，对成品石料进行利用。

9.1.7 机械设备配置

本工艺现场施工所涉及的主要机械设备见表 9.1-1。

主要机械设备配置表　　　　　　　　　　表 9.1-1

名称	型号	数量	备注
液压旋转筛分斗	ZDLH-1	多台	筛分基坑土石
挖掘机	PC200	多台	1台填料,其他安装筛分斗
履带移动颚式破碎站	KJ-3548	1台	粗破碎
履带移动圆锥式破碎站	KC-AGP300RS	1台	细破碎
履带移动筛分站	KS-1303N	1台	筛分
装载机	KG951	1台	运送块石,运送成品料
泥头车	环保型机	多台	运送基坑土石

9.1.8 质量控制

1. 液压旋转洗滤筛分斗无害化处理

（1）通过旋转筛分筒，观察滚筒筛有无卡碰、摩擦现象，若有则可通过调整螺栓进行调整。

（2）液压接头牢固、可靠，保证在工作时能提供有效的动力。

（3）液压旋转筛分斗运作时，派专人观察其工作状态，及时排除故障。

（4）滚筒筛的筛孔大小，易于泥土充分的融入水中，便于筛分；滚筒筛采用特质钢筛网，筛分效率高。

（5）液压旋转筛分斗使用完成后，派专人进行清理，清除滚筒筛内夹渣的小块石，保持良好使用状态；水池内的泥砂长时间沉淀，及时进行清理，避免过度堆积影响筛分斗正常运行。

（6）分筛过程中，控制好旋转速度，掌握好处理时间，保证筛分的效果。

2. 颚破＋圆锥破＋移动筛块石级配破碎筛分综合处理

（1）设备只准在无负荷情况下启动，启动后若发现不正常现象时立即停止运转，排除异常后方可再次启动设备。

（2）颚式破碎站定期检查轴承及电动机温度，其温度一般不能超过 65℃；圆锥式破碎站输送机保持运行正常；启动给料装置，给料沿中心四周均匀给料。

（3）圆锥式破碎站的电流、供油温度、回油温度、保险缸压力等的变化处于可控范围内，观察圆锥排料口状况，保证圆锥落料通畅；检查圆锥式破碎站和移动筛分站的筛网的筛孔大小，如不满足石料粒径的大小，则及时修理。

（4）停机前首先停止加料，待受料斗内的块石全部排出后，方可关闭设备。

（5）在破碎时，若因受料斗内物料阻塞而造成停滞时，则立即关闭设备，将块石清除后方可再启动设备；经常观察排料度变化，当排料度变粗时，立即停机，减小排料粒度。

（6）破碎筛分后的石料做防雨防水保护，防止雨水冲刷石料流失；为了方便石料的外运，石料分类存放。

9.1.9 安全措施

1. 液压旋转洗滤筛分斗无害化处理

（1）项目部组建安全生产管理小组，健全安全管理组织体系，对项目的安全生产实施全面管理和协调。

（2）现场施工作业人员进入工地前接受三级安全教育及相应的安全技术交底，了解相关安全注意事项、法律法规及项目安全文明生产的各项规定。

（3）液压旋转筛分斗安装在挖掘机上后，检查合格后，进行试运转。试运转前，详细检查各部件，各紧固件是否牢靠，筛体周围是否有妨碍滚筒筛运行的障碍物。

（4）液压旋转筛分斗各轴承座、变速箱润滑良好，变速箱油位应适当。

（5）液压旋转筛分斗在滚筒筛停止旋转后方可倾倒出块石，防止飞石伤人。

（6）机械设备发生故障后及时检修，严禁带故障运行和违规操作。

2. 颚破＋圆锥破＋移动筛块石级配破碎筛分综合处理

（1）检查颚破＋圆锥破＋移动筛设备的主要零件，如轴承、连杆、皮带轮及三角皮带等是否完好，紧固螺栓等连接件是否松动，保护装置如皮带盘、飞轮外罩等是否完整，与运动部件是否有相碰的障碍物。

（2）检查破碎站中有无物料，若在给料斗中有大块物料取出后才能启动；检查辅助设备如电器、仪表及信号等设备是否完好，动转中注意观察电流、电压、油温、油压是否正常，并按时准确记录。

（3）当电器设备自动跳闸后，若原因不明，严禁强行连续启动；在巡回检查中，如发现机器声音不正常，则在待给料斗中的物料全部用完后，再停止主电机，切断电源后处理。

（4）破碎站工作运转中，注意均匀给料，不允许物料充满给料斗，更要防止过大的物料或非破碎物进入破碎机设备；在运行中，定期检查各运转部分是否正常，输送皮带有无跑偏，皮带与从动轴之间有无异物掉入，如有异常情况立即停机排除；停机顺序为停止喂料，待物料全部破碎完后再停全部设备。

（5）在设备使用过程中，注意设备的维护和维修；严禁带故障运行和违规操作，杜绝机械事故。

（6）日常使用过程中，采取良好的防护措施，防止破碎时飞石伤人；时刻检查主机各开关，避免因开关失灵使主机误动形成设备事故。

9.2 基础工程施工污泥废水净化处理循环利用技术

9.2.1 引言

随着城市基础工程建设不断快速发展，高层及超高层建筑大量兴建，基坑支护、土方开挖及桩基础工程项目越来越多，施工中产生大量的污泥、废水，给现场文明施工管理带来困难。为处理施工中产生的污泥废水，一般在现场设置排水沟和三级沉淀池，将其经排水沟流入沉淀池进行分级沉淀，达到要求后再排入市政管网。但在暴雨期间或台风季节，尤其当桩基集中施工、基坑大面积开挖时，传统的排水系统往往难以满足现场排污要求，三级沉淀池无法达到良好的处理效果，使未得到有效处理的污泥废水被排入市政管网，造成市政管道污染甚至堵塞情况的发生。

为使基础工程施工中所产生的大量污泥废水排放符合环保要求，项目部在前海嘉里商务中心、招商局前海环贸中心等项目中开展了"基础工程施工污泥废水净化处理循环利用施工技术"研究，利用一体化净化处理装置，采用絮凝剂、聚丙烯酰胺（PAM）、聚合氯化铝（PAC）与三级沉淀后的污水进行混合、搅拌，经反应后，使污水固液净化分离成泥浆和清水，泥浆用于灌注桩成孔护壁，清水循环使用于现场施工、洗车、洒水降尘等。此技术经过上述工程项目的应用实践，形成了一套先进的污泥废水循环利用处理施工技术，达到了高效环保、安全可靠、循环经济的效果，提升了现场文明施工形象，取得了显著的社会效益和经济效益。

9.2.2 工艺特点

1. 排污效率高

本工艺对传统的三级沉淀池处理污废的方法进行改良，在沉淀池中加装浮球液位计及抽水泵，通过采用浮球液位计对污水储存量进行全天候监测，实现水位达到设定高度时自动开启净化处理流程，处理效率达 $20m^3/h$，比传统三级沉淀池处理污水的效率提升 3 倍多。

2. 处理效果好

本工艺在传统的排水沟和三级沉淀池处理排放污废的基础上，增加了药剂反应槽、配水区、絮凝沉淀区及清水溢流槽等分区及相应的处理功能，有效实现一体化沉淀净水处理，使清水与污泥分离效果显著提升，处理时间短，并实时进行分类集纳，处理效果好。

3. 安装应用便捷

本工艺所利用的净化处理设备采用预制化、模块化设计，现场进行装配式安装，占用场地面积小，设备安装、操作便捷，且运行过程自动化控制程度高，仅需一名专业人员即可完成现场操作。

4. 经济效益显著

本工艺采用先进的绿色节能技术，有效降低污泥废水处理能耗和处理成本，净化处理后的泥浆用于灌注桩成孔护壁，清水循环用于现场生产、洗车、降尘、冲洗道路等；同时，整套净化处理设备可重复使用，经济效益显著。

5. 绿色环保无污染

本工艺通过对污泥废水进行有效处理，大大减少工地排污量，极大程度地减轻了对环境的污染，净化处理后的泥浆和清水可循环用于现场生产，节省了大量资源；同时，所采用的抽水泵、空压机等噪声小，有效提升现场绿色施工水平。

9.2.3　适用范围

适用于基坑支护、土方开挖及桩基础工程产生的污泥、废水净化处理和循环利用；适用于暴雨、台风期间施工产生的大量抽排污泥、废水的处理。

9.2.4　工艺原理

1. 污水净化处理循环利用系统

本工艺所述污泥、废水净化处理和循环利用系统主要由三部分组成，分别是沉淀处理系统、净化处理系统和循环利用系统，具体系统流程图及布设图见图 9.2-1、图 9.2-2。

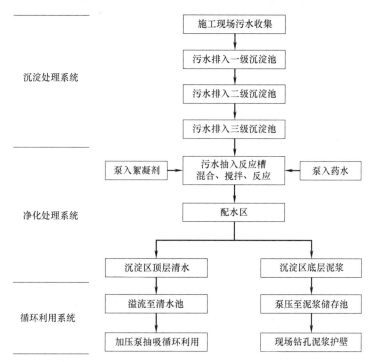

图 9.2-1　污水沉淀、净化、循环利用系统原理流程图

2. 污水沉淀处理系统工作原理

（1）系统组成

沉淀系统主要由一级、二级、三级沉淀池及排水沟组成，污泥废水经排水沟、排水管

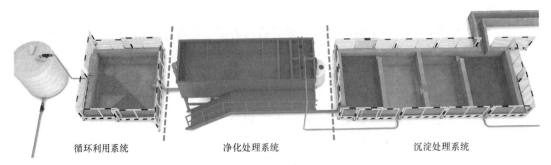

循环利用系统　　　净化处理系统　　　沉淀处理系统

图 9.2-2　污水沉淀、净化、循环利用系统布设图

排入一级沉淀池，并逐级进行沉淀。在三级沉池旁设置一个泥浆储存池用于净化后存储泥浆。沉淀系统组成见图 9.2-3。

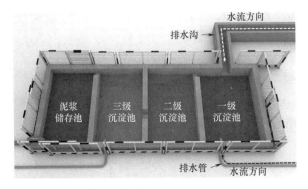

图 9.2-3　沉淀处理系统组成示意图

（2）沉淀处理原理

污泥废水排入沉淀池后，利用污水中悬浮杂质颗粒相对密度大于水的特性，逐级将污水中的颗粒进行沉淀分离处理。经三级沉淀后的污水尚未达到排放标准，泵吸至净化系统进行二次处理，见图 9.2-4。

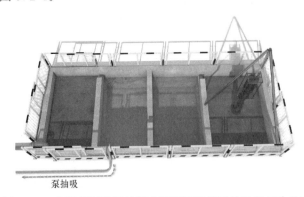

图 9.2-4　经三级沉淀后的污水泵吸至净化系统进行二次处理

3. 污水净化处理系统工作原理

（1）系统组成

本工艺的净化处理系统主要由药水桶、反应槽、配药槽、配水区、絮凝沉淀区及清水

溢流槽组成，见图 9.2-5、图 9.2-6。当施工处于暴雨期，由于污泥废水净化处理量较大，可考虑并列两台净化处理设备，以满足现场需求，见图 9.2-7。

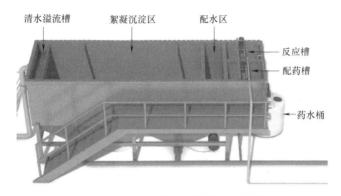

图 9.2-5 净化处理系统组成示意图

图 9.2-6 现场净化处理系统

（2）反应槽污水药剂反应原理

经三级沉淀处理后的污水通过高压泵抽至反应槽（图 9.2-8），与此同时加入药水桶中的药剂和配药槽中的絮凝剂进行化学反应（图 9.2-9）。污水与药水桶中配比药水发生

图 9.2-7 两台净化处理系统并列安装

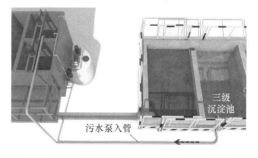

图 9.2-8 三级沉淀后的污水泵入反应槽

桥联、网捕、吸附等物理和化学反应，将废水中的悬浮物、胶体和可絮凝的其他物质凝聚成"絮团"从而产生分离；而污水与絮凝剂的反应，主要是利用其聚合性质使污水中的颗粒集中完成分离；当污水与两种配制好的药物进行反应时，会迅速产生胶状的、能吸附和沉淀的氢氧化铝絮状物。

（3）配水区缓冲、静置工作原理

由三级沉淀后泵入的污水与药水桶配比药水及絮凝剂进行物理和化学反应，其始终处于流动状态，发生反应后即通过设置在反应槽底部开设的宽 20cm 矩形连通口流入配水区进行缓冲、静置，使其逐渐自然沉淀，配水区缓冲、静置见图 9.2-10。

图 9.2-9　药水桶药剂、絮凝剂抽入反应槽

图 9.2-10　配水区缓冲、静置

（4）絮凝沉淀工作原理

污水在配水区静置缓冲后，反应形成的絮泥状物沉积于底部。本净化设备专门设计了底部为锥形的低于配水区的沉淀槽，以便在配水区形成的絮泥状物沿底部相通口快速流入沉淀槽进行沉淀，从而形成底层为相对密度稍大的絮凝状泥浆和上层清水，见图 9.2-11；其中，上层清水通过溢流堰自然溢流至清水槽内，见图 9.2-12。

图 9.2-11　絮凝沉淀区示意图

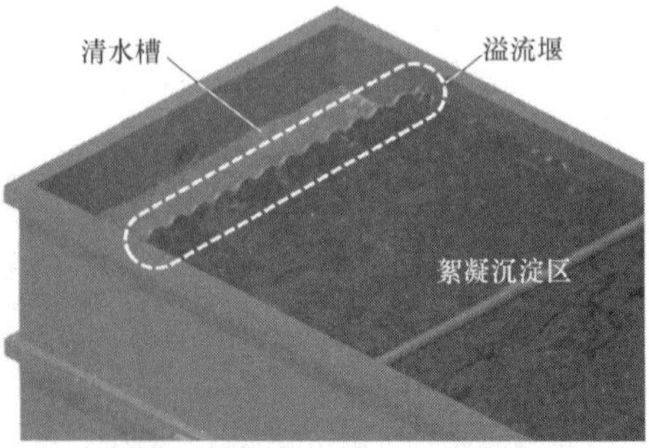

图 9.2-12　上层清水溢流至清水槽

4. 循环利用系统工作原理

（1）上层清水循环系统

清水循环系统主要由排水管、清水池、抽水泵、蓄水桶、加压泵等组成，具体见图 9.2-13。经固液净化分离后的上层清水，由设置在清水槽的水管接入至清水池内，再

由抽水泵抽吸至蓄水桶内，最后采用加压泵将桶内清水泵送至施工场地内的洒水车、洗车池处使用，具体见图 9.2-14。

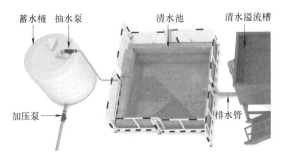

图 9.2-13 清水循环利用系统组成

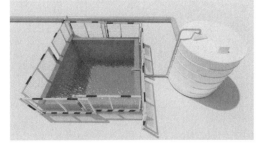

图 9.2-14 清水池水抽至蓄水桶加压泵泵送循环利用

（2）絮凝沉淀池底层泥浆循环系统

泥浆循环系统主要由空压机、泥浆抽排管、泥浆储存池等组成。泥浆循环利用原理主要是经净化处理后的絮团沉积于絮凝沉淀池底部，呈泥浆状态。在沉淀池的两个锥形底部各开设直径 100mm 圆口并连通 PVC 管，PVC 管接入空压机用于将沉淀后的泥浆通过管路泵入泥浆储存池。在反应槽的底部同样开设排淤口，与沉淀池泥浆抽排管路连接，将反应产生的絮状沉淀物一并排入泥浆储存池中，具体见图 9.2-15。

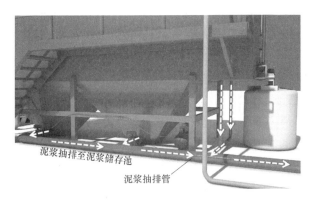

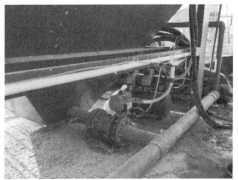

图 9.2-15 絮凝沉淀池、反应槽底泥浆管路布置

9.2.5 施工工艺流程

基础工程施工污泥废水综合净化处理循环利用工艺流程见图 9.2-16。

9.2.6 工序操作要点

以前海嘉里（T102-0261 宗地）项目为例说明，该项目施工过程产生的废泥、废水总量约 12.7 万 m³。

1. 净化设备现场安装

（1）根据场地地形、道路进出条件、安全防火及环境要求，将成套处理设备合理布置于靠近三级沉淀池附近的位置，设备平台平面图见图 9.2-17，设备总平面布置图见图 9.2-18。

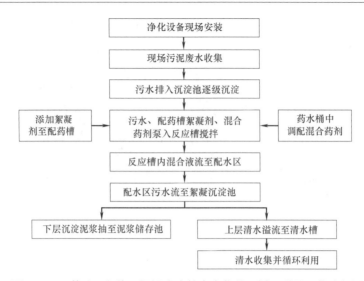

图 9.2-16　基础工程施工污泥废水综合净化处理循环利用工艺流程图

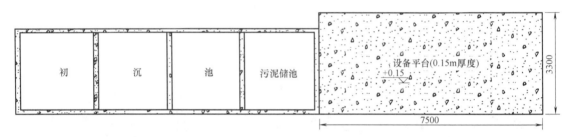

图 9.2-17　设备平台平面图

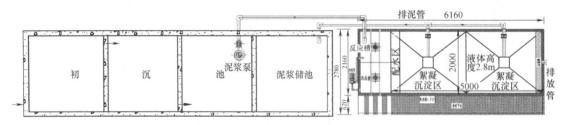

图 9.2-18　净化设备总平面布置图

图 9.2-19　净化设备现场安装

（2）三级沉淀池和泥浆储存池为现场开挖，采用环保砖砌筑并接入排水沟，安装相应的抽水泵、排污泵。

（3）安装场地采用硬地化处理，安装由经过培训的工人进行操作，见图 9.2-19，安装完成后进行用电、防雷接地、管路等试运行。

2. 现场污泥废水收集

（1）通过场地周边设置的排水沟，将现场各个区域内产生的污泥废水集中排入沉淀池中；同时，采用水泵将场地内集中坑或集水井内的污泥废水抽吸泵入沉淀池内，具体见图9.2-20。

（2）污泥废水收集池较深，在四周设置安全护栏，以防人员掉入。

(a) 通过排水沟排入　　　　　　　(b) 通过水泵抽吸排入

图 9.2-20　污泥废水排入沉淀池

3. 污水排入沉淀池逐级沉淀

（1）污水逐级进入一级、二级、三级沉淀池中进行物理沉淀，见图9.2-21。

（2）在一级沉淀池中利用钢管架固定一台3PN泥浆泵，当污水流入量过大时可进行临时抽排，见图9.2-22。

（3）在第三级沉淀池中安装浮球液位计和排污泵，当水位达到设置高度时将自动触发电控箱中的排污泵开关，将三级沉池中的废水抽至净化处理系统，浮球液位计见图9.2-23，排污泵见图9.2-24。

图 9.2-21　三级沉淀池

4. 添加絮凝剂至配药槽

（1）在配药槽中加入絮凝剂与水混合，按照水：絮凝剂＝1000：1.5进行调配。

图 9.2-22　一级沉淀池安装 3PN 泥浆泵

（2）配药槽上部安装搅拌装置将絮凝剂与水搅拌均匀，搅拌时间约30min，使搅拌后药剂呈稠状，具体见图9.2-25。在配药槽底部安装抽吸泵，打开管路阀门和电源，即可将添加了絮凝剂的溶液抽吸至反应槽。

图 9.2-23　浮球液位计

图 9.2-24　沉淀池排污泵

图 9.2-25　在配药槽中添加絮凝剂与水混合

5. 药水桶中调配混合药剂

（1）药水桶用于药剂调配，置于反应槽一侧的地上。

（2）药剂采用聚丙稀酰胺（PAM）：聚合氯化铝（PAC）＝ 3 : 1 进行配制，混合物呈粉状颗粒，并按水：混合药剂＝ 500 : 1 的比例在药水桶内加水调配。药剂及配药见图 9.2-26～图 9.2-28。

图 9.2-26　聚丙稀酰胺　　　　图 9.2-27　聚合氯化铝　　　　图 9.2-28　药水桶加药

（3）为促使药剂溶解，安设小型搅拌机在药水桶内进行搅拌，具体见图 9.2-29。

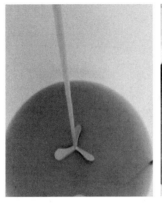

图 9.2-29　药水桶内搅拌使药剂溶解

6. 污水、配药槽絮凝剂、混合药剂泵入反应槽搅拌

（1）采用高压泵将待处理的三级沉淀池内污水抽入反应槽，同时将配药槽内的絮凝剂和药水桶中的混合药剂分别通过设置在设备一侧的抽水泵抽入反应槽，见图 9.2-30。

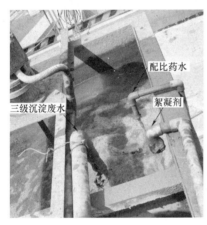

图 9.2-30　污水、絮凝剂、混合药剂同时泵入反应槽

（2）为使污水与药剂发生充分反应，在反应槽上方安装电动搅拌机，对槽内的药剂和污水进行搅拌，加快混合，具体见图 9.2-31。

7. 反应槽内混合液流至配水区

（1）经过反应槽加药反应处理后的污水处于流动状态，为此，在反应槽侧加设配水区，将水体稳定。

（2）反应槽与配水区通过隔离钢板隔开，钢板底部设置宽 20cm 的矩形口，将两个区域连通，具体见图 9.2-32。

（3）反应槽中的水体通过连通口缓慢流至配水区，此时经过药剂处理的污水在配水区相对静止平稳后迅速发生絮凝沉淀分离，相对密度大的形成泥浆并沉至絮凝沉淀区漏斗底部，配水区上层则为初步反应后的浑水，具体见图 9.2-33。

图 9.2-31 反应槽搅拌机混合

图 9.2-32 反应槽底部与配水区连通口

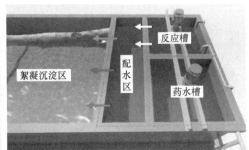

图 9.2-33 配水区及污水处理流向

8. 配水区污水流至絮凝沉淀池沉淀

（1）配水区使加药反应后的水体状态更加稳定，由于配水区底部与絮凝沉淀区的方形漏斗口相连通，混凝沉淀物凝集成"絮团"呈泥浆状流入沉淀区的锥形底部，絮凝沉淀区底部结构见图 9.2-34。

（2）经过沉淀作用，沉淀区上层为沉淀后形成的清水，絮凝沉淀区上层水体状态见图 9.2-35。

图 9.2-34 絮凝沉淀区底部结构图

图 9.2-35 絮凝沉淀区上层水体

9. 下层沉淀泥浆抽至泥浆储存池

（1）经过药剂反应后的污水通过沉淀固液分离，底部絮团成为泥浆，在污水净化处理过程中，反应槽和絮凝沉淀区将产生泥浆堆积。

（2）为将沉淀污泥排出，在沉淀区和反应槽底部开口，接通直径100mm的PVC泥浆抽排管，并配置空气压缩机将泥浆排入泥浆储存池，具体见图9.2-36、图9.2-37。

图9.2-36　泥浆抽排管　　　　　　　　　　图9.2-37　空气压缩机

（3）空气压缩机本身具有自动排泥装置，其开关有手动、自动两种模式，自动模式的工作原理为通过"溢流球"实现：溢流球收集排出泥浆，当泥浆收集量达到溢流球总容量的2/3时，将自动打开排放阀进行排污，压缩空气沿进入方向的反向充入，即迅速将泥浆排至储存池，具体见图9.2-38。

10. 上层清水溢流至清水槽

（1）絮凝沉淀区上层的清水通过加设的溢流堰溢流至清水槽，具体见图9.2-39。

（2）溢流堰呈波浪形，用于将絮凝沉淀池中顶部的悬浮物隔断，同时起到挡流作用，使絮凝沉淀池趋于稳定。

图9.2-38　泥浆抽排至泥浆储存池　　　　　图9.2-39　清水溢流至清水槽

11. 清水收集并循环利用

（1）清水槽连通PVC管将净化处理后的清水排至清水池集中存放，具体见图9.2-40；在地面设置蓄水箱，通过抽水泵将清水池中的清水抽排至蓄水箱内，具体见图9.2-41。

（2）蓄水箱设置排水阀、排水管和增压泵，将蓄水箱内清水输送至各施工场地，用于洗车、降尘、冲洗道路等，实现节水节能，具体见图9.2-42～图9.2-44。

9.2.7　机械设备配置

本工艺现场施工所涉及的主要机械设备见表9.2-1。

图 9.2-40 清水槽水排至清水池

图 9.2-41 清水池水泵至蓄水箱

图 9.2-42 增压抽水泵

图 9.2-43 清洗车辆

图 9.2-44 雾炮机降尘

主要机械设备配置表 表 9.2-1

名称	型号	参数
浮球液位计	XHCSD	量程 3m,分辨率 1mm,功耗小于 5W
泥浆泵	3PN	流量 151m³/h,扬程 15m,转速 1470r/min
隔膜计量泵	JWM-150	功率 90W,额定流量 150L/h
三相异步电动机	YS7124	功率 750W,转速 1390r/min,效率 68%
搅拌机	BLD09-11-0.75	转速 132rpm,轴长 800mm,叶轮 3 片叶 ϕ300
高效率三相异步电动机	YE2-90L-4	功率 1.5kW,转速 14000r/min,效率 82.8%
无油空气压缩机	S1600-15	功率 1.6kW,储气容积 15L,额定压力 1.0MPa
一体化沉淀净水装置	—	外形尺寸 6.5m(长)×2.0m(宽)×2.85m(高)
配套管道	—	用于废水提升、清水排放、污泥排放等

9.2.8 质量控制

1. 三级沉淀处理

(1) 三级沉淀池根据现场污泥废水处理量、场地分区情况进行布设,并留有余地,以满足污废沉淀需求。

（2）沉淀池容积满足停留 30min 污泥废水量，保证沉淀质量。

（3）沉淀池出水口设置格栅阻隔异物，避免输送至污水提升泵后破坏泵体。

（4）沉淀池内的污泥定期清理，以免出现水质恶化，污泥上浮，破坏沉淀池正常工作。

2. 一体化净化处理

（1）根据不同的污废处理量和工况，调整设备运行情况，对一体化沉淀净水装置的计量、仪表、监控进行设计，在投入成本最小化的前提下保证污水处理效果。

（2）整体装置由专业队伍和人员搭建，要求架设于硬地化处理后的场地上，确保布设固定、平稳，且整体布置紧凑。

（3）对沉淀净水装置操作人员进行岗前专业技术培训，培训内容包括污水处理专业基础知识，工艺流程、设备性能、操作规程，常见配件维修更换方法，以及水质常规分析方法及操作等，深入掌握各项内容。

（4）沉淀净水装置运作时，派专人定期查看其工作状态，如出现故障则及时排除，特别注意沉淀槽、污水泵入管、泥浆抽排管、清水排放 PVC 管等是否发生堵塞情况，始终保持流动畅通，确保污泥废水处理质量。

（5）实时监测进出沉淀净水装置的水质和水量，并对相关数据进行整理分析，建立技术档案，根据水质、水量的变化及时调整运转工况。

（6）聚丙稀酰胺（PAM）溶解需干净的常温水，提高水温能加快溶解速度，较适宜的溶解温度为 30～50℃，禁止加入热水，温度过高会导致降解。

（7）聚丙稀酰胺（PAM）溶解避免过强的剪切力搅拌，搅拌速度宜为 100～300r/min。

（8）聚丙稀酰胺（PAM）存放时注意防潮、防水、防漏。

（9）日常使用过程中，沉淀净水装置及配套管路采取良好的防护措施，防止受到挤压、碰撞而导致影响污泥废水处理质量。

3. 清水/污泥循环利用

（1）清水排放 PVC 管严禁与饮用水管道连接，且具有防渗防漏措施；埋地时设置带状标志，明装时涂上有关标准规定的标志颜色和"循环清水"字样。

（2）现场可根据场地条件、循环清水排出及使用量等，架设多个蓄水箱进行临时储水。

（3）净化处理后剩余污泥可用于现场灌注桩钻孔护壁。

9.2.9　安全措施

1. 安全防护

（1）三级沉淀池周边设置相关警示标志，无关人员严禁进入；沉淀池四周设置安全护栏，防止人员跌落。

（2）注意保持沉淀池周边干燥，电线线路排布整齐规范，避免漏电、触电事故。

（3）沉淀池派专人管理，定期检查沉淀池内沉污泥，一旦超过警戒线，则及时清理。

（4）沉淀净水装置在负荷中心设置低压配电柜，向区内各用电设备配电，电缆选用交联聚乙烯绝缘铜芯电缆，电线选用铜芯塑料电线，装置运行过程确保用电安全。

（5）沉淀净水装置按三级防雷设计，接地电阻小于 30Ω，低压保护接地系统设专用保护接地系统，对电气设备外壳和插座进行可靠接地，接地电阻小于 4Ω。

（6）沉淀净水装置四周设置稳固带有安全扶栏的楼梯走道，并贴上警示标志，便于操作人员安全上下通行。

2. 污水净化处理

（1）一体化沉淀净水装置的布设地充分统筹考虑场地功能分区、现场风向、进出道路、工艺流程等各方面条件，全面满足高效、安全的生产要求。

（2）相关设施和设备严格按使用说明书安装，并经验收后正式使用。

（3）沉淀净水装置上布设的水泵、电动机、搅拌机等要求安装牢固，避免脱落发生伤人事故。

（4）聚丙稀酰胺（PAM）为工业级用品，禁止食用；成分无毒副作用，不慎与皮肤接触时，使用大量清水清洗。

附：《实用岩土工程施工新技术（六）》自有知识产权情况统计表

章名	节名	完成单位	类别	名称	编号	备注
第1章 基坑支护咬合桩施工新技术	1.1 基坑支护接头箱旋挖"软咬合"成桩施工技术	深圳市工勘岩土集团有限公司，深圳市工勘基础工程有限公司	发明专利	基坑支护接头箱旋挖软咬合成桩施工方法	202210785307.1	申请受理中
			发明专利	用于基坑支护咬合成桩的接头箱结构	202210785291.4	申请受理中
			实用新型专利	用于基坑支护旋挖施工的孔口平台	ZL 2022 2 1733881.4 证书号第17912805号	国家知识产权局
			实用新型专利	用于基坑支护咬合桩成桩的接头箱	ZL 2022 2 1717355.9 证书号第17920280号	国家知识产权局
			科技成果鉴定	国内领先	粤建学鉴字〔2022〕第109号	广东省土木建筑学会
			获奖	广东省建筑业协会科学技术进步奖三等奖	2022-J3-072	广东省建业协会
	1.2 深厚填石区基坑支护强夯预处理成桩技术	深圳市工勘建设集团有限公司，深圳市工勘岩土集团有限公司	发明专利	一种强夯预处理成桩施工方法	202211028848.6	申请受理中
			科技成果鉴定	国内领先	粤建协鉴字〔2022〕520号	广东省建筑业协会
			获奖	广东省建筑业协会科学技术进步奖二等奖	2022-J2-039-2	广东省建筑业协会
第2章 基坑支护开挖与新技术	2.1 基坑支护预应力锚索预埋管防漏施工技术	深圳市工勘岩土集团有限公司，深圳市工勘建设集团有限公司	发明专利	基坑支护预应力锚索预埋管防堵漏施工方法	202211586398.2	申请受理中
			工法	深圳市市级工法	SZSJGF-2022B-021	深圳建筑业协会
	2.2 基于深基坑内支撑体系的土方临时通道开挖施工技术	深圳市工勘岩土集团有限公司	实用新型专利	基于基坑内支撑结构的土方临时通道系统	ZL 2020 2 1462137.6 证书号第13017033号	国家知识产权局
			科技成果鉴定	省内领先	粤建协鉴字〔2022〕518号	广东省建筑业协会
			论文	《基于内支撑体系的基坑临时出土通道设计应用研究》	《建筑实践》2021年7月 第40卷 第19期	中国建筑学会主办

章名	节名	完成单位	类别	名称	编号	备注
第3章 灌注桩综合施工新技术	3.3 大直径易塌深孔三层钢护筒减阻沉入与精准定位技术	深圳市工勘岩土集团有限公司,深圳市恒诚建设工程有限公司,深圳市工勘建设集团有限公司	发明专利	大直径易塌深孔三层钢护筒减阻沉入与精准定位施工方法	202310366329.9	申请受理中
	3.4 海上平台钢套管钢筋笼与液压千斤顶组合定位技术	深圳市工勘岩土集团有限公司	发明专利	海上平台钢套管钢筋笼与液压千斤顶组合定位施工方法	202210789250.2	申请受理中
			实用新型专利	海上平台钢套管钢筋笼与液压千斤顶组合定位结构	ZL 2022 2 1744388.2 证书号第17821605号	国家知识产权局
			工法	深圳市市级工法	SZSJGF025-2022	深圳建筑业协会
	3.5 钻机气举反循环钻进高位平台低位出渣口捞渣取样技术	深圳市工勘岩土集团有限公司	实用新型专利	一种捞渣取样机构	ZL 2022 2 1349378.9 证书号第17528226号	国家知识产权局
第4章 软基处理施工新技术	4.1 基于智能控制的全套管跟管树根桩施工技术	深圳市工勘岩土集团有限公司,铁科院(深圳)研究设计院有限公司,深圳市晟辉机械有限公司	实用新型专利	设置在钢管内的膨胀变形结构	ZL 2022 2 0080340.X 证书号第16923407号	国家知识产权局
			实用新型专利	一种树根桩高压注浆管孔口中心点控制环架	ZL 2021 2 3103464.X 证书号第16724340号	国家知识产权局
	4.2 污泥层置换砂桩套打水泥搅拌桩软基处理技术	深圳市工勘岩土集团有限公司,深圳市房屋安全和工程质量检测鉴定中心	实用新型专利	履带式振动沉管打桩机	ZL 2013 2 0353447.8 证书号第3344304号	中华人民共和国国家知识产权局

章名	节名	完成单位	类别	名称	编号	备注
第5章 全回转全套管灌注桩施工新技术	5.1 岩溶区大直径超长桩全回转双套管变截面成桩技术	深圳市工勘岩土集团有限公司,深圳市金刚钻机械工程有限公司	发明专利	灌注桩全回转双套管变截面护壁成桩方法	ZL 2021 1 0387854.X 证书号第5587731号	国家知识产权局
			发明专利	灌注桩全回转双套管成桩结构	ZL 2021 1 0387849.9 证书号第5589933号	国家知识产权局
			实用新型专利	灌注桩全回转双套管成桩结构	ZL 2021 2 0744429.7 证书号1586465号	国家知识产权局
			实用新型专利	用于辅助旋挖钻机配合全回转钻机作业的装配式平台	ZL 2020 2 1664299.8 证书号第13085731号	国家知识产权局
			工法	深圳市市级工法	SZSJGF066-2022	深圳建筑业协会
			科技成果鉴定	国内领先	粤建协鉴字[2022]516号	广东省建筑业协会
	5.2 基坑底支撑梁下低净空回转灌注桩综合成桩施工技术	深圳市工勘岩土集团有限公司,武汉鑫地岩土工程技术有限公司	发明专利	基坑底支撑梁下低净空灌注桩综合成桩施工方法	20221625575.3	申请受理中
			实用新型专利	基坑底支撑梁下低净空灌注桩综合成桩施工设备布置结构	20222342315.5	申请受理中
			工法	深圳市市级工法	SZSJGF-2022B-014	深圳建筑业协会
			科技成果鉴定	国内先进	粤建协鉴字[2022]515号	广东省建筑业协会
			获奖	广东省建筑业协会科学技术进步奖三等奖	2022-J3-080	广东省建筑业协会
第6章 潜孔锤施工新技术	6.1 深厚填石层灌注桩钢导管潜孔锤跟管咬合引孔施工技术	深圳市工勘岩土集团有限公司,深圳市晟辉机械有限公司	发明专利	深厚填石层灌注桩预制咬合导管阵列引孔施工方法	20221141224.5	申请受理中
			实用新型专利	预制咬合导管结构	ZL 2022 2 2494716.4 证书号第18502965号	国家知识产权局
			工法	深圳市市级工法	SZSJGF-2022B-015	深圳建筑业协会
第7章 大直径灌注桩沉管施工新技术	7.1 沉管注桩冲击锤成孔与沉管动拔管一体化成桩技术	深圳市工勘岩土集团有限公司,深圳市工勘建设集团有限公司,深圳市金刚钻机械工程有限公司	实用新型专利	一种集成有液压冲击锤和弹簧振动锤的一体化机架	20222369732.7	申请受理中
			工法	深圳市市级工法	SZSJGF-2022B-020	深圳建筑业协会

续表

章名	节名	完成单位	类别	名称	编号	备注
第7章 大直径沉管灌注桩施工新技术	7.2 沉管灌注桩桩靴与桩底钩网固定防浮笼施工技术	深圳市工勘岩土集团有限公司、深圳市金刚钻机械工程有限公司	发明专利	沉管灌注桩桩靴与桩底钩网固定防浮笼施工工法	20231033 6439.0	申请受理中
	7.3 沉管灌注桩荟顶吊杆式阀门斗混凝土灌注施工技术	深圳市工勘岩土集团有限公司、深圳市金刚钻机械工程有限公司	实用新型专利	运用于沉管灌注桩的钢筋笼防浮施工结构	202320676020.5	申请受理中
			发明专利	沉管灌注桩桩身混凝土灌注方法	20221159 1937.1	申请受理中
	7.4 沉管灌注桩高位沉管钢筋笼对接施工技术		实用新型专利	用于沉管灌注桩灌注混凝土的吊杆式阀门灌注斗	202222357326.9	申请受理中
			发明专利	沉管对接钢筋笼入式作业平台的施工方法	20221159 1928.2	申请受理中
			实用新型专利	用于沉管对接钢筋笼嵌入式的作业平台	202222361921.X	申请受理中
第8章 灌注桩施工事故处理新技术	8.1 桩底沉渣多介质高压洗孔与高强浆液封闭注浆修复技术	深圳市工勘岩土集团有限公司、深圳市盐田区工程质量安全监督中心	实用新型专利	抽芯孔交替高风压洗孔结构	20232074 7286.4	申请受理中
			工法	深圳市市级工法	SZSJGF-2022B-012	深圳建筑业协会
	8.2 灌注桩全液压钻进孔内掉钻圆形钻杆内胀式打捞技术	深圳市工勘岩土集团有限公司、徐州景安重工机械制造有限公司;深圳市金刚钻机械工程有限公司	发明专利	灌注桩全液压钻进孔内掉钻圆形钻杆内胀式打捞方法	202210873115.6	申请受理中
			实用新型专利	灌注桩全液压钻进孔内掉钻圆形钻杆内胀式打捞器	ZL 2022 2 1887247.6 证书号 17913879号	国家知识产权局
			科技成果鉴定	国内先进	粤建协鉴字[2022]512号	广东省建筑业协会
			获奖	广东省建筑业协会科学技术进步奖三等奖	2022-J3-078	广东省建筑业协会

章名	节名	完成单位	类别	名称	编号	备注
第8章 灌注桩施工新技术	8.3 旋挖筒钻双向反钩孔内掉钻打捞技术	深圳市工勘岩土集团有限公司,深圳市工勘建设集团有限公司	实用新型专利	双向反钩的打捞装置	ZL 2022 2 2209248.1 证书号第 17812822 号	实用新型专利
			工法	深圳市市级工法	SZSJGF065-2022	工法
			科技成果鉴定	省内领先	粤建协鉴字〔2022〕521 号	科技成果鉴定
	8.4 孔内旋挖掉钻机械手打捞技术	深圳市工勘岩土集团有限公司	实用新型专利	一种用于打捞旋挖钻头的装置	ZL 2022 2 2452311.4 证书号第 18456020 号	国家知识产权局
第9章 绿色施工新技术	9.1 深厚淤泥质填石基坑开挖块石再生利用绿色施工技术	深圳市工勘岩土集团有限公司,深圳市工勘建设集团有限公司	发明专利	深厚淤泥质填石基坑开挖块石再生利用绿色施工方法	20221131356.X	申请受理中
			实用新型专利	深厚淤泥质填石基坑开挖块石再生利用施工设备	ZL 2022 2 2468935.5 证书号第 18503204 号	国家知识产权局
			实用新型专利	用于淤泥与块石分离的液压转洗滤筛分斗	ZL 2022 2 2469111.X 证书号第 18510504 号	国家知识产权局
	9.2 基础工程施工污泥废水净化处理循环利用技术	深圳市工勘岩土集团有限公司,深圳市工勘基础工程有限公司	发明专利	基础工程施工污泥废水净化处理循环利用方法及系统	20221100829 2.4	实审
			科技成果鉴定	国内先进	粤建协鉴字〔2022〕522 号	广东省建筑业协会